Premiere 潮流短视频剪辑实战教学

剪辑思维+剪辑流程+前期思路+流行风格+剖析手法

NEW IMPRESSION

狄仕林 编著

人民邮电出版社
北京

图书在版编目（CIP）数据

新印象Premiere潮流短视频剪辑实战教学 / 狄仕林编著. -- 北京 : 人民邮电出版社, 2022.6
ISBN 978-7-115-57049-9

Ⅰ. ①新… Ⅱ. ①狄… Ⅲ. ①视频编辑软件 Ⅳ. ①TN94

中国版本图书馆CIP数据核字(2021)第157395号

内 容 提 要

这是一本关于短视频剪辑的教程，全书分为11章，书后有3个附录，并附赠一张快捷键的卡片。第1～3章讲解短视频剪辑的基础知识，通过案例练习让读者牢固地掌握相应的内容，为后面的学习打下坚实的基础。第4章和第5章由易到难地讲解短视频的特效制作，丰富短视频的内容。第6章讲解音效，用不同的音效丰富短视频的效果。第7章和第8章讲解遮罩和抠像技巧，进一步帮助读者提高短视频的制作水平。第9章讲解视频的调色技巧，通过调色打造多种风格，提升短视频的质感。第10章讲解字幕和视频导出，讲解横版视频和竖版视频导出的方法，以适应各个平台。第11章讲解不同类型短视频的制作，并梳理各个类型的短视频前期到后期的制作思路。3个附录用于帮助读者扩展剪辑思路和提升剪辑速度。

本书适合剪辑师、短视频制作者和“UP主”阅读，希望本书能够帮助读者提高短视频的制作能力。

◆ 编　　著　狄仕林
责任编辑　张丹阳
责任印制　马振武

◆ 人民邮电出版社出版发行　　北京市丰台区成寿寺路11号
邮编　100164　　电子邮件　315@ptpress.com.cn
网址　https://www.ptpress.com.cn
北京瑞禾彩色印刷有限公司印刷

◆ 开本：787×1092　1/16
印张：17.25　　　　2022年6月第1版
字数：506千字　　　2022年6月北京第1次印刷

定价：129.90元

读者服务热线：(010)81055410　印装质量热线：(010)81055316
反盗版热线：(010)81055315
广告经营许可证：京东市监广登字20170147号

Preface 前言

读者朋友们，大家好，很高兴你能够翻开这一页，走进由我编著的这本书。

当你拿起这本书的时候，说明你已经意识到视频创作的重要性。在短视频发展正盛的今天，不少人都希望用视频记录和分享自己的生活。一次旅行，一次聚会，一次朋友的祝福……这些生活中的经历，如果能用视频记录下来，肯定会给生活增色不少。视频创作不仅会带来精神上的愉悦感，同时也是一项技能。“求人不如求己”，学会视频剪辑后，可以按照自己的想法来进行创作，做得好还可以成为副业增加收入，甚至成为主业，何乐而不为呢？

很幸运，我之前上传到各个平台上的剪辑教程视频能够被那么多的朋友看到。截至本书出版，视频的播放量有近1000万，收获了近25万朋友的关注，在这里由衷地对大家说一声：谢谢！

我会将我这几年积累的制作视频的经验、方法、技巧倾囊相授，以实战案例为主导，让你学完一节就学会一个技能，真正地陪伴你从入门到精通，开启你的视频创作之旅。

不畏人言，不惧未知，如果你也热爱视频创作，我在这里等你。这里不仅教授知识，还能培养学习的态度。

狄仕林

2022年3月

资源与支持

本书由“数艺设”出品，“数艺设”社区平台（www.shuyishe.com）为您提供后续服务。

配套资源

素材文件：书中案例的素材文件。

教学视频：附赠62集教学视频。

资源获取请扫码

在线视频

提示：

微信扫描二维码，点击页面下方的“兑”→“在线视频＋资源下载”，输入51页左下角的5位数字，即可观看全部视频。

“数艺设”社区平台，为艺术设计从业者提供专业的教育产品。

与我们联系

我们的联系邮箱是szys@ptpress.com.cn。如果您对本书有任何疑问或建议，请您发邮件给我们，并在邮件标题中注明本书书名及ISBN，以便我们更高效地做出反馈。

如果您有兴趣出版图书、录制教学课程，或者参与技术审校等工作，可以发邮件给我们。如果学校、培训机构或企业想批量购买本书或“数艺设”出版的其他图书，也可以发邮件联系我们。

如果您在网上发现针对“数艺设”出品图书的各种形式的盗版行为，包括对图书全部或部分内容的非授权传播，请您将怀疑有侵权行为的链接通过邮件发给我们。您的这一举动是对作者权益的保护，也是我们持续为您提供有价值的内容的动力之源。

关于“数艺设”

人民邮电出版社有限公司旗下品牌“数艺设”，专注于专业艺术设计类图书出版，为艺术设计从业者提供专业的图书、视频电子书、课程等教育产品。出版领域涉及平面、三维、影视、摄影与后期等数字艺术门类，字体设计、品牌设计、色彩设计等设计理论与应用门类，UI设计、电商设计、新媒体设计、游戏设计、交互设计、原型设计等互联网设计门类，环艺设计手绘、插画设计手绘、工业设计手绘等设计手绘门类。更多服务请访问“数艺设”社区平台www.shuyishe.com。我们将提供及时、准确、专业的学习服务。

Contents 目录

第5章 短视频进阶特效 / 093

第6章 必不可少的音频特效 / 125

第7章 遮罩 / 137

第8章 抠像功能 / 147

第9章 必备调色技能 / 165

第10章 字幕与视频导出 / 185

第11章 完整实战实操 / 207

附录A 剪辑思维 / 239

附录B 让剪辑事半功倍 / 253

附录C 常见问题答疑解惑 / 267

第1章 01

了解短视频剪辑

1.1 剪辑行业概述

学会Premiere剪辑后能够干什么？以后能够从事什么样的行业？剪辑行业未来的发展前景怎么样？

这3个问题应该是初学者最关心的问题。Premiere作为一款专业的非线性编辑软件，以其强大的功能，能够胜任各种剪辑场景。根据目前的市场来看，剪辑在行业中的应用方向主要分为：电影、电视剧、网剧剪辑；综艺节目剪辑；宣传片、微电影剪辑；TVC广告、MV剪辑和自媒体短视频剪辑等。

1.1.1 影视剧剪辑

我们现在看到的每部电影、电视剧都是职业剪辑师的作品，大家千万不要以为电影和电视剧里的一切画面和镜头都是导演已经安排好的。虽然有分镜头脚本来供剪辑师参考，但如果完全按照脚本去剪，那剪辑师就沦为了一个软件操作员，毫无创造性可言；而且每年奥斯卡都会设置一个最佳剪辑奖，足以说明剪辑师对一部影片的重要程度。剪辑通过控制画面的节奏来传递情绪。调动观众的情绪除了需要剧本和演员的功力，很大程度上还需要剪辑师选取合适的画面，这部分的内容会在附录A中讲到，这里就不展开讲了。

往届部分奥斯卡最佳剪辑奖获奖影片如下。

2020年（第92届）《极速车王》

2019年（第91届）《波西米亚狂想曲》

2018年（第90届）《敦刻尔克》

2017年（第89届）《血战钢锯岭》

2016年（第88届）《疯狂的麦克斯：狂暴之路》

2015年（第87届）《爆裂鼓手》

1.1.2 综艺节目剪辑和栏目包装

Premiere也非常适合用于综艺节目的剪辑和包装，在Premiere中做完剪辑之后再配合After Effects软件，会大大提高工作效率。综艺节目相信大家也都不陌生，如《吐槽大会》《演员请就位》《声入人心》《朗读者》等，每个节目都有自己的特色和风格。如《吐槽大会》风格更偏向于搞笑时尚，在剪辑时所用的音乐、花字等包装元素都会偏俏皮；《朗读者》会更偏向文艺风，画面切换的速度不会那么快，对应的花字包装也贴合节目风格，这都是我们在剪辑时需要注意的地方。

1.1.3 微电影宣传片制作

微电影即微型电影，又称微影。它是指在新媒体平台传播的时长为15~30分钟的影片，其特点是制作周期短，投资少，适合在移动状态和短时休闲状态下观看，具有完整故事情节，可以单独成篇，也可系列成剧。

1.1.4 自媒体短视频制作

提到视频剪辑，很多人都会将其与“自媒体”“短视频”这些字眼结合起来。近年来，短视频因其“短小精悍”的主要特点广为传播，应用在抖音、快手等短视频平台，以及公众号、头条号、B站这些自媒体平台中。绝大多数的自媒体短视频的后期制作都可以使用Premiere完成。

1.1.5 剪辑行业未来的发展前景

剪辑行业的未来前景如何？这个问题我们可以换个角度来想一想，哪些地方需要剪辑？

可以这样说，我们在计算机、手机等设备上看到的视频，无论长或短，简单或者复杂，大到专业的电影、电视剧、综艺节目、微电影、宣传片、纪录片，小到抖音、西瓜视频、快手等自媒体平台中的视频，这些视频都是经过剪辑才能看到的。

无论是从事专业的影视行业，还是自媒体内容创作，都需要学习剪辑。因为它能将我们脑海中的想法最大限度地用视频的形式展现出来，给优质的内容提供技术支持。随着需求量的增加，剪辑行业的发展会越来越好，对技术的要求也会越来越高，这就不局限于简单的视频拼接，而要有自己的想法。本书就是从实际出发，通过案例来为读者的剪辑之路打好基础。

1.2 了解 Premiere

现在是视频时代，抖音和微博等平台有非常多吸引人的短视频，如旅拍Vlog、精彩电影高能混剪、创意剪辑等。看到喜欢的作品可以为其点赞并分享，在你为别人作品点赞的同时，是否想过自己也能创作出这样有意思的视频呢？

在正式动手剪辑之前，我们先要了解一下剪辑软件Premiere。

1.2.1 Premiere软件简介

Premiere简称Pr，它是由Adobe公司开发的一款视频编辑软件，现在常用的版本有CC 2015、CC 2017、CC 2018、CC 2019、2020和2021。这款软件广泛用于影视广告、电视节目、微电影、宣传片等视频的创作中，其图标如图1-1所示。

图1-1

Premiere是目前视频剪辑领域中的主流软件。Premiere的剪辑效率非常高，它可以和Adobe旗下的系列产品联动使用，如Audition、After Effects等，各产品如图1-2所示。如果想给某张图片或者某个视频做一个特效，可以联动使用After Effects快速完成。由于采用的是动态链接的方式，因此Premiere里面的原素材也会同步变化，效率比较高。如果音频有些瑕疵，可以链接到Audition进行更加专业的音频处理。这种家族化的联动产品和庞大的资源，是目前市面上其他剪辑软件所不能比拟的。相关产品图标如图1-3所示。

图1-2

图1-3

Premiere可以对素材进行精细化的控制，例如同样是伸手拿书的动作，通过会声会影进行剪辑，能够让你快速地拿到书并打开它；Premiere可以控制用几秒钟拿到这本书、手以什么角度来到书旁边，以及伸几根手指来翻开它，这些都可以用效果控件里的自定义参数随意设置和更改。

1.2.2 Premiere 2020对计算机硬件的要求

Premiere 2020对计算机硬件的要求如下。

Windows

	最低规格	推荐规格
处理器	Intel 第 6 代或更新款的 CPU 或 AMD 同等产品	Intel 第 7 代或更新款的 CPU 或 AMD 同等产品
操作系统	Windows 10（64 位）版本 1803 或更高版本	Windows 10（64 位）版本 1809 或更高版本
内存	8 GB	16 GB，用于 HD 媒体 32 GB，用于 4K 媒体或更高分辨率
GPU	2 GB GPU VRAM	4 GB GPU VRAM
硬盘空间	8 GB 可用硬盘空间用于安装；安装期间需要额外的可用空间（不能安装在可移动闪存设备上）	用于应用程序安装和缓存的固态硬盘
显示器分辨率	1280 × 800	1920 × 1080 或更高

macOS

	最低规格	推荐规格
处理器	Intel 第 6 代或更新款的 CPU	Intel 第 6 代或更新款的 CPU
操作系统	macOS v10.14 或更高版本	macOS v10.14 或更高版本
内存	8 GB	16 GB，用于 HD 媒体 32 GB，用于 4K 媒体或更高分辨率
GPU	2 GB GPU VRAM	4 GB GPU VRAM
硬盘空间	8 GB 可用硬盘空间用于安装；安装过程中需要额外可用空间（无法安装在区分大小写的文件系统分区上或可移动闪存设备上）	用于应用程序安装和缓存的固态硬盘
显示器分辨率	1280 × 800	1920 × 1080 或更高

1.2.3 4款辅助软件

下载和安装完软件之后，需要做一些基础的准备工作才能开始剪辑，如准备辅助软件。

常用的4款辅助软件如图1-4所示。

QuickTime

格式工厂

小丸工具箱

Media Encoder

图 1-4

1.QuickTime

QuickTime是一款视频播放软件，可以解决在剪辑过程中遇到的一些问题，例如：MOV格式文件无法导入Premiere，如图1-5所示；或者导入某一段素材的时候显示无视频流等问题，如图1-6所示。为了避免以后出现这样的问题，建议大家提前安装这款软件。

图 1-5

图1-6

2. 格式工厂和小丸工具箱

格式工厂和小丸工具箱都是用来转换格式和压缩视频的，是压缩、封装视频的利器。如果要把一个大于200MB的视频文件通过微信发给别人，这时就可以通过小丸工具箱将该文件压缩后再进行发送。压缩完成后的视频文件体积很小，视频质量也较好。

格式工厂和小丸工具箱除了用于压缩视频，还可以用来转换视频格式。我们平时都将MP4、AVI等格式笼统地称为视频格式，但在影视行业中，视频格式有一个更专业的叫法——封装格式。封装格式是将视频包含的图像、音频和媒体信息打包在一起的格式。通俗地讲，可以把封装格式看成一个抽屉，里面装了各种信息，而转换视频格式实际上就是改变视频的封装格式。

3.Media Encoder

Media Encoder也是Adobe系列软件，它能够用来做代理剪辑及队列导出。如果把视频比作流水线生产的面包，那么Premiere相当于面包机，Media Encoder则相当于包装机。

1.2.4 良好的剪辑习惯——分门别类地整理素材

在剪辑的时候会用到很多素材，如音乐、音效、视频、图片等。这个时候需要大家有分类整理素材的习惯，这点很重要。

通常我们要先建立一个项目的总文件夹，可以加上时间进行命名，如“2021年01月01日电子相册视频”；也可以直接以名称命名，如“电子相册视频”，如图1-7所示。

在总文件夹里面再建立3个文件夹，如图1-8所示。

图1-7　　　　图1-8

- 01.工程文件夹：用来存放接下来要做的Premiere项目的工程文件。
- 02.素材文件夹：用来存放所用到的图片、视频、音乐、音效等素材，并将它们分门别类地整理好。
- 03.输出文件夹：存放的是不同输出格式和版本的视频文件，如H.264格式、4K版本，或横版视频、竖版视频等。视频的用途不同，会有不同的输出格式。

1.3 Premiere 的基础操作

本节来学习有关Premiere的一些基础操作，包括新建项目和序列，导入不同类型的素材，如图片、视频、音频等。这些基础的操作，就像我们学习开车时必须要通过的科目一考试一样。有了基础的理论知识，对剪辑的大致流程和一些专有名词有了了解，才能动手剪辑出一个好视频。

1.3.1 新建项目

做好基础的准备工作之后就可以正式开始创作了。我们可以把剪辑作品当作做菜，Premiere就像是一个饭店，项目文件就是饭店里的厨房，序列文件就是要做的一道菜，素材就是做这道菜需要的食材，食材来源有很多，可以自己种菜（也就是自己准备素材），也可以从超市买回来（从网上找图片、音频、视频等）。各个工作区就相当于厨房里的水池、砧板、橱柜等，剪辑就是对食材进行蒸、煮、涮、切、炒的加工过程，输出就是端上桌的成品菜肴。通过这样形象的比喻，读者应该对剪辑的流程有更清晰的认识。

那么如何新建项目?

01 双击桌面上的Premiere图标，即可打开软件。此时会弹出Premiere的欢迎窗口，在此窗口中单击【新建项目】按钮，如图1-9所示。

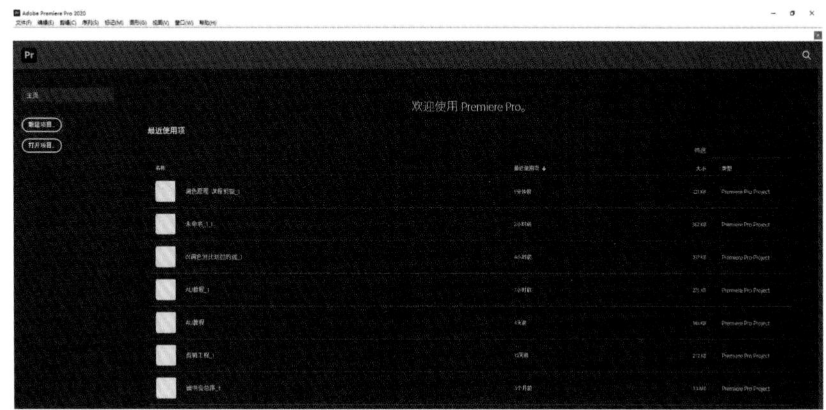

图1-9

02 在弹出的【新建项目】窗口中为项目设置一个名称，如“电子相册案例”，接着单击【浏览】按钮，如图1-10所示，此时会弹出【请选择新项目的目标路径】窗口，选择项目存放的位置。以放在桌面为例，单击【选择文件夹】按钮，如图1-11所示，然后在【新建项目】窗口中单击【确定】按钮，此时进入Premiere界面，如图1-12所示。

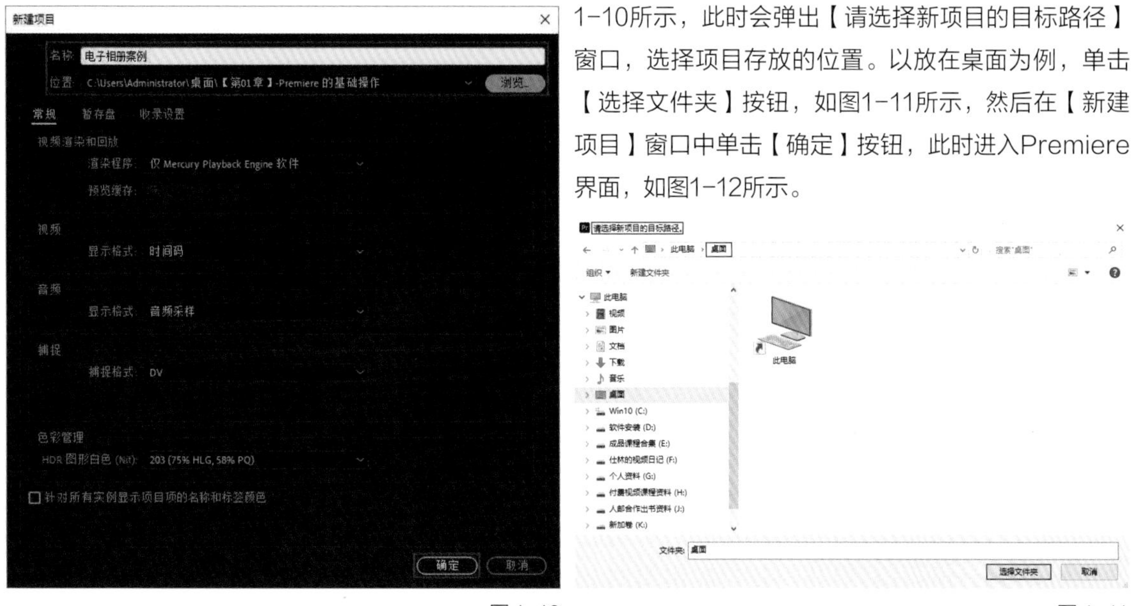

图1-10　　图1-11

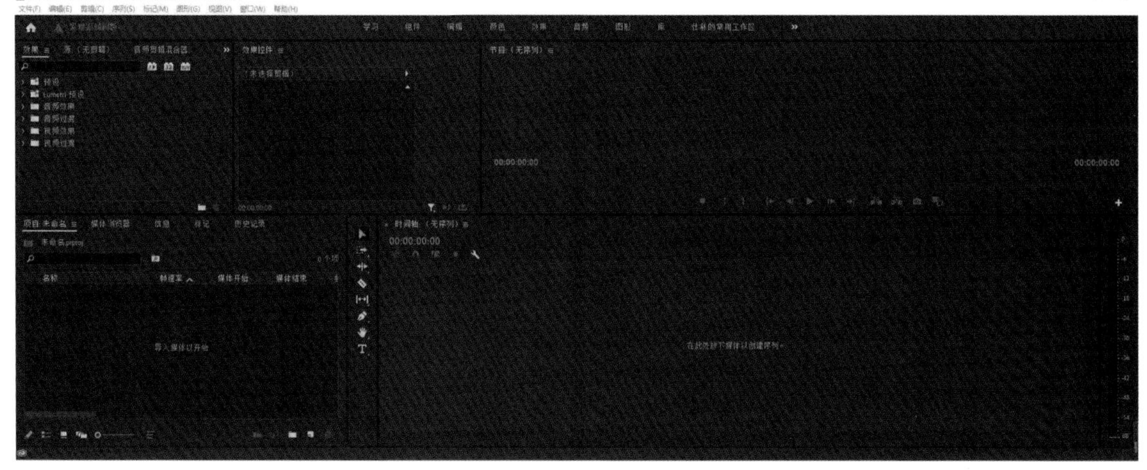

图1-12

至此，一个项目文件就创建好了，找到项目的保存位置，可以看到一个带有Premiere软件Logo的文件，如图1-13所示，可以直接双击打开该文件。

图1-13

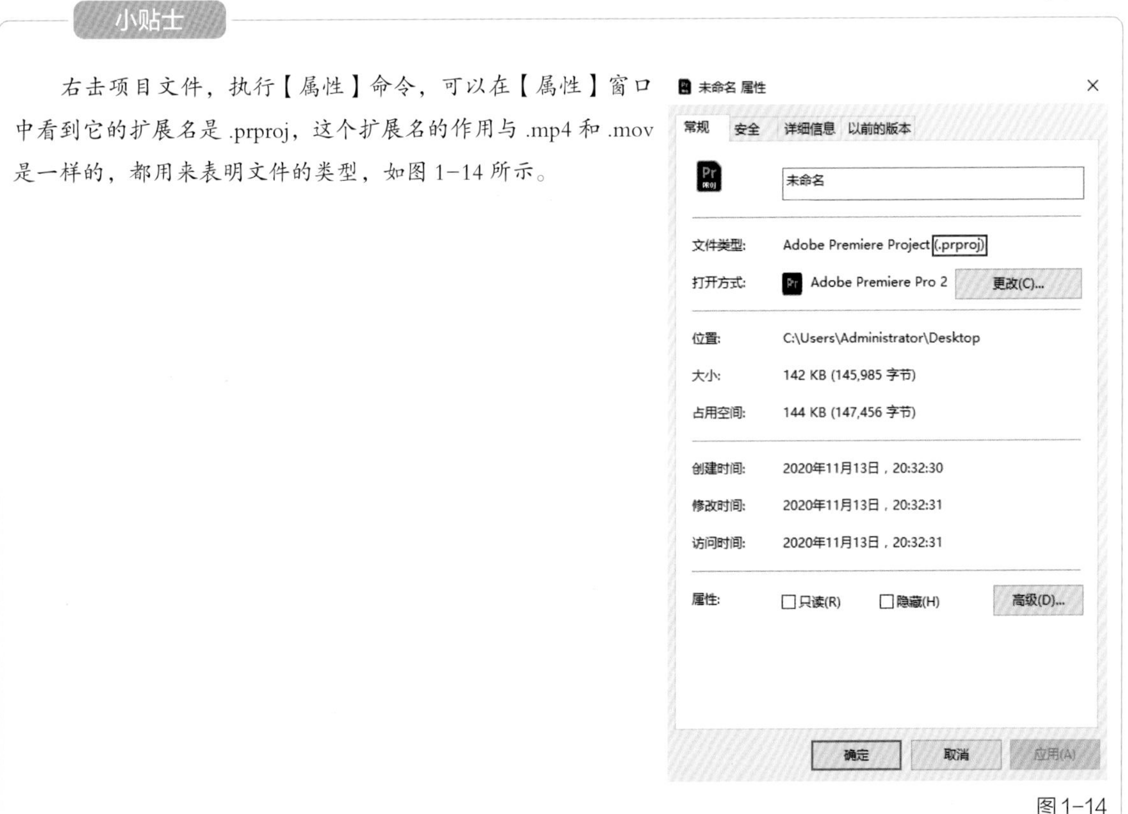

小贴士

右击项目文件，执行【属性】命令，可以在【属性】窗口中看到它的扩展名是 .prproj，这个扩展名的作用与 .mp4 和 .mov 是一样的，都用来表明文件的类型，如图 1-14 所示。

图1-14

1.3.2 新建序列

方法1：

直接在菜单栏执行【文件】-【新建】-【序列】命令，如图1-15所示（当然也可以使用快捷键，在输入法为英文的状态下按Ctrl+N组合键也可以打开【新建序列】窗口）。然后在【新建序列】窗口的【序列预设】选项卡中选择【DV-PAL】下的【标准48kHz】，再设置【序列名称】，最后单击【确定】按钮即可，如图1-16所示。此时新建的序列就会出现在【项目】面板中，如图1-17所示。

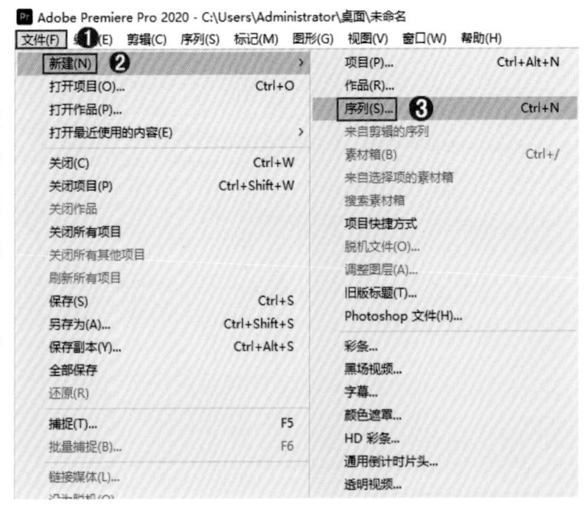

图1-15

图 1–16

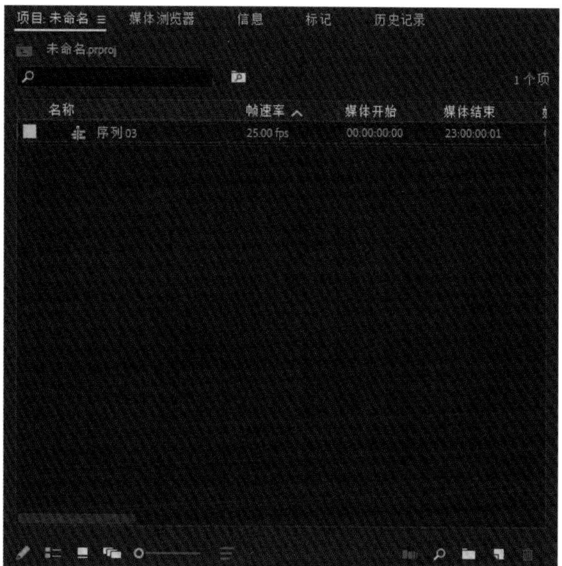

图 1–17

方法2：

直接在项目面板的空白处右击，执行【新建项目】-【序列】命令，如图1–18所示，打开【新建序列】窗口。在【新建序列】窗口中选择【DV-PAL】下的【标准48kHz】，再设置【序列名称】，最后单击【确定】按钮即可，如图1–19所示。此时新建的序列也会出现在【项目】面板中，如图1–20所示。

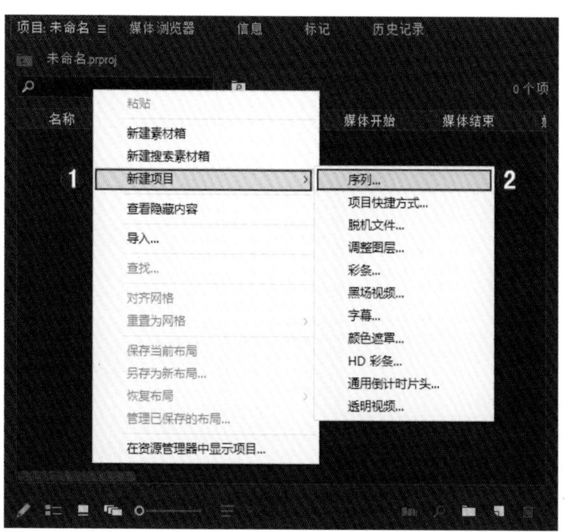

图 1–18

图 1–19

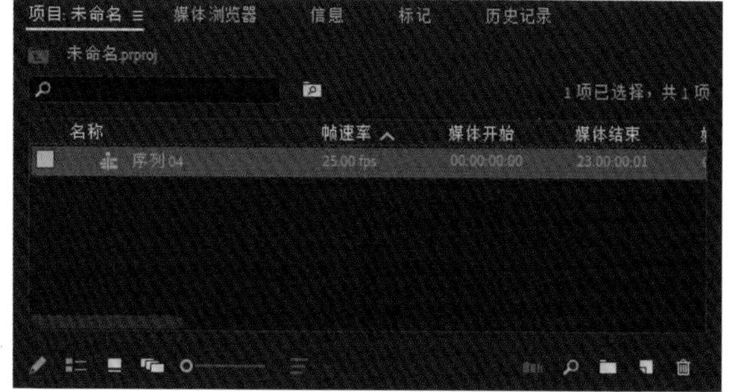

图 1–20

方法3：

直接在【项目】面板的右下角单击【新建项】按钮，执行【序列】命令，如图1-21所示，然后根据前两种方法设置序列即可。

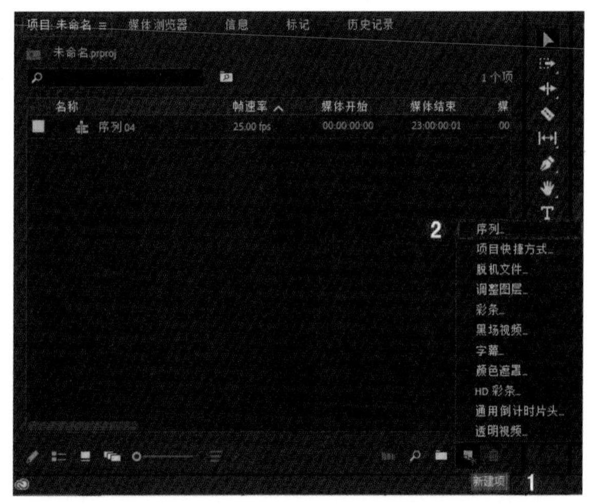

图1-21

1. 自定义序列

如果不想使用Premiere默认的这些序列设置，我们也可以自定义序列设置。在【新建序列】窗口上方单击【设置】选项卡，设置【编辑模式】为【自定义】，然后我们就可以自定义视频、音频的参数了。如把【帧大小】改为1920×1080，也就是16：9的横屏模式，其他参数也都是可以自定义调整的，设置完成后更改一下【序列名称】，单击【确定】按钮，如图1-22所示。此时【监视器】面板就会显示出我们刚才设置的1920×1080的尺寸了。

2. 保存序列预设

在【新建序列】窗口中设置好参数之后，还可以单击左下角的【保存预设】按钮，如图1-23所示。

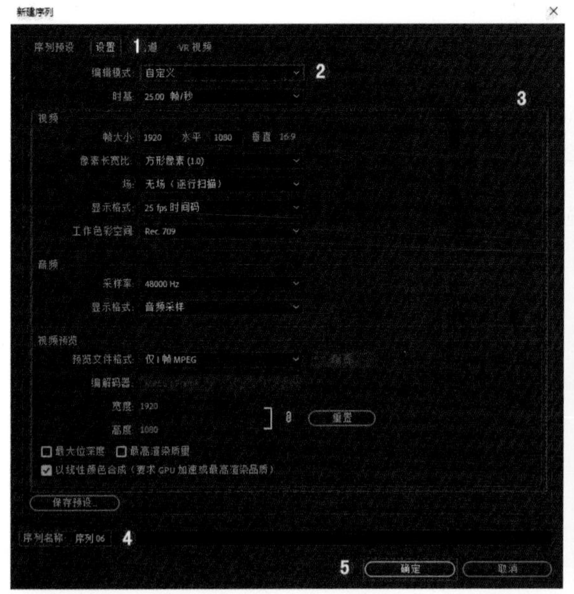

图1-22

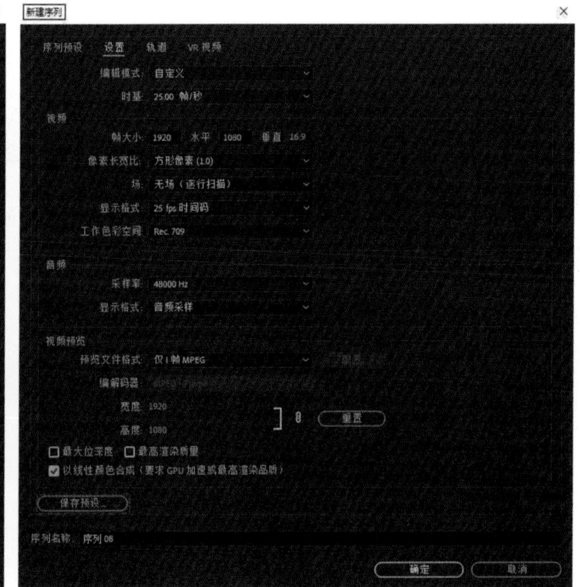

图1-23

此时会弹出【保存序列预设】窗口，在【名称】处输入预设名，如【仕林的常用预设】。下面的【描述】可用于备注一些信息，如这个预设的详细设置，或者说明是在哪个平台上传的，然后单击【确定】按钮，如图1-24所示。

此时会自动跳转到【新建序列】窗口，在【序列预设】选项卡的【自定义】文件夹下，就可以看到刚才保存的预设【仕林的常用预设】，如图1-25所示。

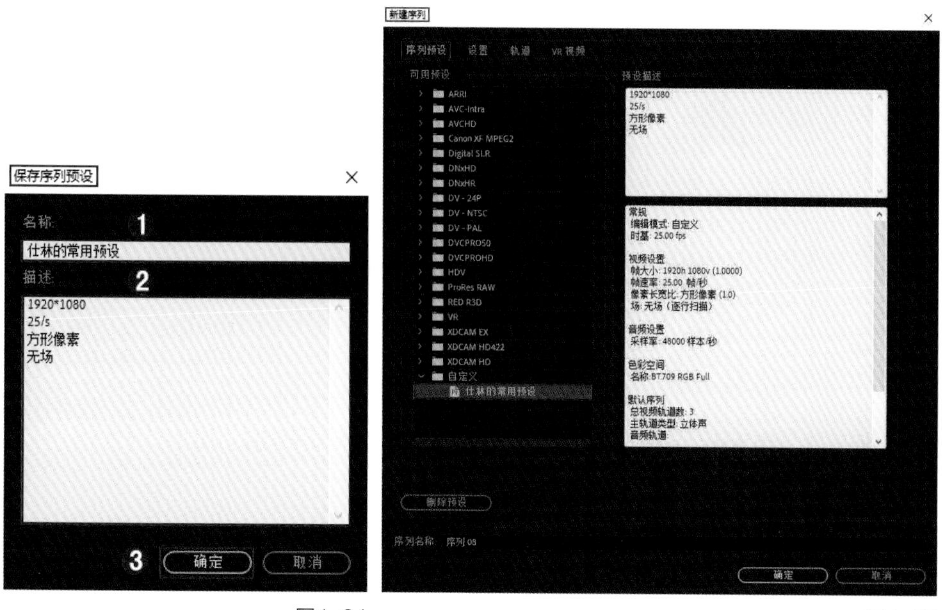

图1-24　　图1-25

下次新建序列的时候，就可以直接选择已经保存好的预设了。

小贴士

Premiere 会自带一些序列预设，用得最多的是 DV-PAL 制式，当然还有一些其他的制式，如 DV-NTSC 制式是国外常用的制式。因为我国常用的是 PAL 制式，所以一般都会选择 DV-PAL 制式。

给大家推荐一个设置：【编辑模式】选择【自定义】，【时基】选择【25.00 帧 / 秒】（也就是每秒有 25 个画面），【帧大小】设为 1920×1080，【像素长宽比】选择【方形像素】，【场】选择【无场（逐行扫描）】，其他保持默认即可。

课外拓展

视觉暂留原理

为什么将帧速率设置为 25 帧 / 秒？是因为视觉暂留原理。那视觉暂留原理又是什么呢？

人眼在观察物体时，光信号传入大脑需经过一段短暂的时间，光的作用结束后，视觉形象并不立即消失，这种残留的视觉形象称为“后像”，这一现象则称为“视觉暂留”。

中国古代的走马灯，现代的电视机、电影和动画片等都是应用的该原理。人眼观看快速运动的物体时，物体消失后，人眼仍能继续保留其影像 0.1~0.4 秒。也就是说，当我们看到一个物体，就算它消失了，我们的视神经对物体的印象也不会立即消失，要延续0.1~0.4秒的时间它才会真正消失。如动画片每秒有24帧画面，当旧的影像消失，新的图形又补上来，每个画面之间有微小的变化，这样就不会感觉是一幅幅的画，而是一个连贯的动作。

图1-26是一张由竖条纹组成的一匹马画面，很明显有些地方模糊我们是看不清楚的，但是如果我们在它的上面放一张带有条纹格栅的纸，这匹马就会立刻变得清晰，如果将上面的栅格纸往右拖动，就会看到马跑起来的画面，这就是利用了视觉暂留原理的现象。

图1-26

1.3.3 导入素材

Premiere软件支持多种素材格式文件的导入，如常见的有MP4、MOV等视频文件，MP3音频文件，JPG和PNG等图片文件，还有PSD和序列文件等。

1. 导入视频素材

01 在菜单栏执行【文件】-【新建】-【项目】命令，如图1-27所示。

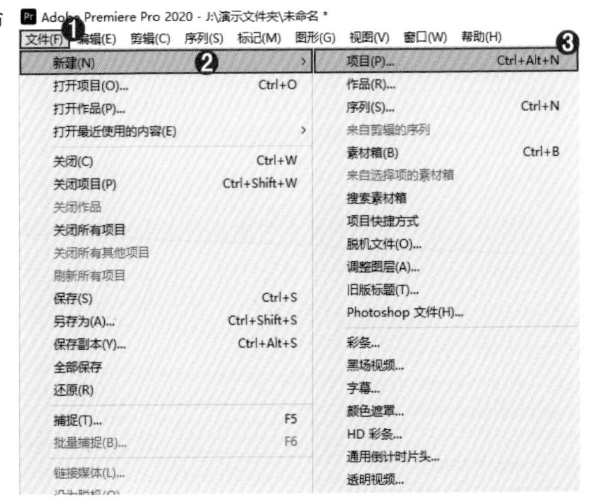

图1-27

02 打开【新建项目】窗口，设置项目名称，单击【浏览】按钮设置项目保存的路径，然后单击【确定】按钮，如图1-28所示。

03 在输入法为英文的状态下按Ctrl+N组合键，打开【新建序列】窗口，在【序列预设】选项卡的【可用预设】列表框中选择【自定义】文件夹下的【仕林的常用预设】，将【序列名称】改为【导入素材案例】，单击【确定】按钮，如图1-29所示。

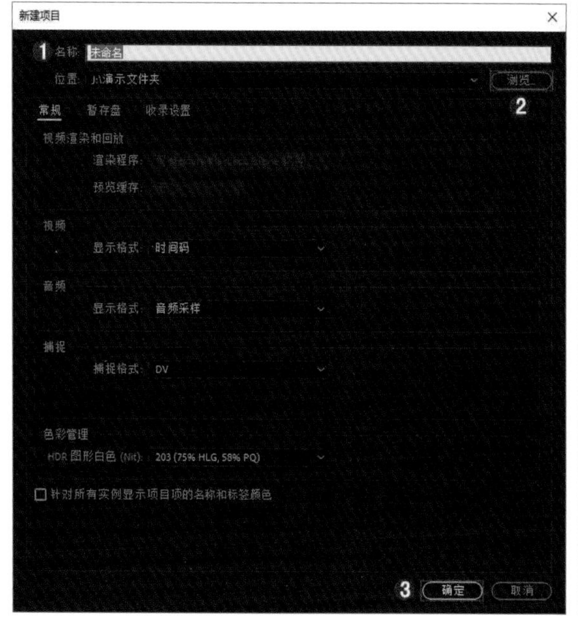

图1-28

图1-29

04 此时可以在【项目】面板中看到刚才新建的【导入素材案例】序列，在【项目】面板的空白处双击，打开【导入】窗口，选择练习素材【视频素材01】，单击【打开】按钮，如图1-30所示。

图1-30

05 在【项目】面板中选择【视频素材 01.mov】文件，然后将其拖曳到【V3】轨道上，如图1-31所示。同时【监视器】面板也会显示出该视频素材第1帧的预览图，如图1-32所示。

图1-31

图1-32

2. 导入音频素材

01 直接双击【项目】面板中的空白处，打开【导入】窗口，选择练习素材【《夏天的味道》-仕林】，单击【打开】按钮，如图1-33所示。

图1-33

02 在【项目】面板中选择【《夏天的味道》-仕林.mp3】文件，然后将其拖曳到【A1】轨道上，如图1-34所示。

03 双击【A1】轨道上的音频素材，在弹出的【源】面板中可以看到音频的波形，此时单击▶按钮就可以播放本段音频，如图1-35所示。

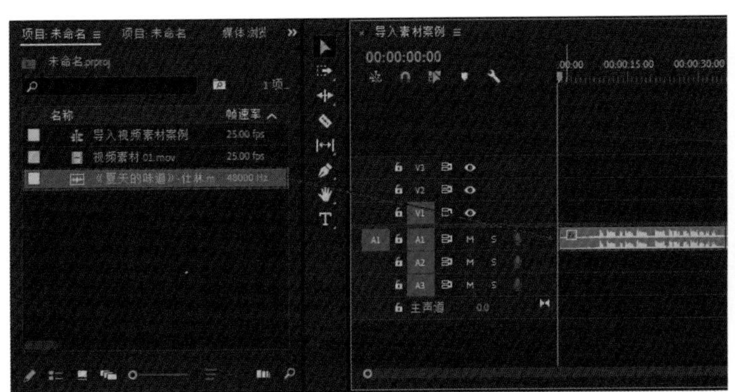

图1-34

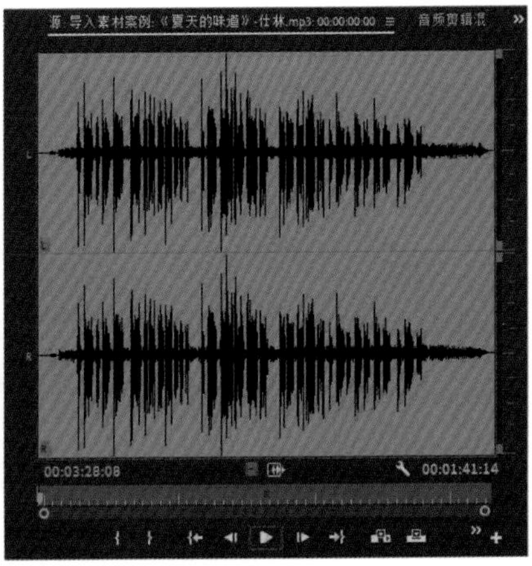

图1-35

3. 导入图片素材

01 双击【项目】面板中的空白处，打开【导入】窗口，选择练习素材【图片素材01】，单击【打开】按钮，如图1-36所示。

图1-36

02 在【项目】面板中选择【图片素材01.jpg】文件，然后将其拖曳到【V2】轨道上，如图1-37所示。此时【监视器】面板会出现该图片素材的预览图，如图1-38所示。

图 1-37

图 1-38

4. 导入 PSD 素材文件

01 双击【项目】面板中的空白处，打开【导入】窗口，选择练习素材PSD文件【冬至海报】，单击【打开】按钮，如图1-39所示。然后在弹出的窗口中将【导入为】设置成【合并所有图层】，如图1-40所示。

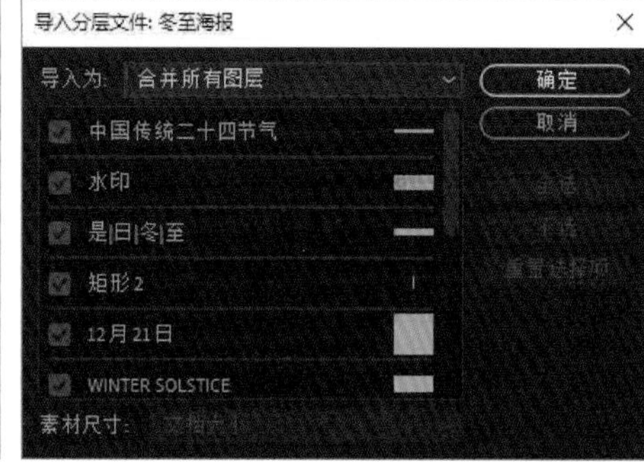

图 1-39

图 1-40

02 在【项目】面板中选择【冬至海报.psd】文件，然后将其拖曳到【V1】轨道上，如图1-41所示。此时【监视器】面板中的画面如图1-42所示。

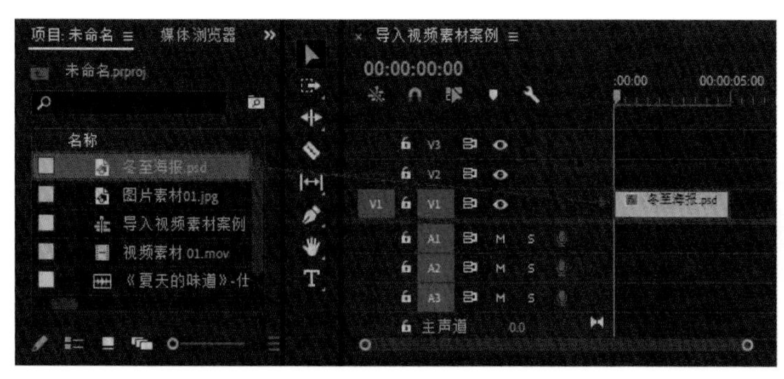

图 1-41

图 1-42

1.4 Premiere 的工作界面

Premiere 2020的工作界面主要由标题栏、菜单栏、【项目】面板、【工具栏】面板、【时间轴】面板、【监视器】面板、【效果控件】面板、【音频】面板、【效果】面板等组成，如图1-43所示。

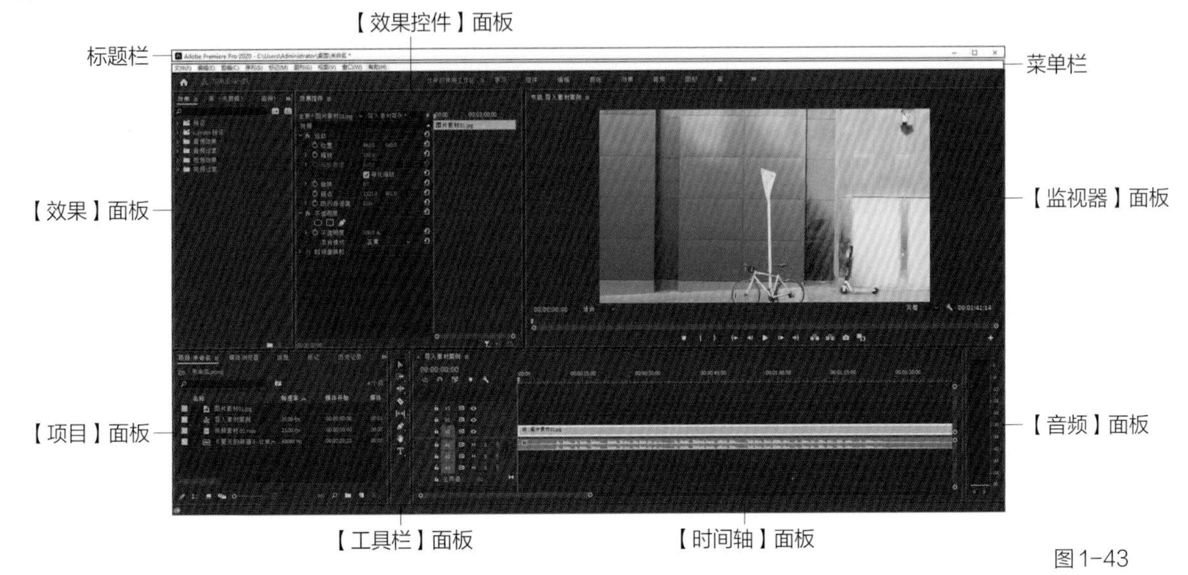

图1-43

1.4.1 自定义工作区

1.调整各个工作区的大小

01 将鼠标指针放在两个相邻面板的分隔线中间，此时鼠标指针会变为形状，然后按住鼠标左键拖曳鼠标指针，鼠标指针左右相邻的两个面板的大小会随之变化，如图1-44所示。

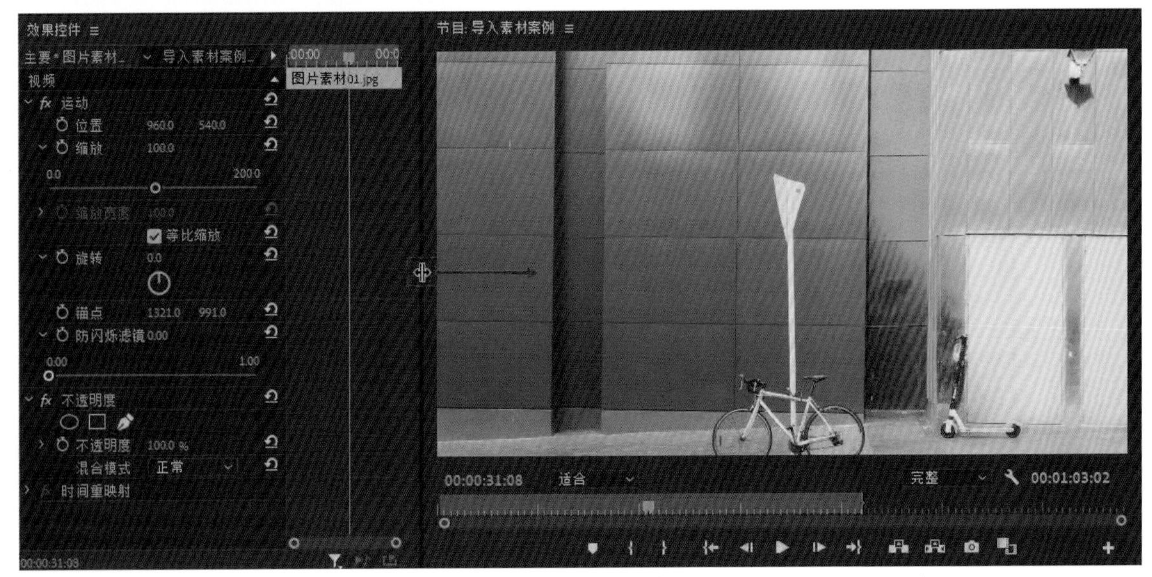

图1-44

02 如果想同时调整相邻多个面板的大小，则可以将鼠标指针放在多个面板的共同顶点处，此时鼠标指针会变为形状，按住鼠标左键进行拖曳，就可以改变相邻多个面板的大小了，如图1-45所示。

图1-45

2. 浮动和停靠面板

01 工作区除了大小可以调整外，还可以设置浮动和停靠。每个面板名称右侧有按钮，单击此按钮，会弹出一个下拉菜单，执行【浮动面板】命令，如图1-46所示，此时该面板会浮动于其他面板之上，如图1-47所示。

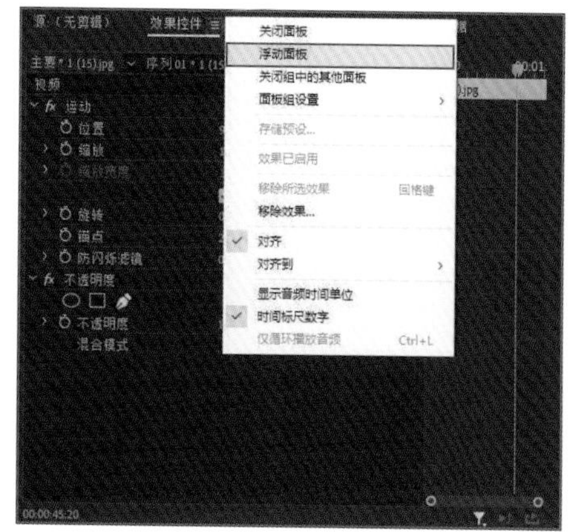

图1-46

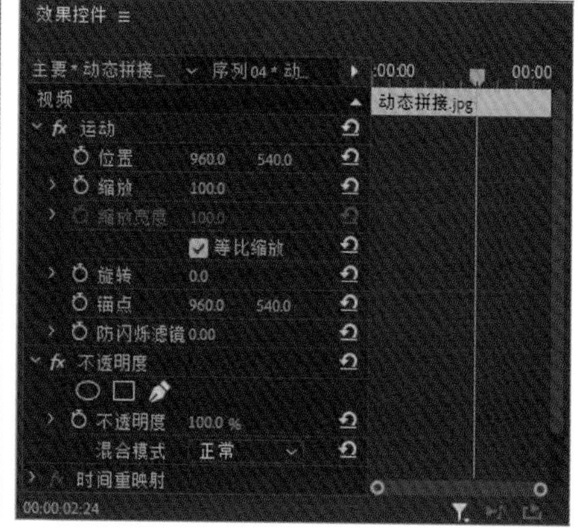

图1-47

02 当拖曳面板时，将要放置面板的位置会变成深蓝色。选择好新的位置后松开鼠标左键，软件会自动将此面板插入新的位置，如图1-48所示。

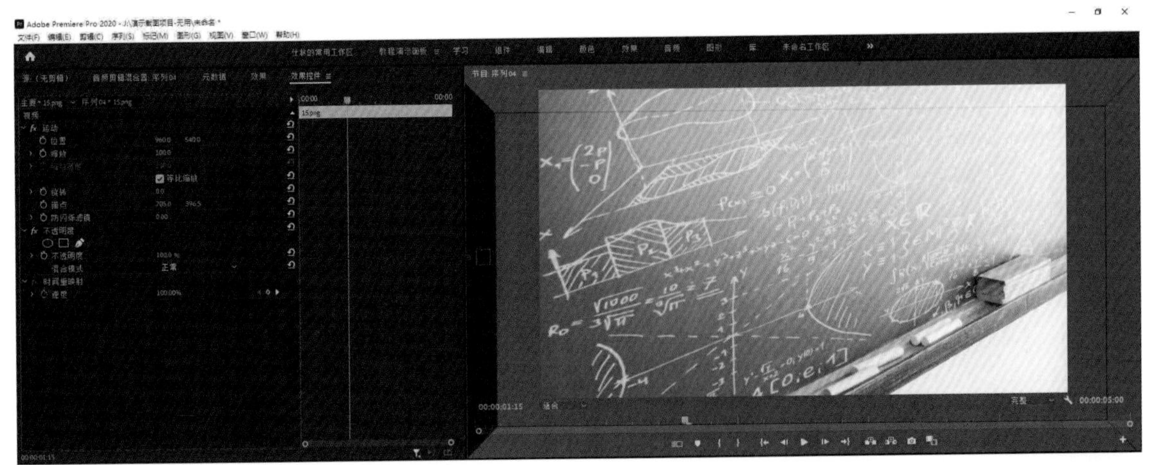

图1-48

3. 重置或保存为新的工作区

01 在进行浮动和停靠面板操作的时候，很容易打乱或者删掉某一工作区，那该怎么办呢？其实这些工作区是可以进行重置的，在菜单栏执行【窗口】-【工作区】-【重置为保存的布局】命令，则可使当前的布局恢复到默认布局，按Alt+Shift+0组合键也能实现同样的效果，如图1-49所示。

02 如果调整后的某一工作区使用起来比较顺手，并且想长期使用该自定义的工作区，则可以在菜单栏执行【窗口】-【工作区】-【另存为新工作区】命令，如图1-50所示。

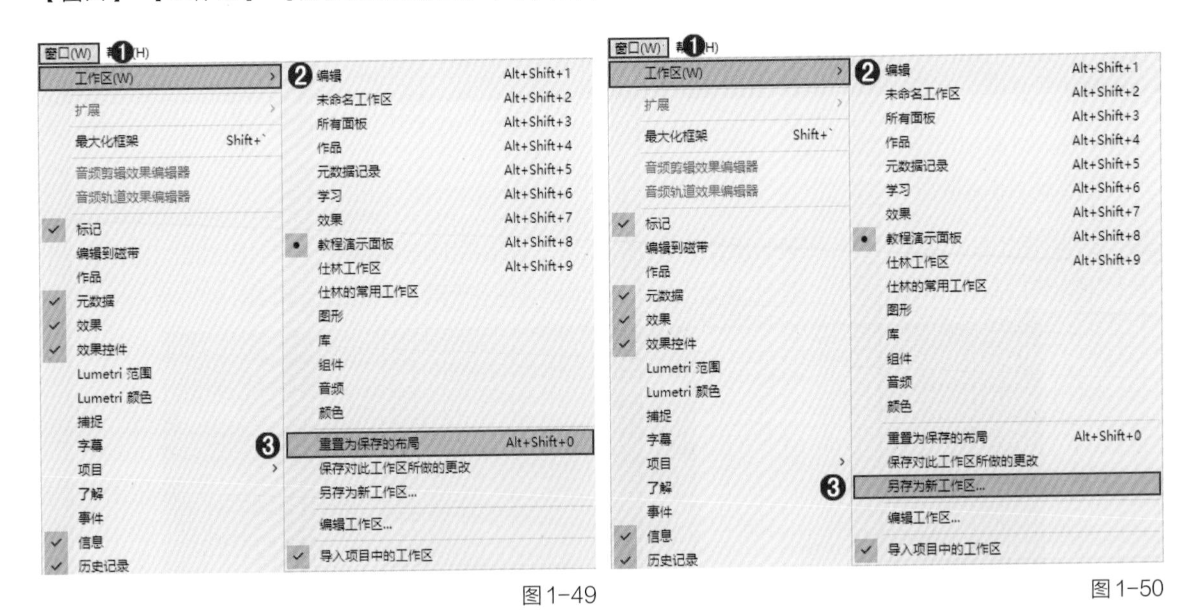

图1-49　　图1-50

03 此时会弹出【新建工作区】窗口，重新命名之后单击【确定】按钮，如图1-51所示，即可将其保存成新的工作区，方便下次直接调用。

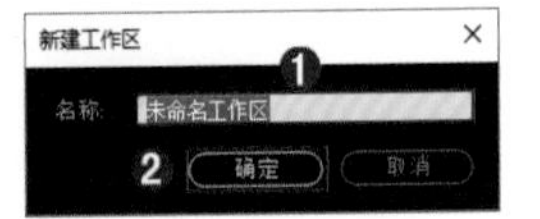

图1-51

4. 改变工作区的布局

01 在工作区的菜单栏中，可以切换不同模式的工作区，如单击【编辑】按钮，即可进入编辑模式下的工作区界面，如图1-52所示，此界面多用于视频编辑；再如单击【颜色】按钮，即可进入颜色模式的工作区，此面板多用于给图片和视频调色，如图1-53所示（图1-52和图1-53分别为同一素材在不同工作区的界面中的展示）。

图 1-52

图 1-53

02 如果要修改当前工作区中的显示顺序，可在工作区的菜单栏的最右侧单击»按钮，在弹出的下拉菜单中执行【编辑工作区】命令，如图1-54所示，此时会打开一个【编辑工作区】窗口，如图1-55所示。

03 选择想要移动的内容，并将其拖曳到合适的位置。在拖曳的过程中会出现一条蓝色的线，它表示即将要放置的新位置，找到合适的位置后松开鼠标左键即可完成移动，如图1-56所示。接着单击【确定】按钮，此时就完成显示顺序的调整了，如图1-57所示。

图1-54

04 如果想要删除某一工作区，则可以选中该工作区，然后单击左下角的【删除】按钮，再单击【确定】按钮，如图1-58所示。

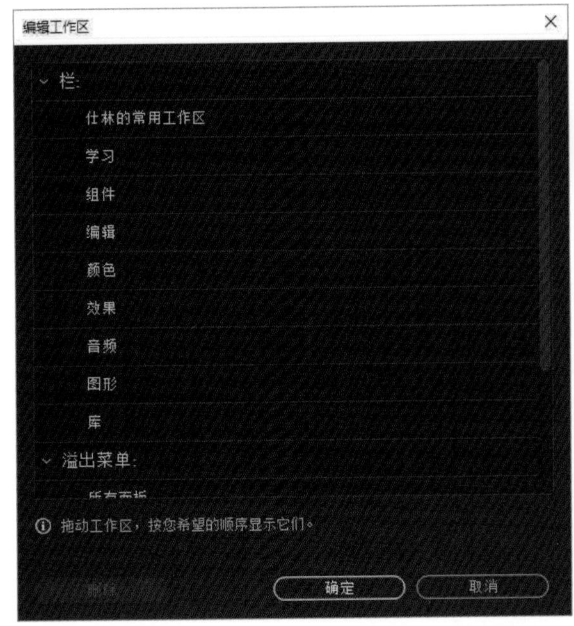

图1-55

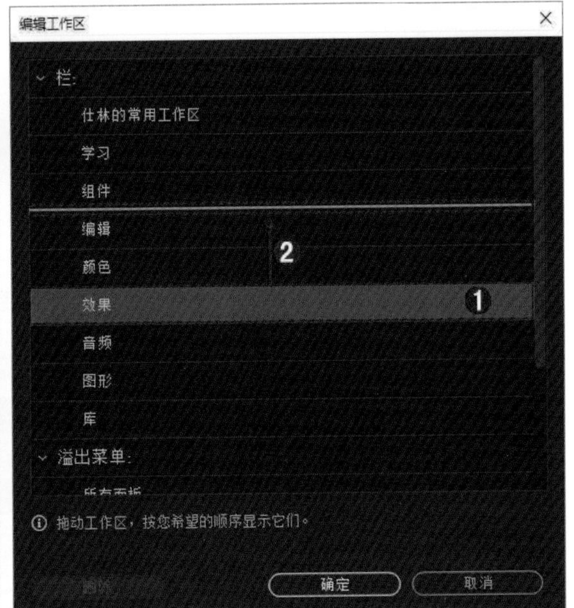

图1-56

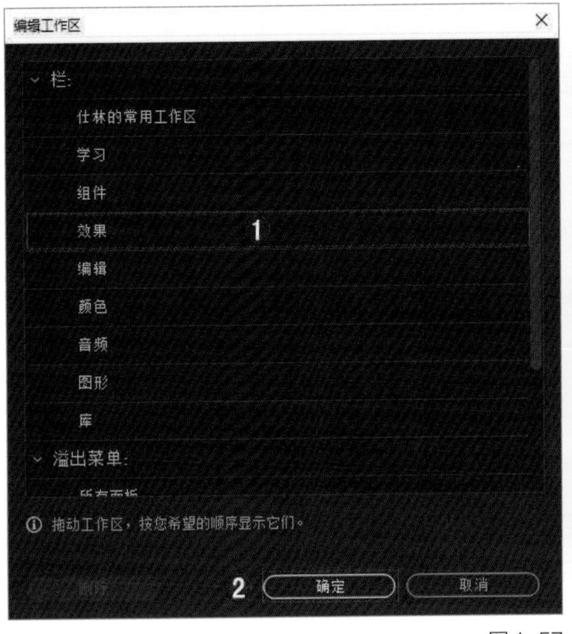

图1-57

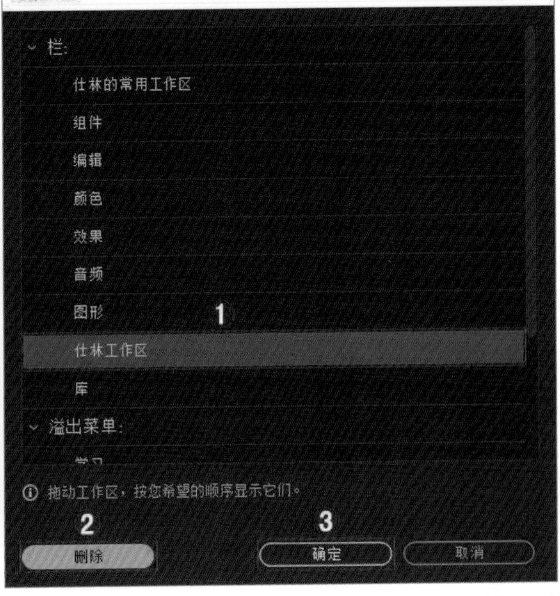

图1-58

1.4.2 重点面板的重点功能介绍

【项目】面板：【项目】面板主要用于素材的导入、存放和管理，如图1-59所示。

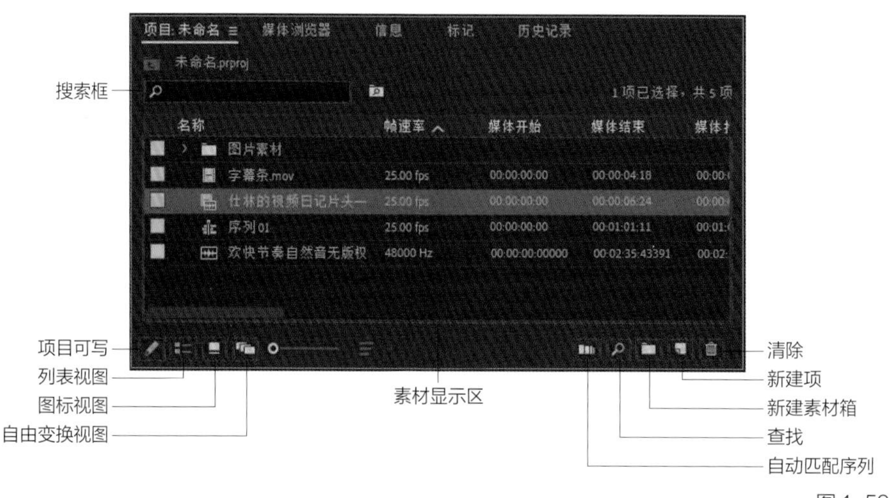

图 1-59

- 搜索框：只需在搜索框内输入素材的名称，即可快速查找项目中导入的具体某个素材。
- 项目可写：单击该按钮，可将项目切换为只读模式。
- 列表视图：将【项目】面板中的素材以列表的形式呈现。
- 图标视图：将【项目】面板中的素材以图标的形式呈现，如图1-60所示。
- 自由变换视图：在该视图下，可自由拖曳【项目】面板中的素材，从而自定义排列与分布素材。
- 素材显示区：用于存放、归类素材文件和序列。
- 清除：选中【项目】面板中需要删除的文件，单击该按钮即可将其删除。

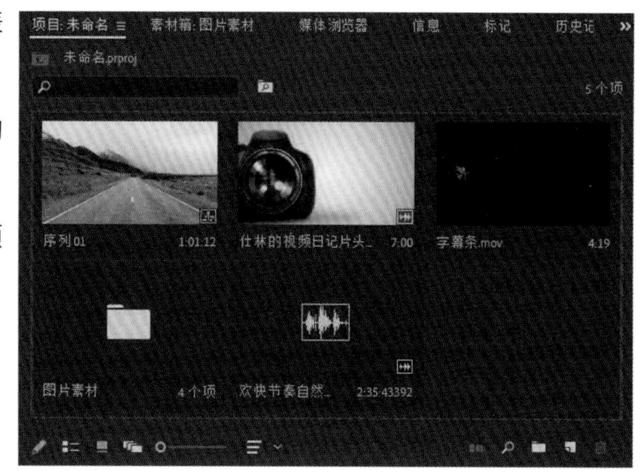

图 1-60

- 查找：单击该按钮，在弹出的【查找】窗口中能找到所需要的文件，如图1-61所示。

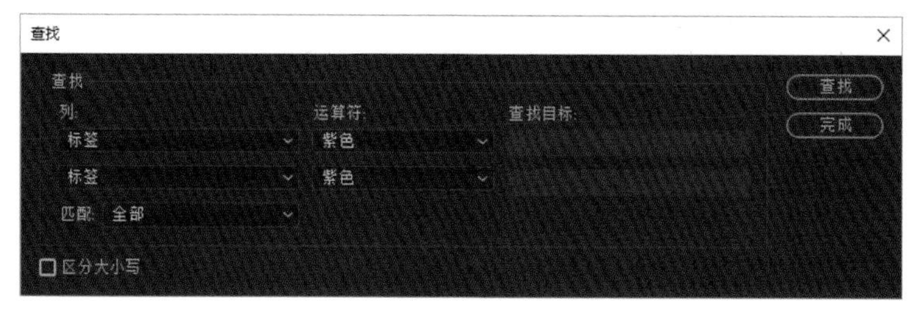

图 1-61

- 新建项：单击该按钮，可在弹出的菜单中快速执行一些命令，如图1-62所示。
- 新建素材箱：单击该按钮，可在素材存放区中新建一个文件夹，将素材放在里面方便查找和管理。

- 自动匹配序列▥：可将【项目】面板中素材显示区中选中的素材按顺序排列。

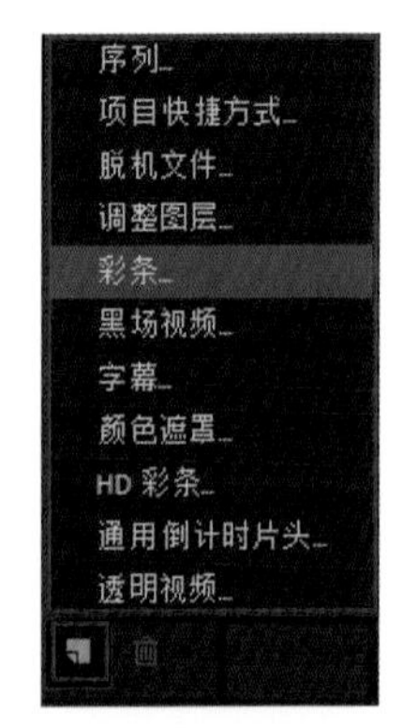

图1-62

【效果】面板：包含多种特效预设，可以为视频、音频素材文件添加过渡效果和其他特效，如图1-63所示。

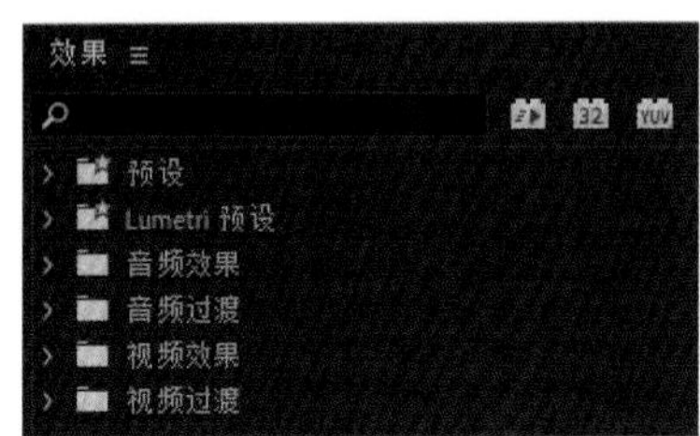

图1-63

在【效果】面板中选择合适的视频或音频效果，并将其拖曳到素材文件上，即可为该素材添加此效果，如图1-64所示。如果想调整该效果的参数，可在【效果控件】面板中展开该效果项，进行具体参数的设置，如图1-65所示。

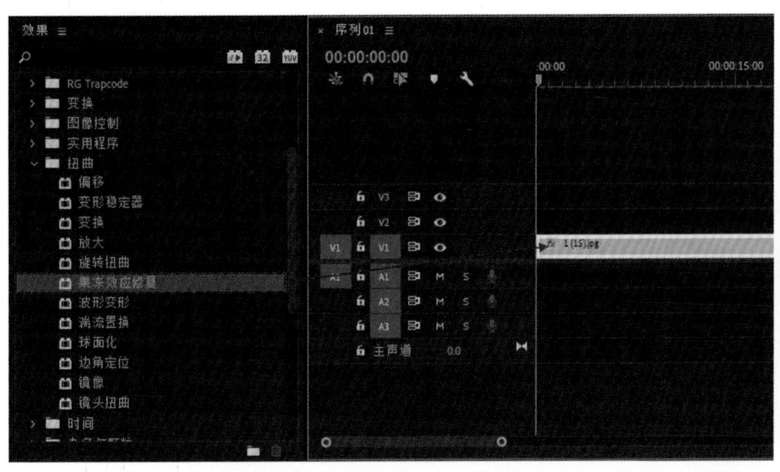

图1-64

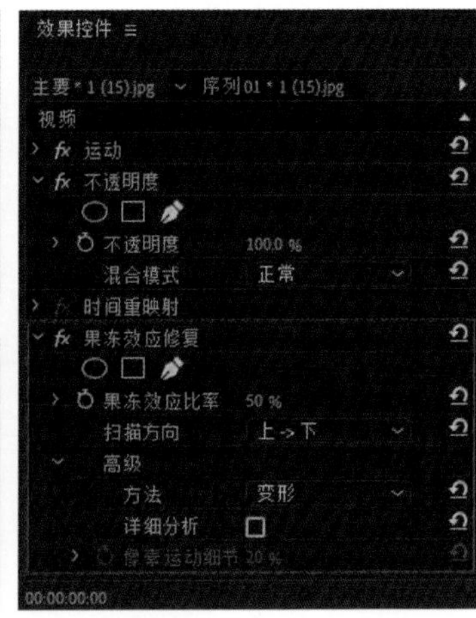

图1-65

【效果控件】面板：可在该面板中自定义设置视频、图片、音频的效果参数；如果在【时间轴】面板中选中素材，则可在【效果控件】面板中调整效果参数，默认状态下会显示【运动】【不透明度】【时间重映射】3种效果，如图1-66所示。如果在【时间轴】面板中未选中素材，则【效果控件】面板为空，如图1-67所示。

图 1-66

图 1-67

【时间轴】面板：所有素材的剪辑和特效的添加都是在【时间轴】面板上完成的，如图1-68所示。

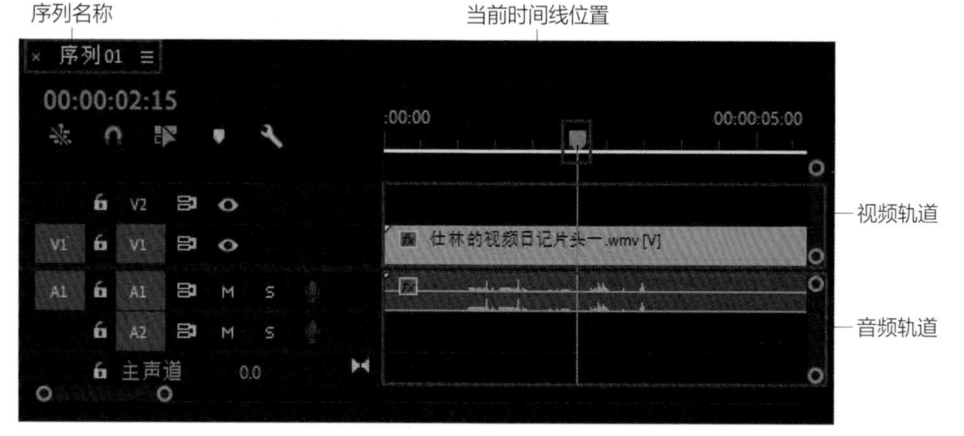

图 1-68

- 播放指示器位置 00:00:02:15：显示当前时间线在时间轴上的位置。
- 对齐：在时间轴中对齐。
- 链接选择项：可以链接音频和视频素材。
- 标记：给素材添加标记。
- 音频轨道：可在轨道中编辑音频素材。
- 视频轨道：可在轨道中编辑视频素材。
- 切换轨道锁定：单击此按钮，可锁定该轨道上的素材，停止该轨道的使用。
- 切换轨道输出：单击此按钮，可隐藏该轨道上的素材。
- 静音轨道：单击此按钮，该轨道上的音频素材将调为静音。
- 独奏轨道：单击此按钮，只播放该轨道上的音频，其他轨道上的音频素材将调为静音。

- 更改缩进级别：更改【时间轴】面板时间的间隔，向左滑动，素材所占时间轴的区域变大；向右滑动，素材所占时间轴的区域变小。

【工具栏】面板：用于编辑【时间轴】面板中的视频、音频素材，如图1-69所示。

图1-69

- 选择工具：用于选中各个面板和时间轴上的素材文件，默认快捷键是V键。
- 波纹编辑工具：可调节素材文件的长度。
- 剃刀工具：可对时间轴上的素材进行裁剪、分割处理。
- 外滑工具：用于改变所选素材的出入点位置。
- 钢笔工具：用来抠图和画蒙版。
- 手形工具：选择该工具后，按住鼠标左键即可在【监视器】面板中移动素材文件的位置。
- 文字工具：选择该工具后，可在【监视器】面板中单击创建文字。

【监视器】面板：可播放序列中的素材文件并可对文件进行出入点设置等，如图1-70所示。

图1-70

- 添加标记：单击此按钮可以为素材添加标记，快捷键为M键。
- 标记入点：单击此按钮可快速为素材添加入点，常用于导出或者渲染某一段素材。
- 标记出点：单击此按钮可快速为素材添加出点，一般和标记入点配合使用。
- 转到入点：单击此按钮，时间轴上的时间线会自动跳转到标记入点的位置。
- 转到出点：单击此按钮，时间轴上的时间线会自动跳转到标记出点的位置。
- 后退一帧：单击此按钮，时间轴上的时间线会后退一帧。
- 前进一帧：单击此按钮，时间轴上的时间线会前进一帧。
- 播放/停止切换：单击此按钮，可播放时间轴上的素材，再次单击即可停止播放。
- 导出帧：单击此按钮，可以导出当前一帧的画面。

单击【监视器】面板右下角的按钮，会弹出隐藏的功能面板，如图1–71所示。在弹出的面板中选择需要的按钮并将其拖曳到工具栏中即可添加使用，如图1–72所示。

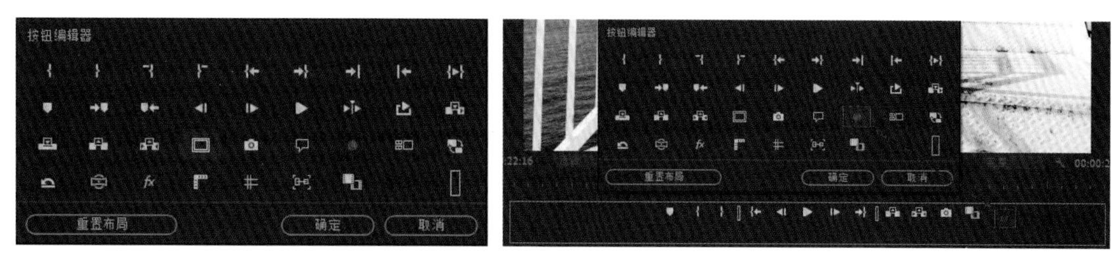

图 1–71　　图 1–72

【字幕】面板：在【字幕】面板中可以添加和编辑文字、形状，并设置一些属性（如阴影描边等）。在菜单栏执行【文件】–【新建】–【旧版标题】命令，如图1–73所示，即可打开【新建字幕】窗口。其中能够设置字幕的名称，也可以保持默认，然后单击【确定】按钮，如图1–74所示。

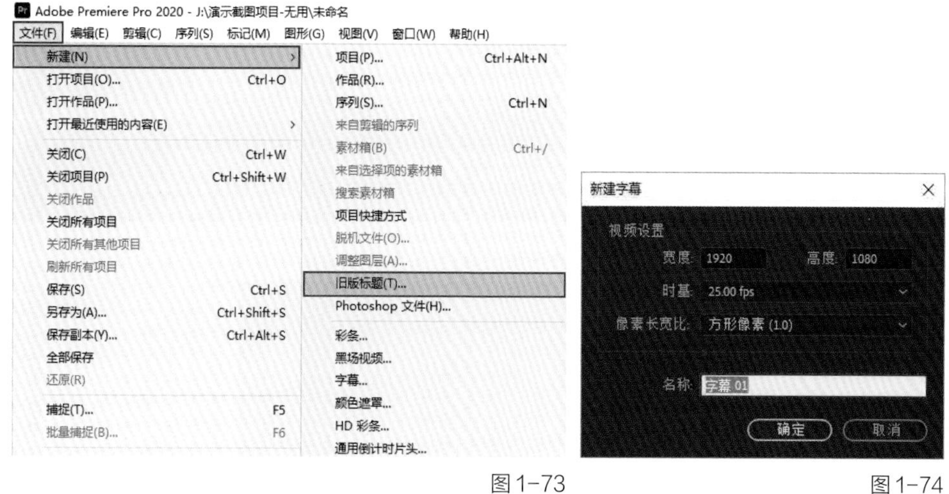

图 1–73　　图 1–74

【字幕】面板主要包括字幕、工具栏、字幕动作栏、旧版标题样式、旧版标题属性5部分，如图1–75所示。

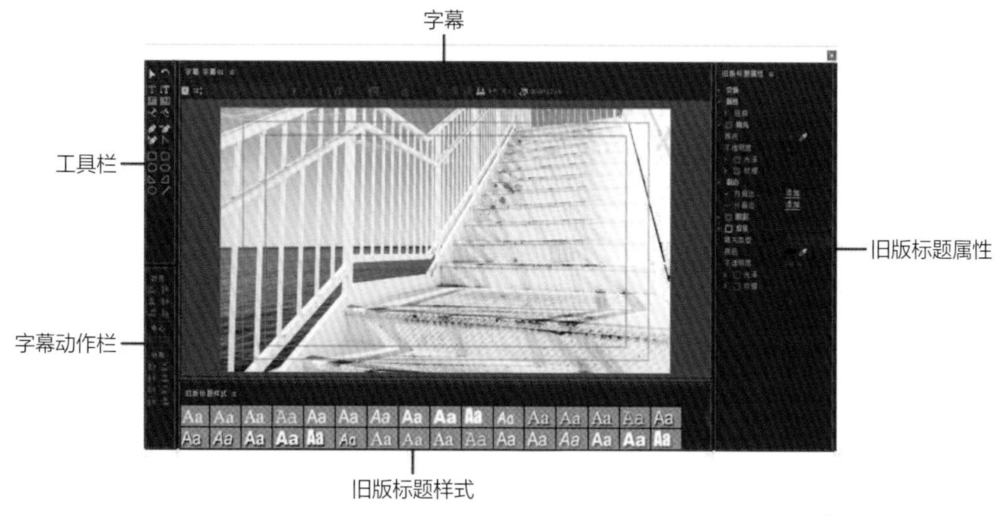

图 1–75

单击【文字工具】按钮，在画面中输入文字，如图1-76所示，输入完成后关闭【字幕】面板，此时【字幕01】就会出现在【项目】面板中，如图1-77所示。

图1-76

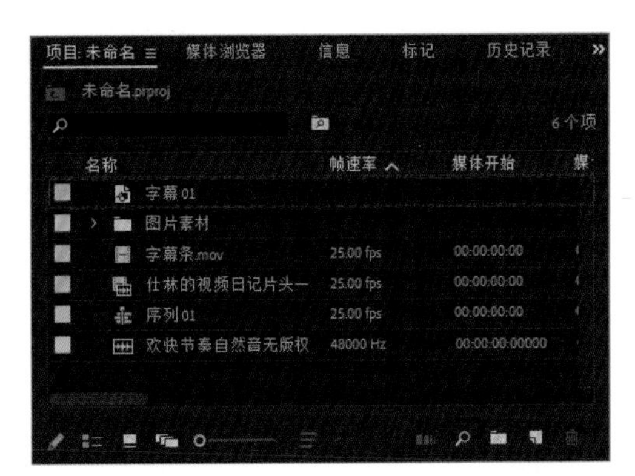

图1-77

第2章 02

初试剪辑

2.1 实战一：电子相册案例

前面我们了解了在剪辑中高频使用的各个面板的重点功能，其实单独去介绍这些面板和功能还是有些枯燥，那么从本节开始就进入实战案例的部分，通过制作一个电子相册来复习、巩固并强化前面的知识。本节要做的毕业季电子相册如图2-1~图2-3所示。

图2-1

图2-2

图2-3

01 在菜单栏执行【文件】-【新建】-【项目】命令，如图2-4所示，打开【新建项目】窗口，设置【名称】为【电子相册案例】，然后单击【浏览】按钮，设置保存路径，单击【确定】按钮，如图2-5所示。

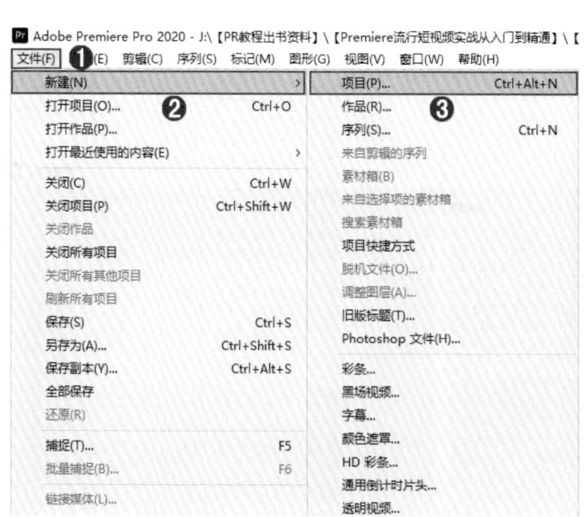

图 2-4

图 2-5

02 在【项目】面板的空白处双击，打开【导入】窗口，分别选中【01.照片素材】【02.背景音乐】【03.片头片尾】3个文件夹，再单击【导入文件夹】按钮，如图2-6所示，将素材导入【项目】面板，如图2-7所示。

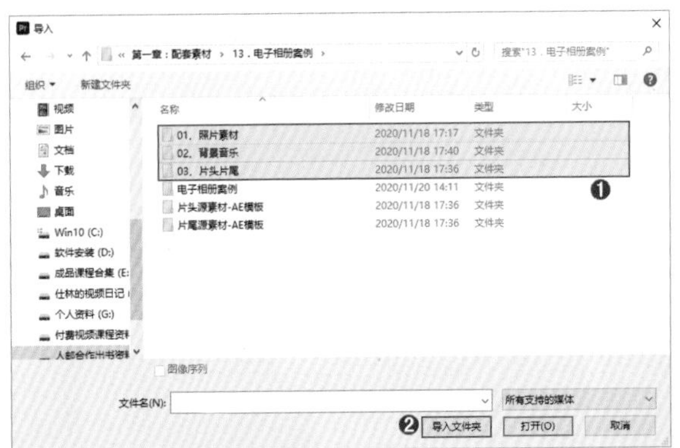

图2-6

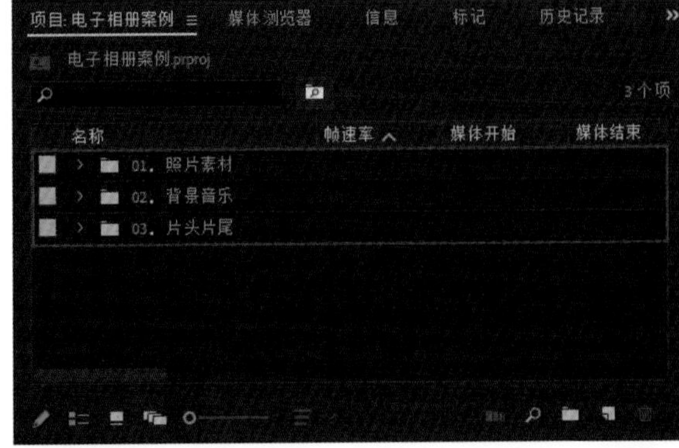

图2-7

03 单击【项目】面板中的【新建项】按钮，在弹出的下拉菜单里执行【序列】命令，打开【新建序列】窗口，单击【设置】选项卡，将【编辑模式】改为【自定义】，并对视频和音频的参数进行设置，最后单击【确定】按钮，新建序列，如图2-8所示。

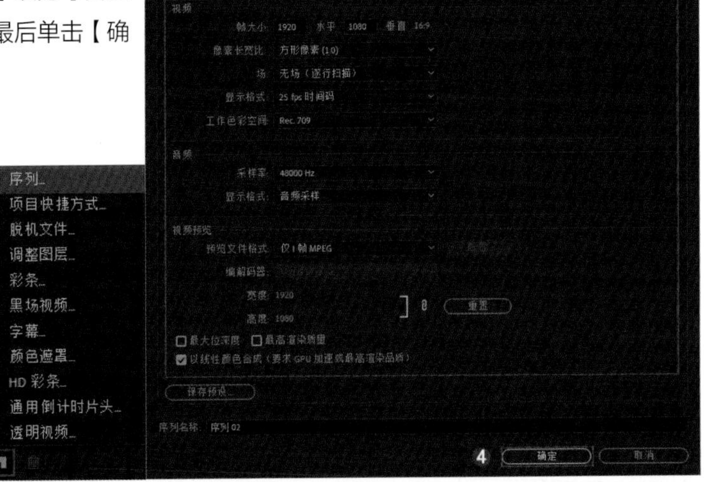

图2-8

04 选中素材里面的所有图片，并将其拖曳到时间轴上，如图2-9所示，此时【监视器】面板会显示第一张图片的画面，如图2-10所示。

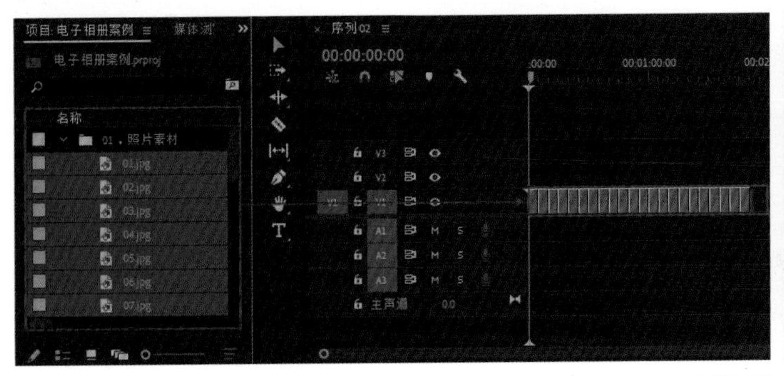

图2-9

图2-10

05 因为序列大小设置的是1920×1080，所以为了防止图片和序列大小不匹配、画面不能完全显示，需要在时间轴上选中所有的图片，然后在素材上单击鼠标右键并执行【缩放为帧大小】命令，如图2-11所示，此时【监视器】面板中的画面如图2-12所示，画面就会跟设置的序列大小完全匹配。

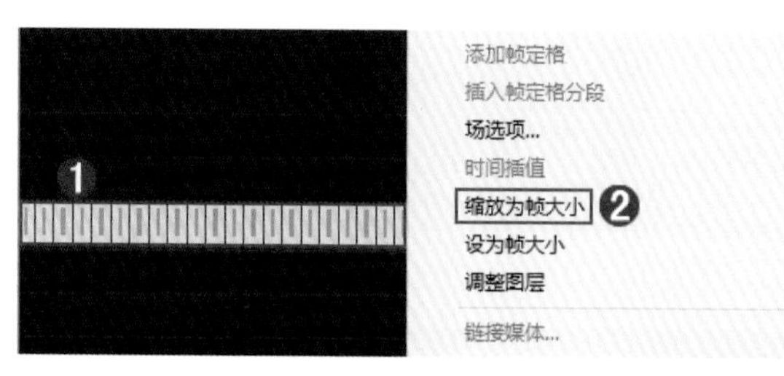

图 2-11

图 2-12

06 全部选中轨道上的图片，然后按住Alt键，将图片拖曳到【V2】轨道上，即可将素材复制到【V2】轨道上，让【V1】轨道上的图片作为背景，如图2-13所示。

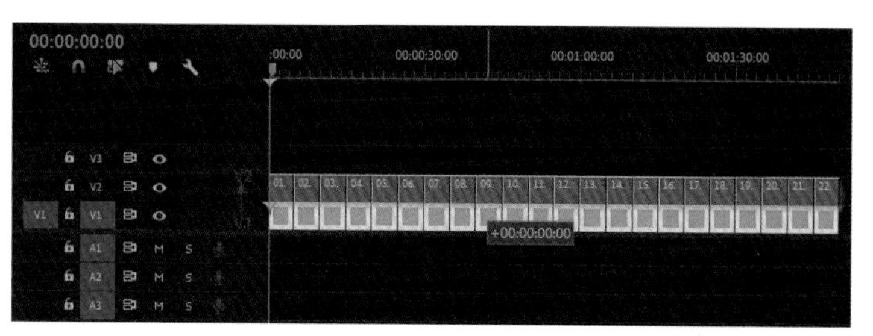

图 2-13

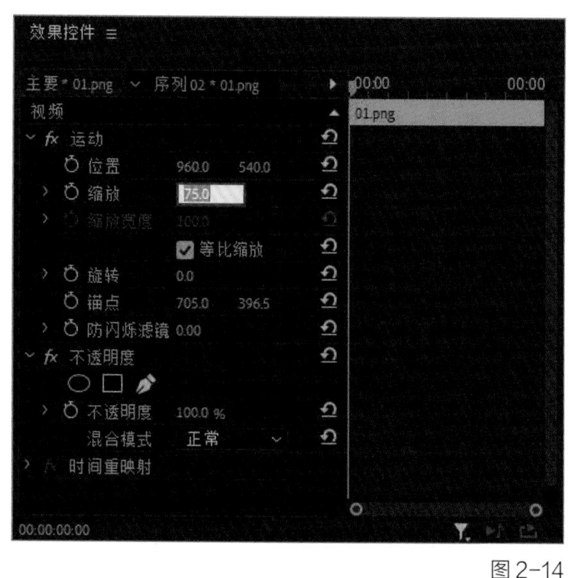

图 2-14

07 单击选中【V2】轨道上的第一张图片，在【效果控件】面板中将【缩放】的数值改为75，如图2-14所示。改完参数后，此时【监视器】面板中的画面如图2-15所示。

图 2-15

08 批量添加缩放效果。

不仅第一张图片需要做【缩放】的处理，其他图片也需要做这样的处理。如果用刚才那样的方法，一张张地去处理的话，效率会很低，可以使用批量处理的方法。

在【V2】轨道上，单击第一张已经做过【缩放】处理的图片，按Ctrl+C组合键，然后选中【V2】轨道上其他没有做过处理的图片，按Ctrl+Alt+V组合键打开【粘贴属性】窗口，勾选【运动】复选框，再单击【确定】按钮即可，如图2-16所示。此时【V2】轨道上的图片都会统一缩小至原来尺寸的75%，如图2-17所示。

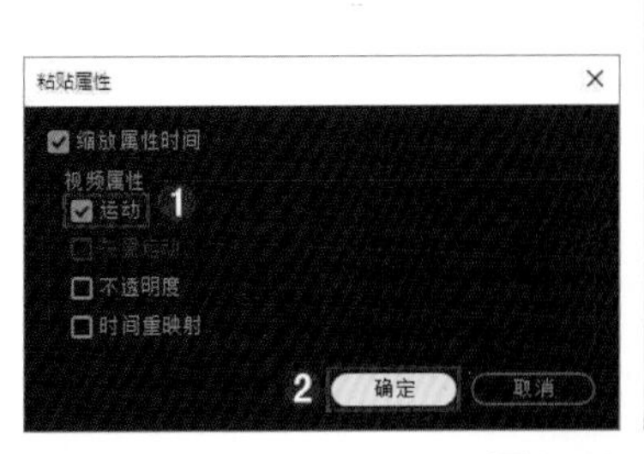

图 2-16

图 2-17

09 制作背景虚化效果。

接下来需要制作背景虚化效果。在【效果】面板中搜索【高斯模糊】，找到【模糊与锐化】下面的【高斯模糊】，将它拖曳到【V1】轨道的第一张图片上，如图2-18所示。

图 2-18

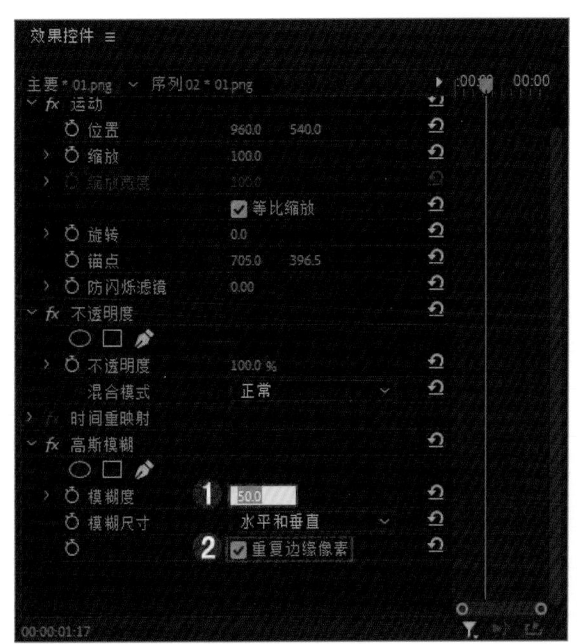

图 2-19

在【效果控件】面板中将【模糊度】的数值改为50，同时勾选【重复边缘像素】复选框，如图2-19所示。

此时【监视器】面板中的画面如图2-20所示，可以看到背景已经有了模糊的效果。

图2-20

10 批量添加高斯模糊效果。

不仅第一张图片需要做【高斯模糊】的处理，其他图片也需要做这样的处理。在【V1】轨道上，单击第一张已经做过【高斯模糊】处理的照片，按Ctrl+C组合键，然后选中【V1】轨道上其他没有做过处理的图片，按

Ctrl+Alt+V组合键打开【粘贴属性】窗口，勾选【效果】复选框，再单击【确定】按钮即可，如图2-21所示。此时【V1】轨道上的图片都会统一添加【高斯模糊】效果，如图2-22所示。

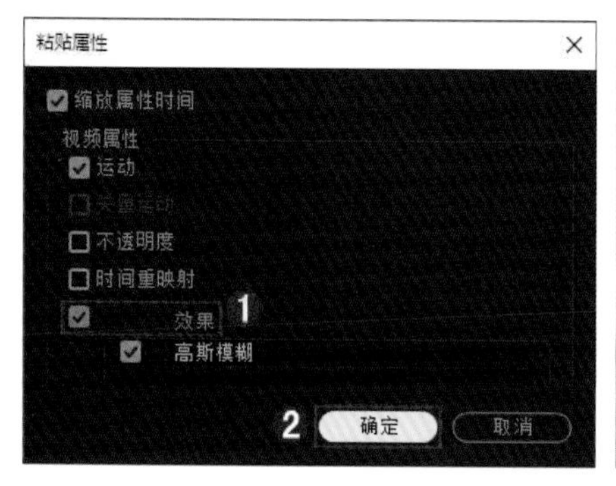

图 2-21

图2-22

11 给图片制作边框。

在【效果】面板中搜索【径向阴影】，并将它拖曳到【V2】轨道的第一张图片上，如图2-23所示。

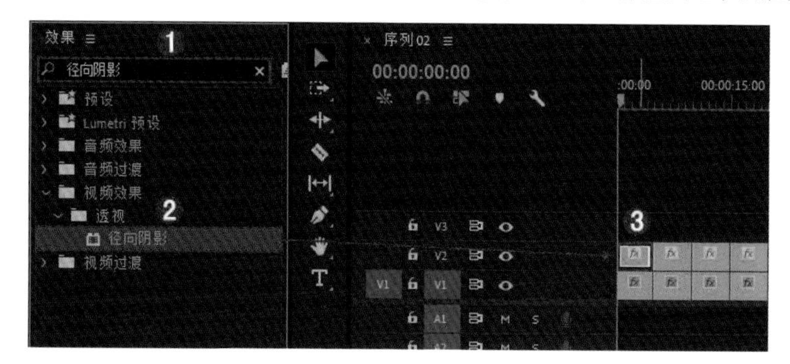

图2-23

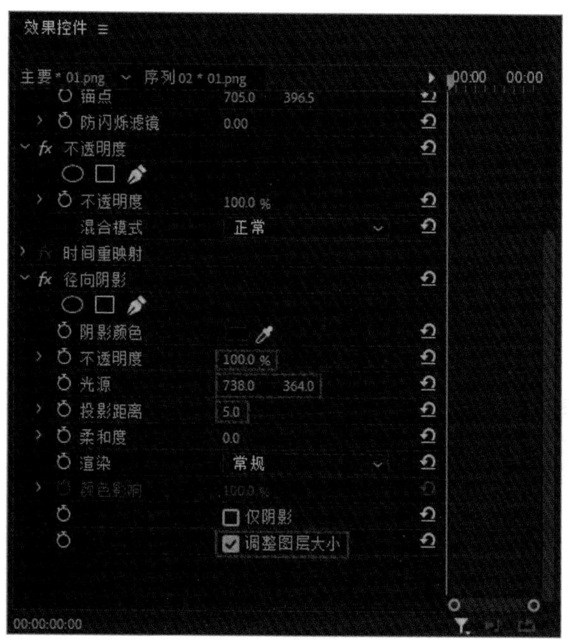

图2-24

在【效果控件】面板中勾选【调整图层大小】复选框，再将【不透明度】改为100%，【光源】的数值改为738、364，【投影距离】改为5，如图2-24所示。

此时【监视器】面板中的画面如图2-25所示。

图2-25

12 改变边框的颜色。

现在已经给图片添加了边框，但想选择白色的。在【效果控件】面板中单击【阴影颜色】右侧的黑色方块，打开【拾色器】窗口，选择白色并单击【确定】按钮，如图2-26所示。此时【监视器】面板中的画面如图2-27所示。

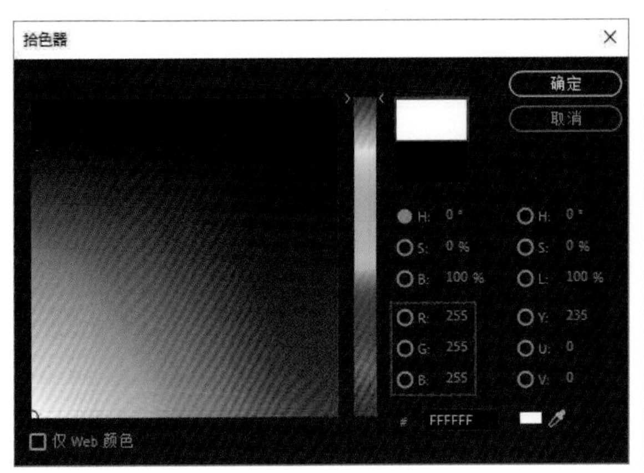

图2-26

图2-27

13 给图片添加径向阴影效果。

单击第一张已经添加了【径向阴影】效果的图片，按Ctrl+C组合键，然后选中【V1】轨道上其他没有做过处理的图片，按Ctrl+Alt+V组合键打开【粘贴属性】窗口，勾选【效果】复选框，再单击【确定】按钮即可，如图2-28所示。此时【V1】轨道上的其他图片都会统一添加上白色的边框，如图2-29所示。

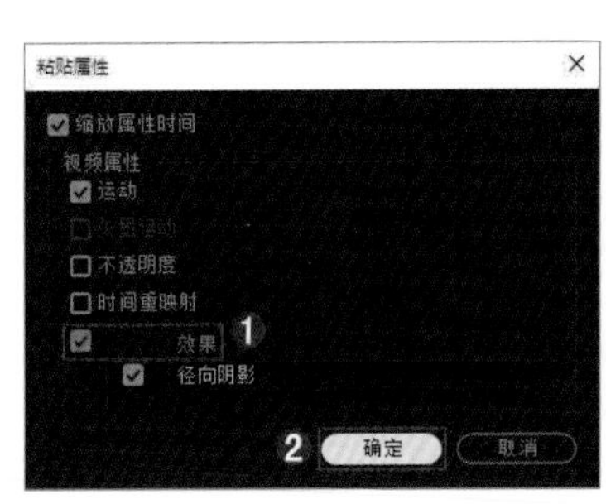

图2-28

图2-29

14 给图片添加投影效果。

在【效果】面板中搜索【投影】，并将它拖曳到【V2】轨道的第一张图片上，如图2-30所示。然后在【效果控件】面板中，将【距离】改为40，【柔和度】改为30，如图2-31所示。此时【监视器】面板中的画面如图2-32所示。再按照之前批量复制的方法，将【投影】效果复制到【V1】轨道的其他素材上即可。

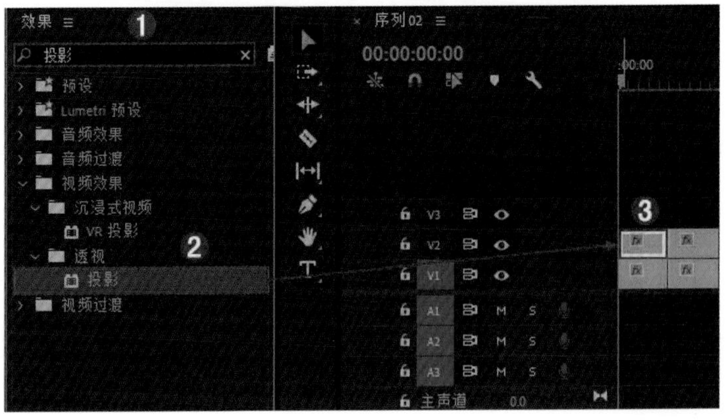

图2-30

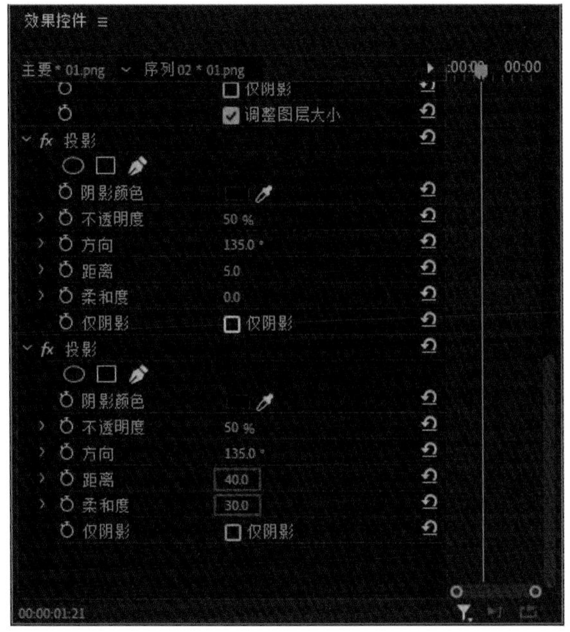

图 2-31

图2-32

15 给图片添加过渡效果。

在【效果】面板中找到并用鼠标右键单击【立方体旋转】，执行弹出的【将所选过渡设置为默认过渡】命令，即可将【立方体旋转】设置为默认过渡效果，如图2-33所示。

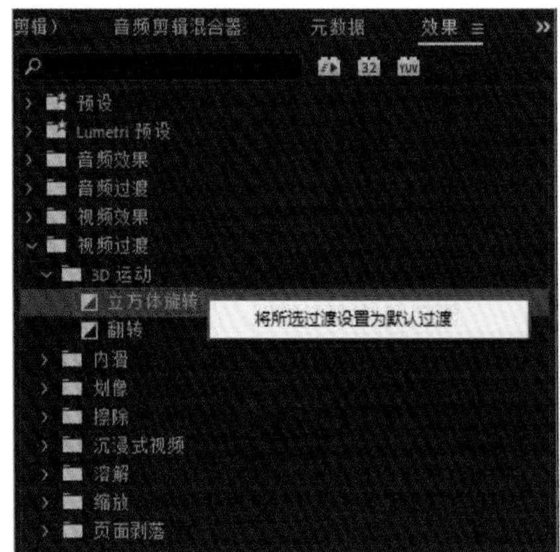

图2-33

选中【V1】轨道上的全部图片，按Ctrl +D组合键，即可为所有图片添加【立方体旋转】效果，如图2-34所示。播放素材，【监视器】面板中的画面如图2-35所示。

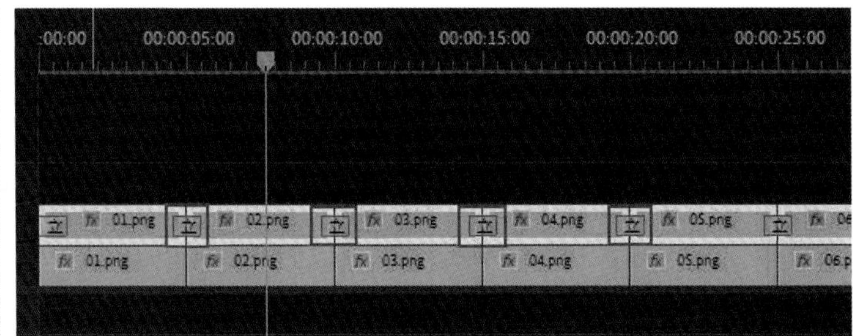

图2-34

图2-35

图 2-35（续）

16 给视频添加片头和片尾。

在【项目】面板中将【片头-成片.mp4】素材直接拖曳到【监视器】面板中，并选择【此项前插入】。此时【时间轴】面板会自动插入片头素材，如图2-36所示。

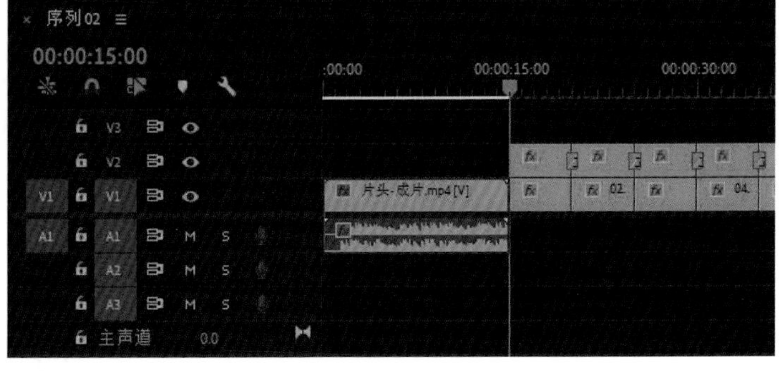

图 2-36

将时间轴上的时间线放在【V1】轨道的最后一张图片处，在【项目】面板中将【片尾-成片.mp4】素材直接拖曳到【监视器】面板中，并选择【此项后插入】，如图2-37所示。此时【时间轴】面板会自动插入片尾素材，如图2-38所示。

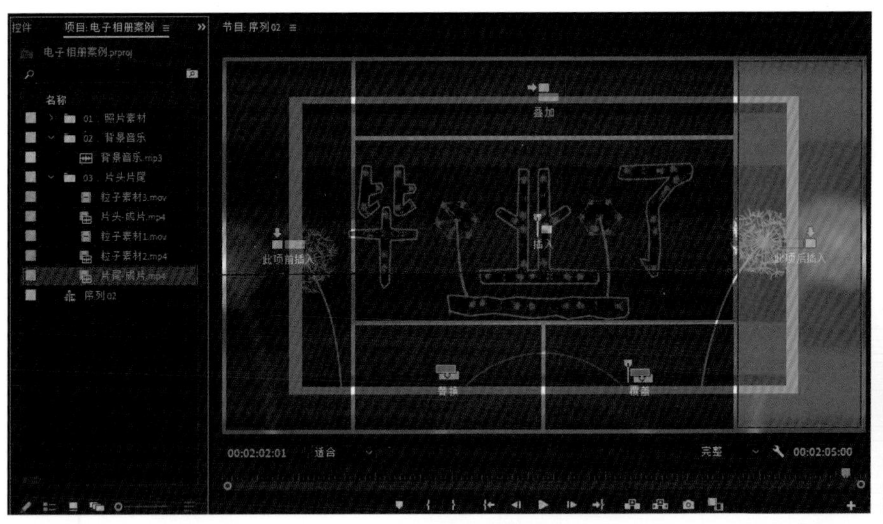

图 2-37

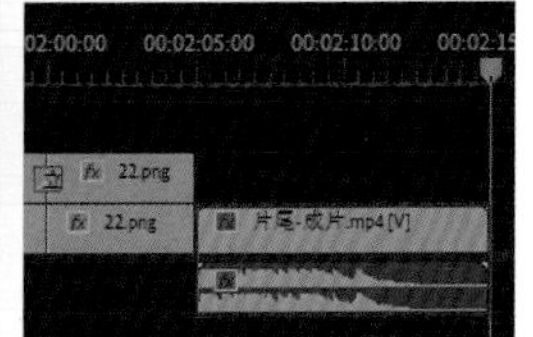

图 2-38

17 给视频添加背景音乐。

在【项目】面板中将【背景音乐.mp3】素材拖曳到【A1】轨道上，让它覆盖掉片头和片尾的音频，然后按C键调出【剃刀工具】，选中多余的音频，按Delete键即可将其删除，如图2-39所示。

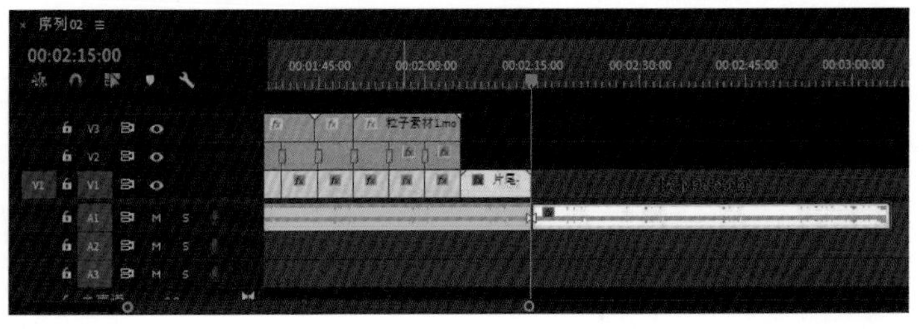

图 2-39

18 给视频添加粒子素材。

在【项目】面板中找到【粒子素材1】并将其拖曳到【V3】轨道上。单击选中【粒子素材1】，在【效果控件】面板中将其【混合模式】改为【滤色】，如图2-40所示。此时在【监视器】面板中可以看到白色的粒子飘散在画面上，如图2-41所示。

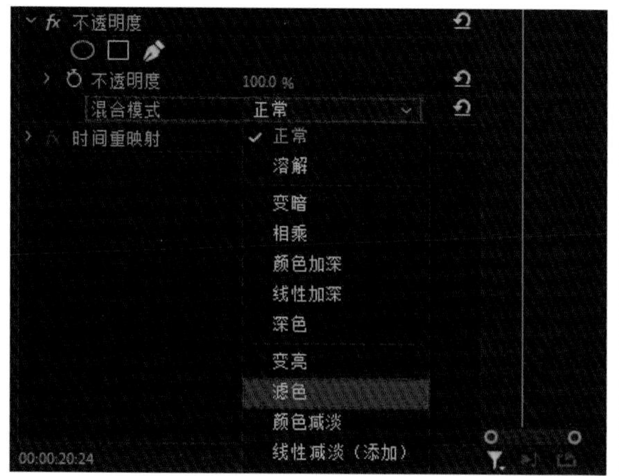

图2-40

图2-41

19 输出最终成片。

将时间轴上的时间线放在视频的最后一秒，单击【标记出点】按钮（也可以按O键）。按Ctrl+M组合键打开【导出设置】窗口，【格式】选择为【H.264】，【预设】选择为【匹配源-高比特率】，然后更改【输出名称】和路径，再单击【导出】按钮，如图2-42所示。

此时会显示导出的进度条，等导出完成，会显示【您的视频已成功导出】，然后就可以在刚才设置的导出文件夹中看到最终成片了。

图2-42

以上就是完整的毕业季电子相册的制作方法，大家可以跟着配套视频的步骤，先熟悉基础的操作。当然也可以举一反三，旅行电子相册、生日电子相册、婚礼电子相册都可以用这种方法来实现。本节的作业就是用提供的素材来完成这个案例，当然你也可以使用自己的图片。

举一反三：旅行/生日/婚礼等电子相册的制作

除了毕业季电子相册，旅行电子相册、生日电子相册、婚礼电子相册等都可以用这种方法来实现，按照本节案例的思路来处理即可。

以上就是完整的毕业季电子相册的制作方法。如果用到的素材是静态图片，就要对图片进行处理，如加上边框和过渡效果，或者给它叠加一些光晕粒子素材等，让它更加生动好看。

2.2 实战二：小清新短片案例

2.1节通过电子相册案例的演示，复习了前面的内容，还把剪辑的基本流程梳理了一遍。不过2.1节的素材是照片，那本节用视频来做一个小清新风格的短片，先来看一下最终的效果，如图2-43所示。

图2-43

图 2-43（续）

01 在菜单栏执行【文件】-【新建】-【项目】命令，如图2-44所示，打开【新建项目】窗口，更改【名称】为【小清新短片案例】，单击【浏览】按钮设置保存路径后，单击【确定】按钮，如图2-45所示。

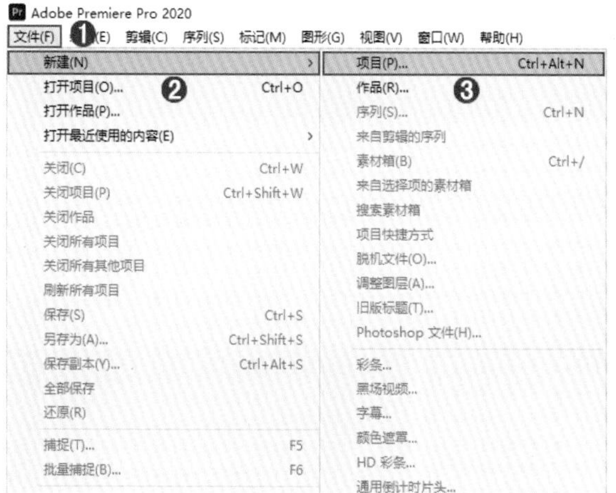

图 2-44

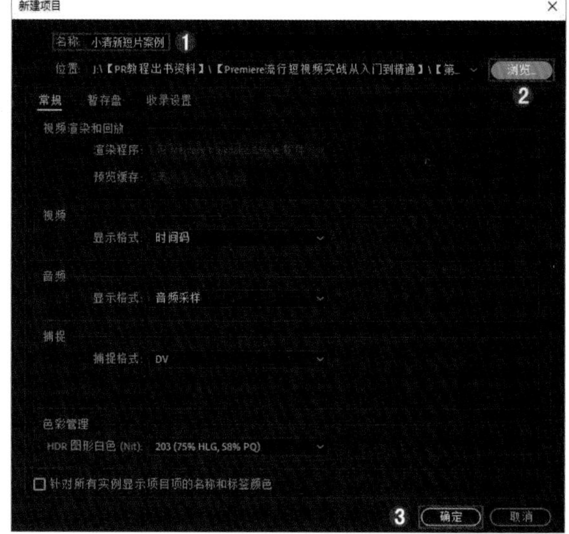

图 2-45

02 在【项目】面板的空白处双击，打开【导入】面板，分别选中【01.音频素材】【02.视频素材】【03.音效素材】【04.小清新字幕条】4个文件夹，单击【导入文件夹】按钮，如图2-46所示。

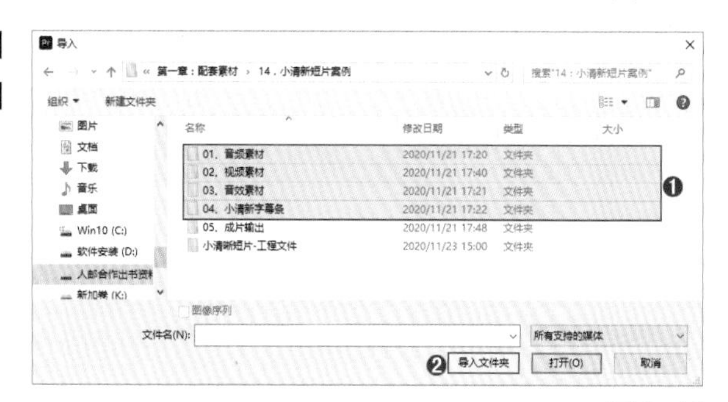

图 2-46

03 单击【项目】面板中的【新建项】按钮，在弹出的下拉菜单里执行【序列】命令，打开【新建序列】窗口，单击【设置】选项卡，并将【编辑模式】改为【自定义】，对视频和音频的参数进行设置，最后单击【确定】按钮，新建序列，如图2-47所示。

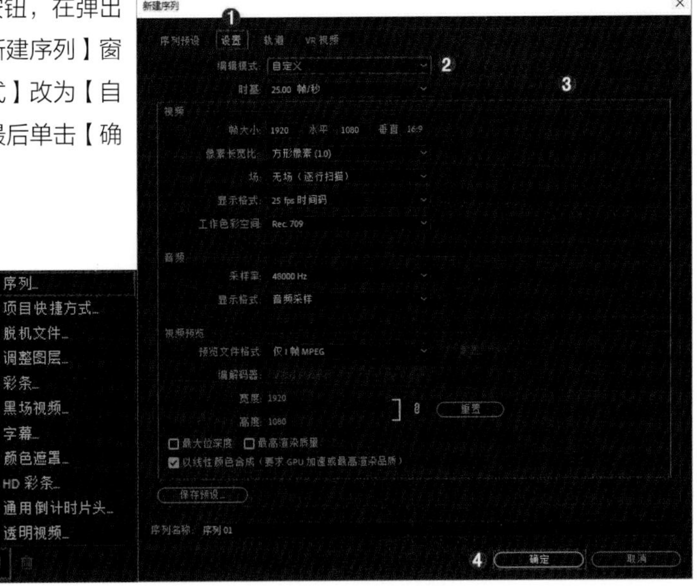

图 2-47

04 在【项目】面板中展开【音频素材】文件夹，将【背景音乐.mp3】素材拖曳到【A2】轨道，将【夏天的味道 干音.mp3】素材拖曳到【A1】轨道并调整，使其位于【A2】轨道上音频的中间位置，如图2-48所示。

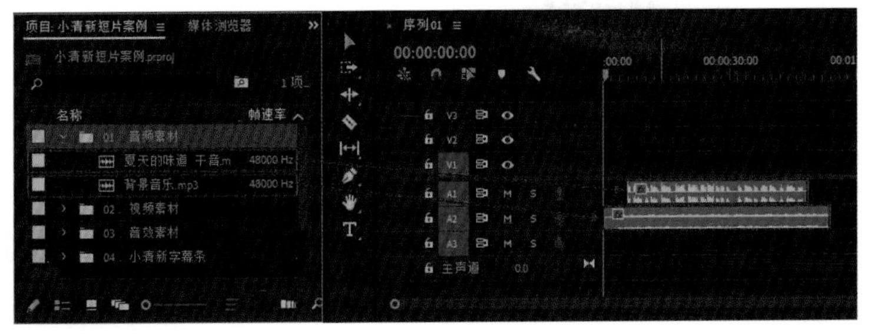

图 2-48

05 因为本案例使用视频作为素材来讲解剪辑的工作流程，所以这里已经把片头文字效果做成视频了，具体文字特效的做法会在之后讲解。直接将【项目】面板中的【视频素材】文件夹中的【片头.mp4】素材拖曳到【V1】轨道，此时【监视器】面板中的画面如图2-49所示。

06 将时间轴上的时间线移至【片头.mp4】素材的末尾，直至出现标志，往前拖动该标志，裁掉多余的部分，使其末尾和音频头部对齐，如图2-50所示。

图 2-49

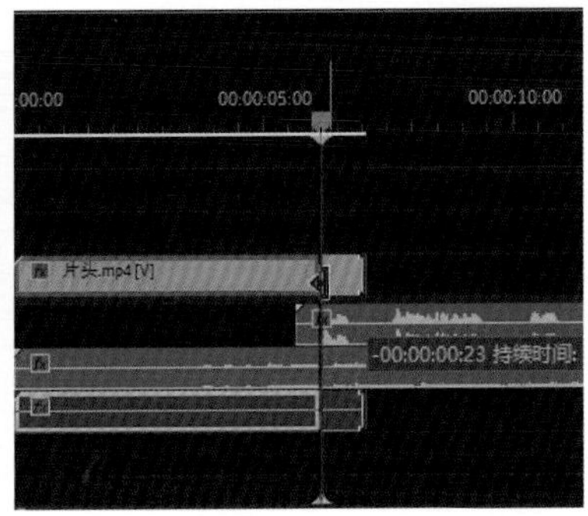

图 2-50

07 播放音频时，我们可以听到第一句的背景音是“夏天，是校园里的大片树荫”，根据这句话配上相应的画面。在【项目】面板的【视频素材】文件夹中找到【01.林荫小道.mp4】素材，将其拖曳到【V1】轨道上。此时【监视器】面板中的画面如图2-51所示。

08 继续播放音频，听到下一句是“枝叶，被风吹得哗哗作响”，同样给它配上相应的画面。在【项目】面板的【视频素材】文件夹中找到【02.树叶.mp4】素材，将其拖曳到【V1】轨道上。此时【监视器】面板中的画面如图2-52所示。

09 继续播放音频，按之前的步骤将【项目】面板的【视频素材】文件夹中的所有视频和音频里的台词一一对应，如图2-53和图2-54所示。

图 2-51

图 2-52

图 2-53

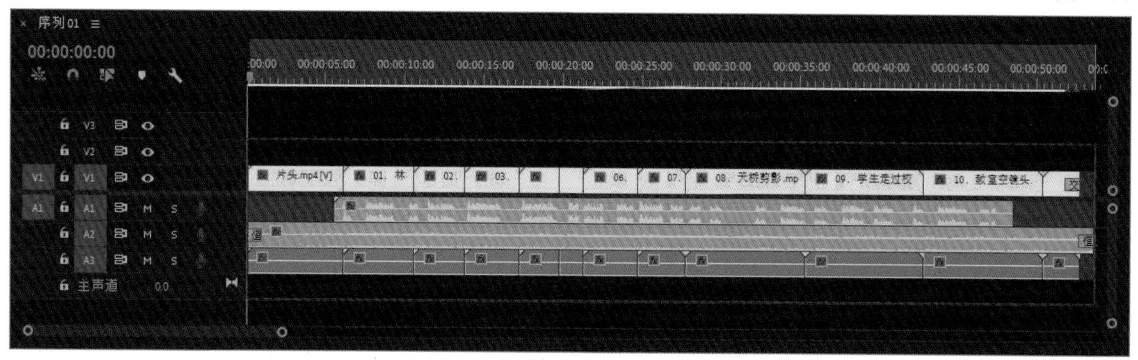

图 2-54

10 精细化处理。

给视频上下两边添加黑边，以增加电影感。下面介绍3种制作电影黑边的方法。

方法1：裁剪法

在【效果】面板中搜索【裁剪】，将它拖曳到任意一个视频上，如图2-55所示。

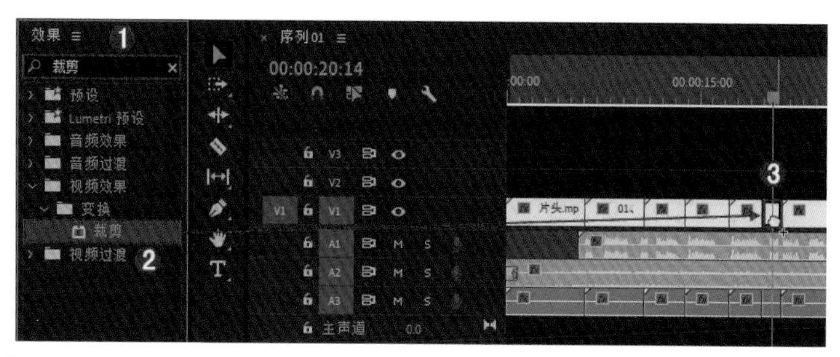

图 2-55

在【效果控件】面板中，将该视频【顶部】和【底部】的裁剪比例都改为12.2%，如图2-56所示。

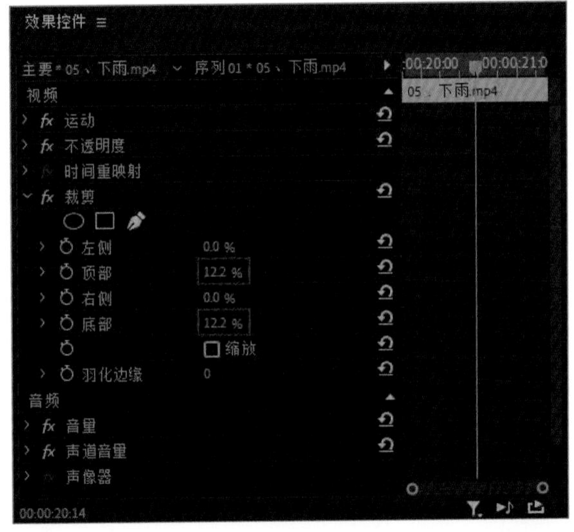

图2-56

效果对比如图2-57所示，左边的视频未添加【裁剪】效果，右边的视频添加【裁剪】效果后，电影感会更强一些。

图2-57

方法2：字幕法

在菜单栏执行【文件】-【新建】-【旧版标题】命令，如图2-58所示，打开【新建字幕】窗口，将【名称】改为【遮幅黑边】之后，单击【确定】按钮，如图2-59所示。

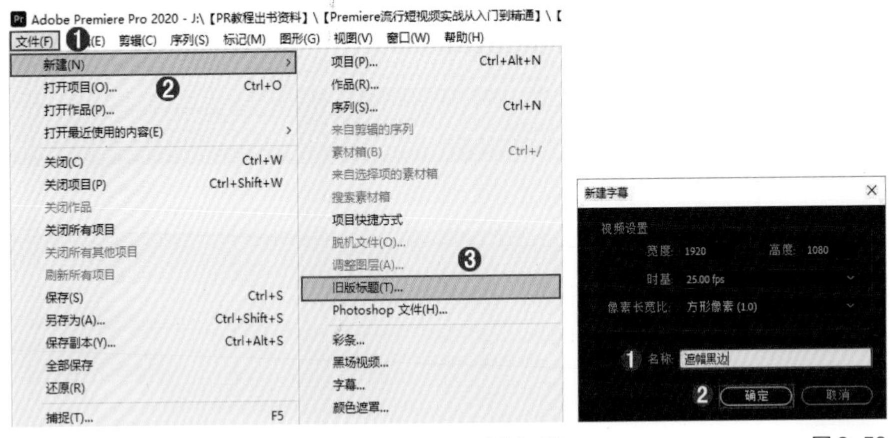

图2-58　　图2-59

在弹出来的【字幕】面板中单击【矩形工具】按钮▆，然后按住鼠标左键不动，在【字幕】面板的画面中拖出两个矩形，如图2-60所示。

图 2-60

单击选中刚才新建的矩形，在【旧版标题属性】面板中单击【颜色】按钮，打开【拾色器】面板，将颜色改为黑色，单击【确定】按钮，如图2-61所示。此时更改后的效果如图2-62所示。

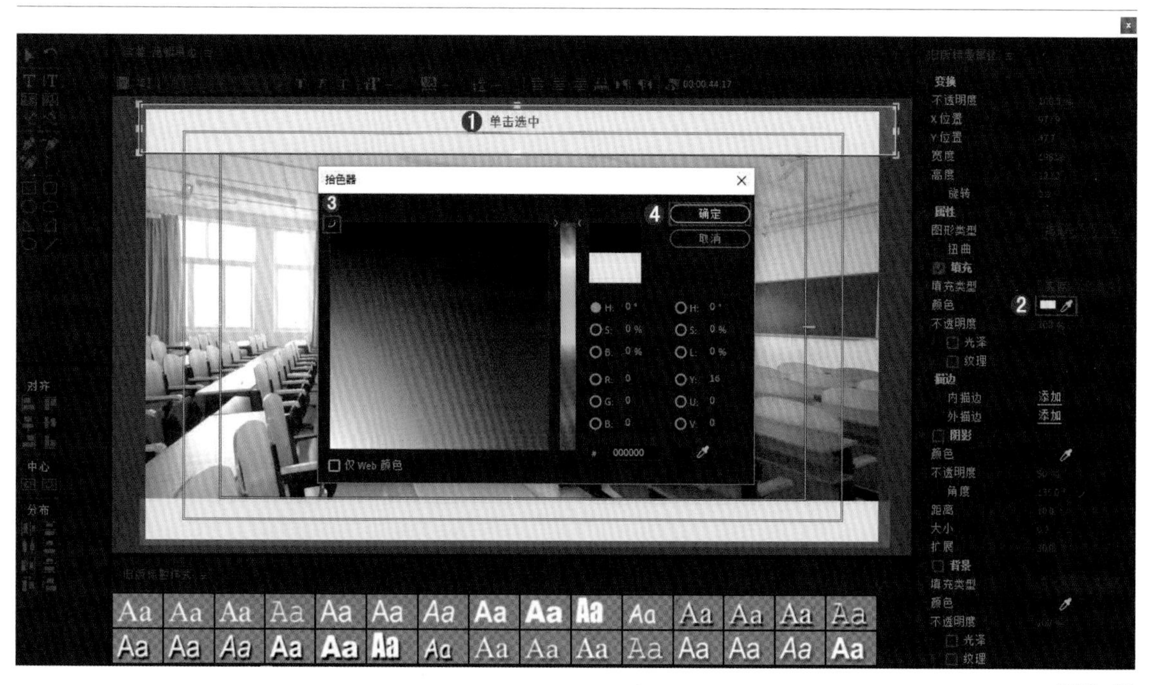

图 2-61

图2-62

关闭【字幕】面板后，就可以在【项目】面板中看到刚刚新建的【遮幅黑边】，将它拖曳到视频上方的【V2】轨道上，此时在【监视器】面板的画面中可以看到添加的两条黑边，对比之前没添加黑边的效果，如图2-63所示。

图2-63

方法3：预设法

本节提供的素材和大礼包中为大家准备了很多电影遮幅的预设，如图2-64和图2-65所示。这些图片都是PNG格式，都是带透明通道的，直接将其拖曳到视频上就可以添加遮幅效果。

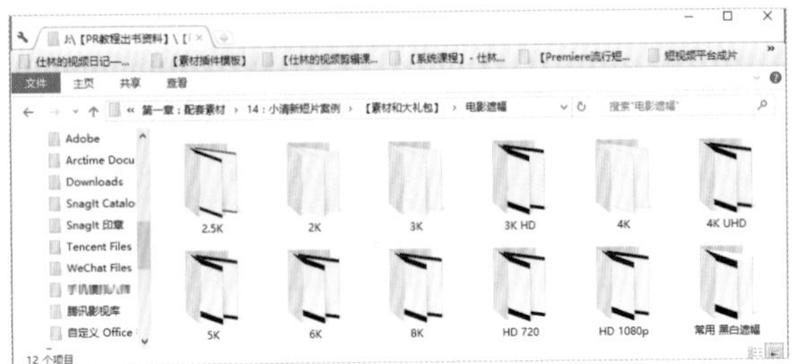

图2-64

图2-65

课外拓展

常见幕幅

默片时代：1.33 ∶ 1　　电视：4 ∶ 3　　现代宽银幕：1.85 ∶ 1　　变形宽银幕：2.35 ∶ 1

变形宽银幕电影的宽高比为2.35 ∶ 1，拍摄时利用水平方向“压缩”的镜头拍摄画面，放映时用“展宽”的镜头把画面从水平方向展开，使放映画面画幅为2.35 ∶ 1。变形宽银幕的实际比例为2.39 ∶ 1（约定俗成为2.35 ∶ 1）。

11 在【项目】面板的【04.小清新字幕条】文件夹中，将准备好的【黑色遮幅】拖曳到【V2】轨道上，铺满覆盖整段视频。此时【监视器】面板中的画面如图2-66所示。

12 在【项目】面板的【03.音效素材】文件夹中，将【大自然虫鸣鸟叫声.mp3】音效拖曳到【A4】的轨道上，为前3个画面增加一些活力，让画面显得更有生机一些。

图2-66

13 在【项目】面板的【03.音效素材】文件夹中，将【打雷轰隆-自然天气.mp3】音效拖曳到【A4】轨道上，为【04.打雷.mp4】画面添加打雷音效，让画面显得更加真实，如图2-67和图2-68所示。

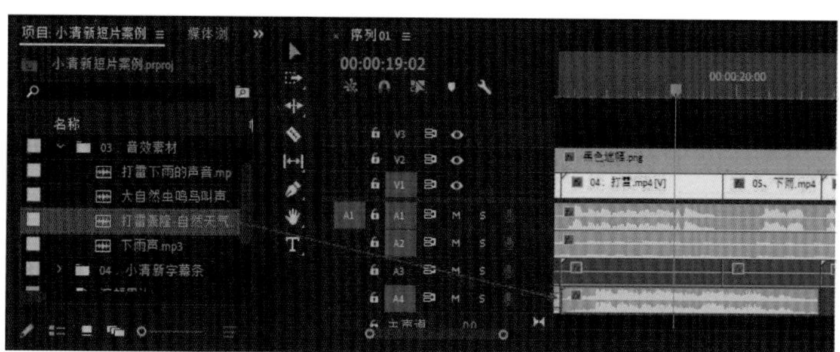

图2-67

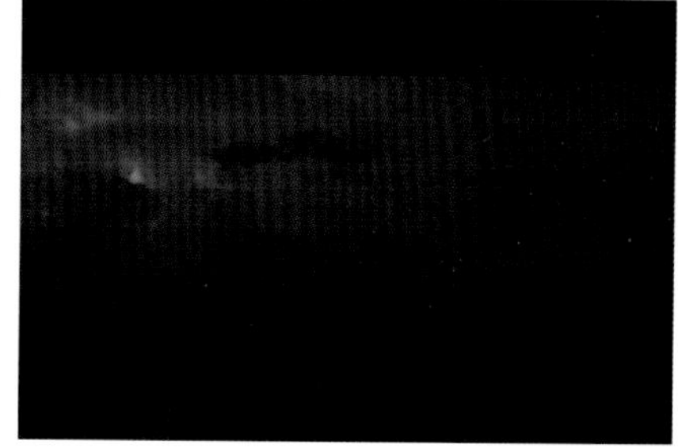

图2-68

14 在【项目】面板的【03.音效素材】文件夹中，将【下雨声.mp3】音效拖曳到【A4】轨道上，为【05.下雨.mp4】画面增加真实感，如图2-69所示，此时【监视器】面板中的画面如图2-70所示。

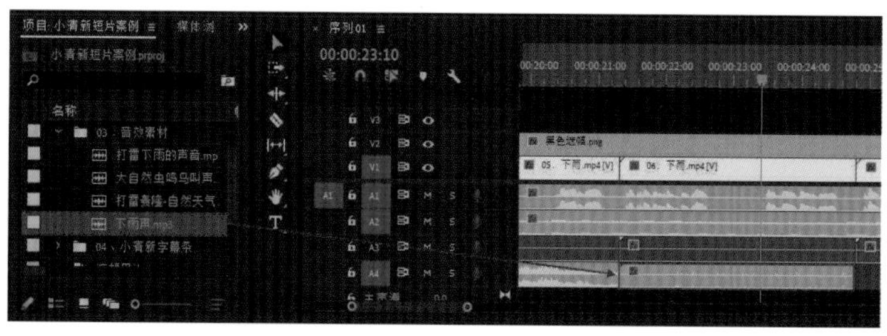

图2-69

图2-70

15 在【项目】面板的【02.视频素材】文件夹中，将【下雨绿幕素材.mov】拖曳到【V3】轨道上，如图2-71所示。此时【监视器】面板中的画面如图2-72所示。

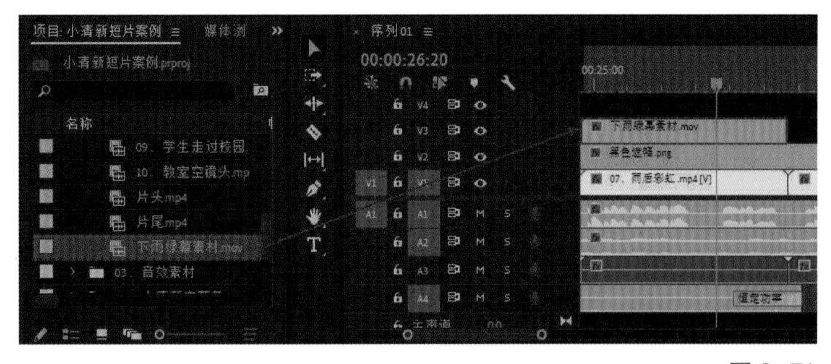

图 2-71　　图 2-72

16 在【效果】面板中搜索【超级键】，将【超级键】拖曳到绿幕素材上，如图2-73所示。在【效果控件】面板中单击主要颜色右侧的【吸管工具】按钮，然后在【监视器】面板中单击画面中的绿色部分，如图2-74所示。

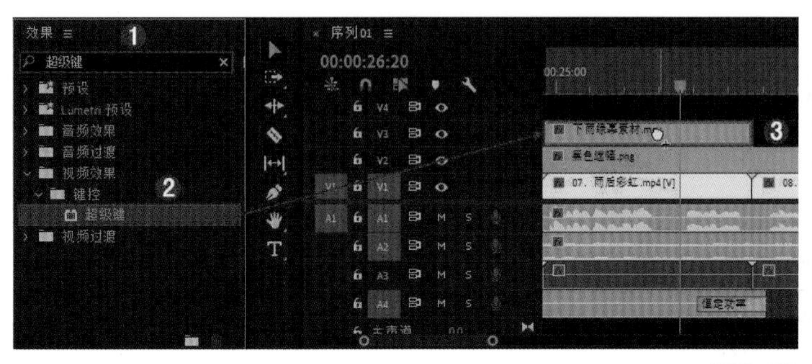

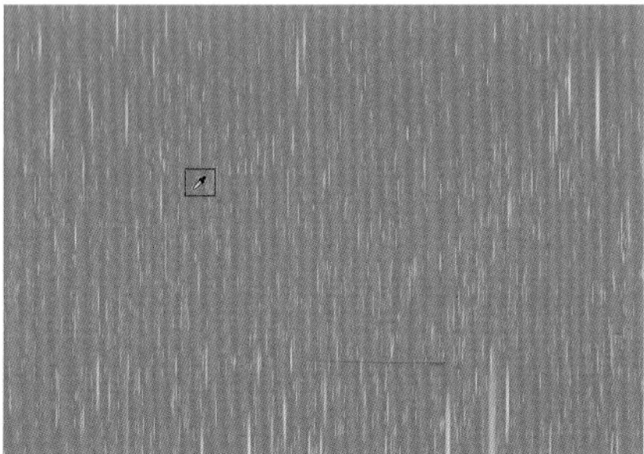

图 2-73　　图 2-74

用【吸管工具】获取画面中的绿色之后，【监视器】面板中的画面如图2-75所示。

可以发现两个问题：第一个问题是雨滴出现在黑色的遮幅部分；第二个问题是雨滴的颜色有点深，缺少真实感。

图 2-75

17 将【下雨绿幕素材.mov】和视频素材换一下位置，如图2-76所示。然后在【效果控件】面板中将【下雨绿幕素材.mov】的【不透明度】改为15%，如图2-77所示。

图 2-76

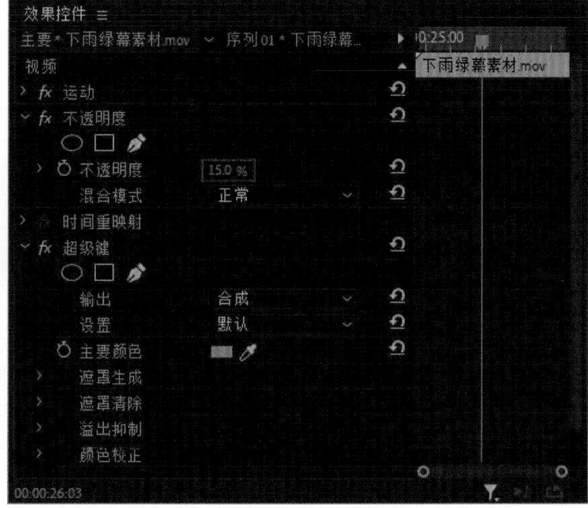

图 2-77

18 给视频添加小清新的角标，在【项目】面板的【04.小清新字幕条】文件夹中找到准备好的素材，将它拖曳到【V4】轨道上，并铺满覆盖片头和片尾的整段视频轨道，如图2-78所示。此时【监视器】面板中的画面如图2-79所示。

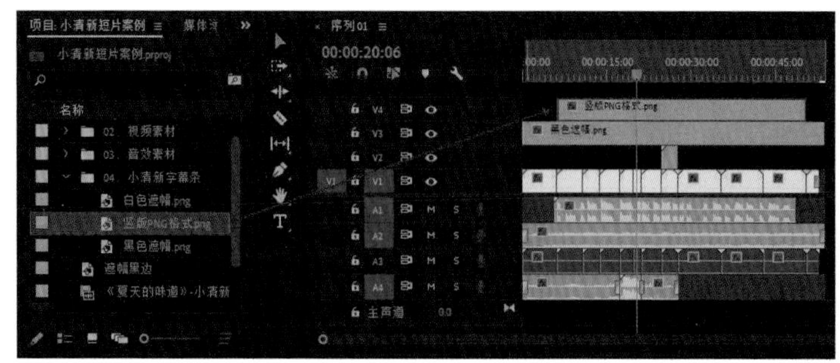

图 2-78

图 2-79

19 可以发现角标有些大，单击选中字幕素材，在【效果控件】面板中将【位置】改为1777、800，将【缩放】改为35，如图2-80所示。此时【监视器】面板中的画面如图2-81所示。

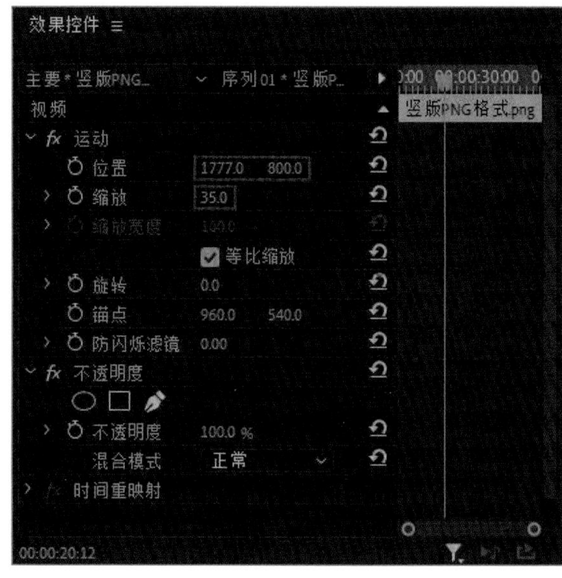

图 2-80

图 2-81

20 输出成片。将时间线放在视频的最后一秒，单击【标记出点】按钮，如图2-82所示。按Ctrl+M组合键打开【导出设置】窗口，【格式】选择【H.264】，【预设】选择【匹配源-高比特率】，然后更改【输出名称】和路径，单击【导出】按钮即可，如图2-83所示。

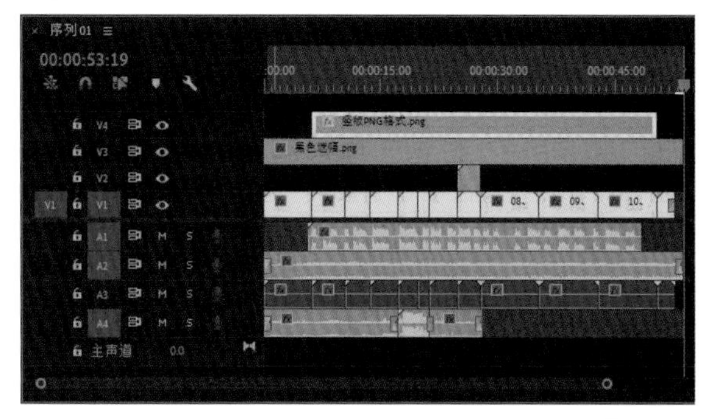

图 2-82

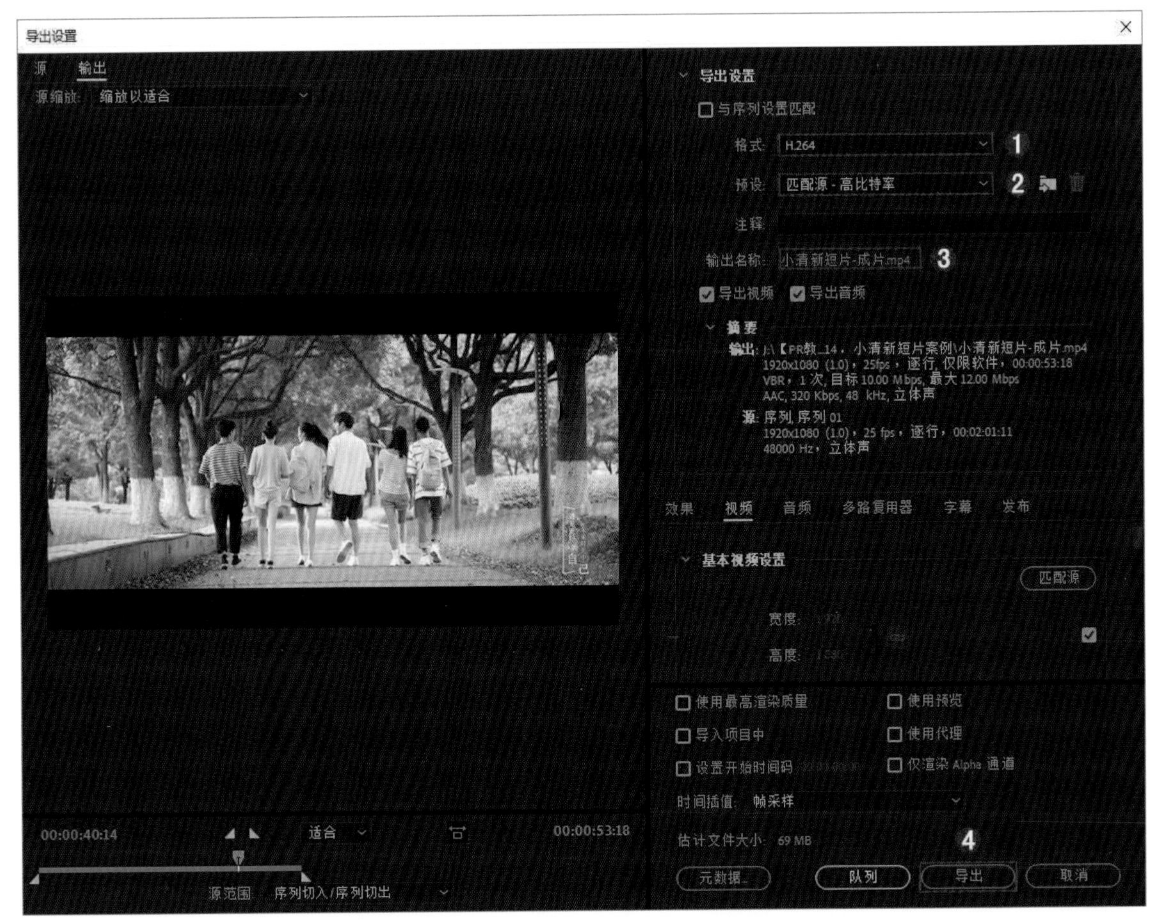

图 2-83

举一反三：旅拍清新小短片的制作

学会了清新小短片的制作，大家也可以举一反三，将旅途中所拍摄的视频整理一下，制作一个简单的旅拍Vlog，还可以加上自己录制的一段音频，这样会更具个人特色。当然在后面的章节中，我们会着重讲解旅拍Vlog的制作全流程。

本节案例主要有两点需要注意：第一要突出清新感，需要在素材和调色上下功夫，在后面的章节中我们也会介绍到小清新风格的调色方法；第二是加强短片的质感，例如我们可以通过在视频上下位置加黑边的方式来使它更具电影感，字幕选择为简约风格等。

第3章

03

了解关键帧——剪辑的开始

3.1 关键帧动画详解

关键帧的作用是让原本静帧画面动起来，视频是由一幅幅连续的画面组成的，动画一般是每秒24帧，也就是24幅画面，每幅画面就是一帧。在后期剪辑中，对于一个关键帧，计算机记下其参数的数值；对于接下来的一个关键帧，计算机记下的另外的数值，中间的数值由计算机按照先前预设的参数来自动演化，减免了去手动调节的麻烦。图3-1所示的就是利用关键帧制作出的文字渐显动画。

图 3-1

3.1.1 添加关键帧

在【效果控件】面板中，每个属性前都有【切换动画】按钮，单击该按钮即可添加关键帧。单击该按钮后，该按钮会变为蓝色。在创建关键帧时，需要在同一属性中添加两个关键帧，并更改两个关键帧的参数，画面才会呈现出动画效果。

01 打开 Premiere，新建项目和序列并导入相关的图片素材，将图片拖曳到【时间轴】面板中，如图3-2所示。

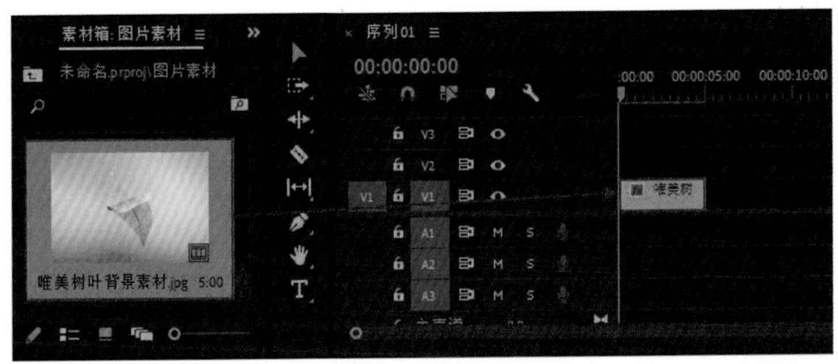

图3-2

02 单击选中【时间轴】面板中的素材，在【效果控件】面板中将时间线往后移动到合适位置，并更改所选属性的参数。以【旋转】属性为例，单击【旋转】前的【切换动画】按钮，即可添加第1个关键帧，如图3-3所示。

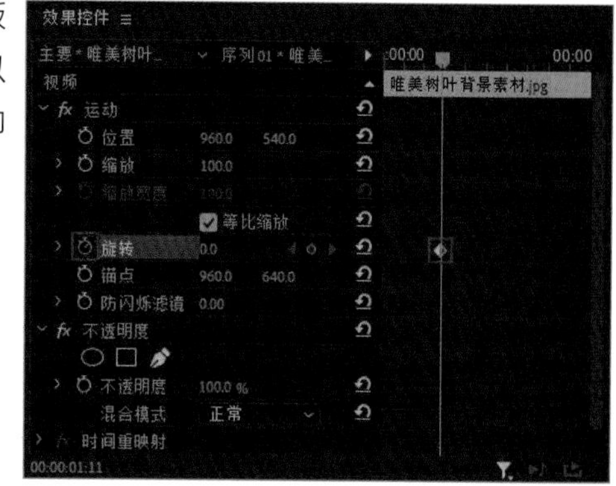

图3-3

03 继续往后移动时间轴上的时间线，更改【旋转】属性的参数为180°，更改参数后会自动添加第2个关键帧，此时播放即可看到动画效果，如图3-4所示。

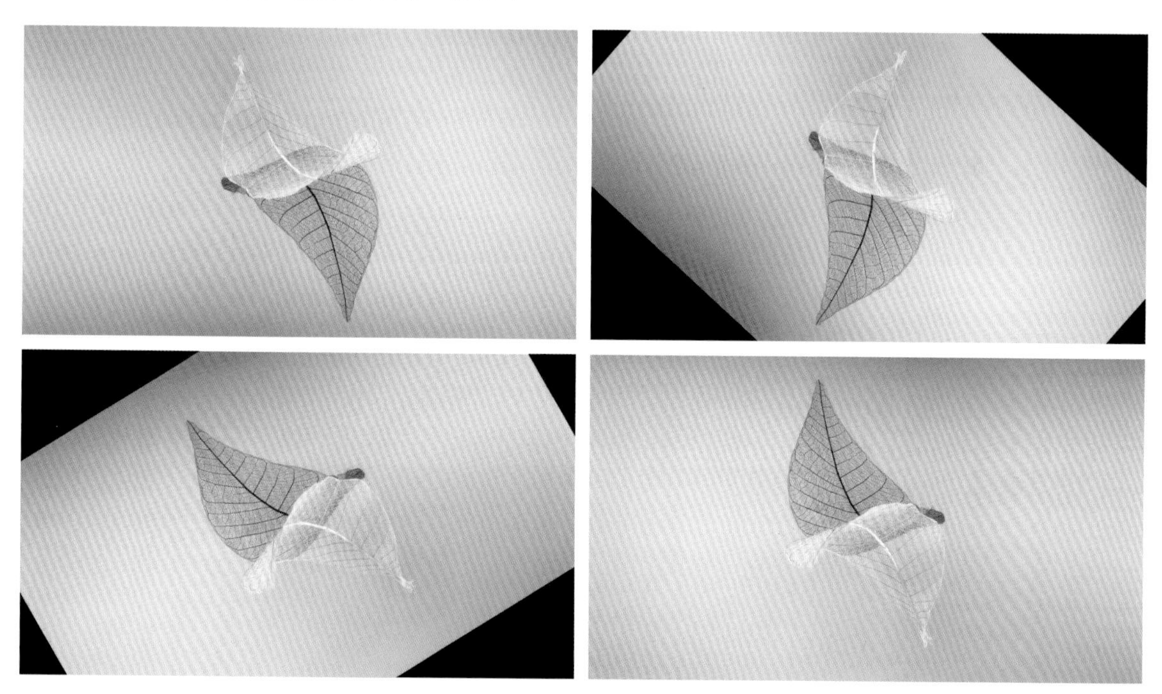

图 3-4

04 除了通过更改参数来添加关键帧，还可以使用【添加/移除关键帧】按钮来添加关键帧。将时间线往后拖曳，单击【添加/移除关键帧】按钮，即可为素材添加第3个关键帧，此时关键帧的参数与第2个关键帧的参数一致，也可直接更改参数，如图3-5所示。

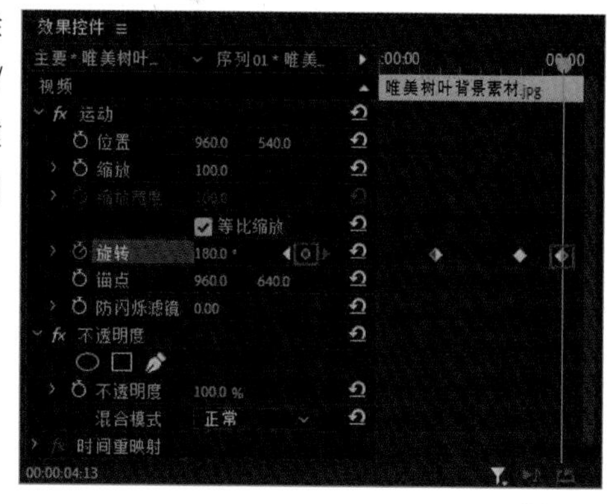

图3-5

3.1.2 移动关键帧

给素材的某一个属性链接关键帧之后，我们可以通过移动关键帧所在的位置来控制动画的节奏，两个关键帧离得越近，其动画效果播放得越快，反之则越慢。

1. 移动单个关键帧

在【效果控件】面板中找到已经添加好的关键帧，将鼠标指针放在想要移动的关键帧上，按住鼠标左键即可进行左右移动，当移动到合适的位置时，松开鼠标左键即可完成关键帧的移动，如图3-6所示。

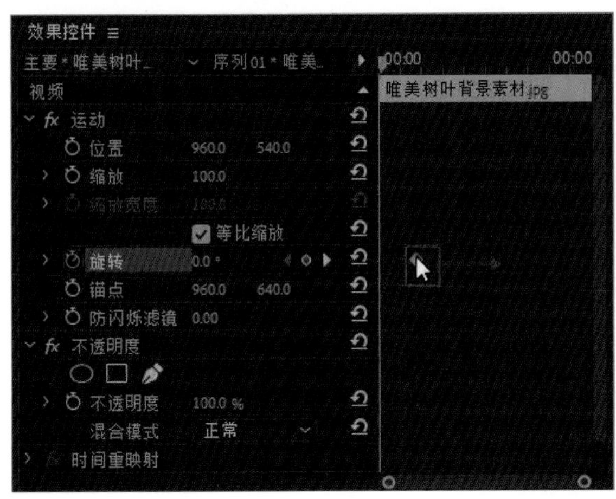

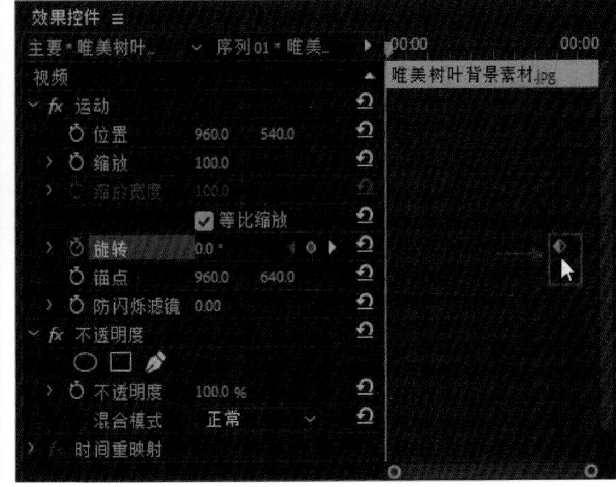

图3-6

2. 移动多个关键帧

在【效果控件】面板中找到已经添加好的多个关键帧，按住鼠标左键将需要移动的关键帧进行框选，接着将选中的关键帧向左或向右进行移动，当移动到合适的位置时，松开鼠标左键即可完成关键帧的移动，如图3-7所示。

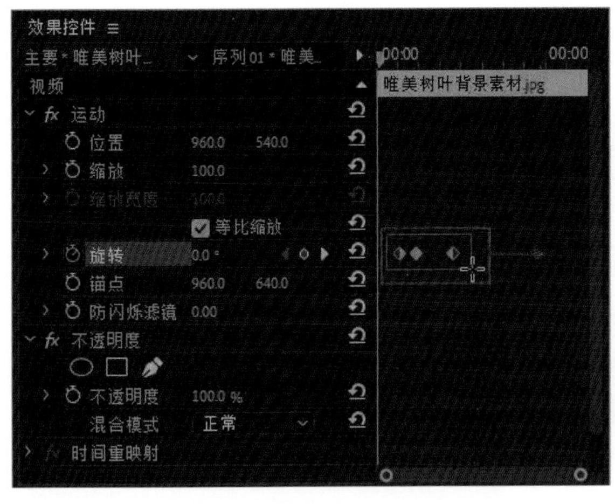

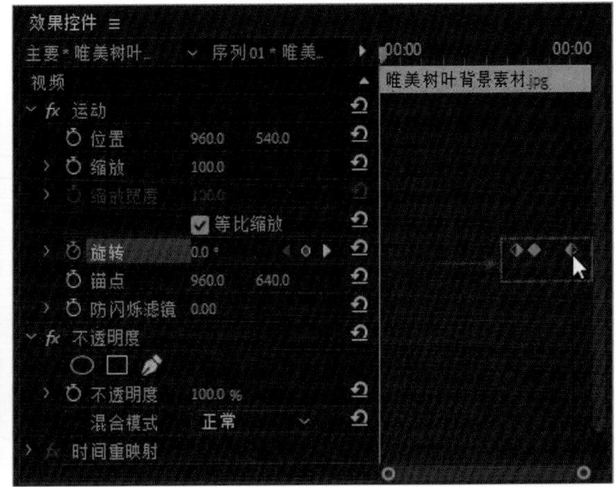

图3-7

3.1.3 复制关键帧

在给图片或者视频添加完关键帧后，如果想要给另一组素材添加同样的关键帧动画，这个时候就需要用到复制、粘贴关键帧的命令了。

方法1：

在【效果控件】面板中单击选中需要复制的关键帧，然后按住Alt键，左右拖曳关键帧，即可进行关键帧的复制。

方法2：

在【效果控件】面板中单击选中需要复制的关键帧，按Ctrl+C组合键进行复制，然后将时间线移动到想要添加相同关键帧的位置，按Ctrl+V组合键进行粘贴。

3.1.4 删除关键帧

在进行了移动、复制关键帧后，如果不想用关键帧了，应该如何进行删除呢？

方法1：

在【效果控件】面板中选中需要删除的关键帧，按Delete键即可完成删除。

方法2：

右击需要删除的关键帧，在弹出的下拉菜单中执行【清除】命令即可完成删除，如图3-8所示。

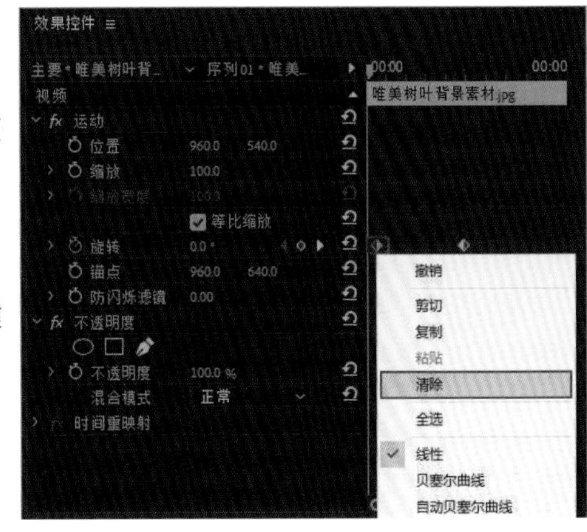

图 3-8

3.2 实战一：视频包角标动画的制作

本节我们来学习使用关键帧制造出一些简单的视频包装效果，主要是简约角标的划出和弹出效果。

3.2.1 第1种角标效果

01 在菜单栏中执行【文件】-【新建】-【项目】命令，如图3-9所示，打开【新建项目】窗口，更改【名称】为【关键帧实战二】，单击【浏览】按钮设置保存路径，单击【确定】按钮，如图3-10所示。

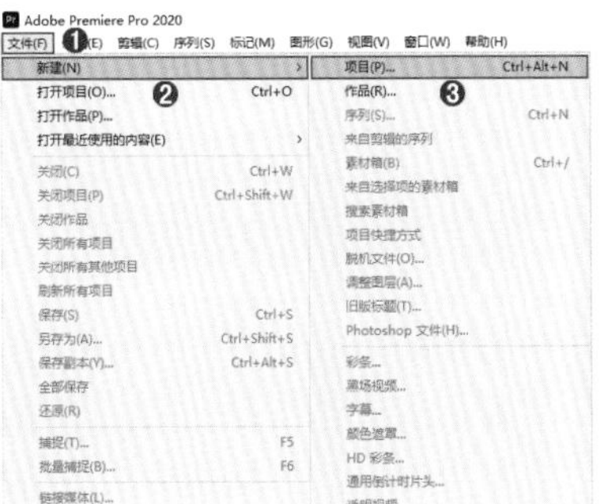

图 3-9

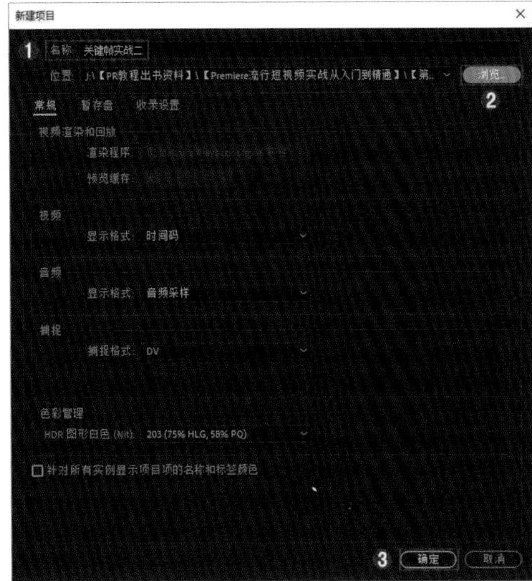

图 3-10

02 在【项目】面板的空白处双击，打开【导入】窗口，选中所需素材，单击【导入文件夹】按钮，将素材导入【项目】面板，如图3-11所示。

03 单击【项目】面板中的【新建项】按钮，在弹出的下拉菜单中执行【序列】命令，打开【新建序列】窗口，单击【设置】选项卡，并将【编辑模式】改为【自定义】，对视频和音频的参数进行设置，最后单击【确定】按钮，新建序列，如图3-12所示。

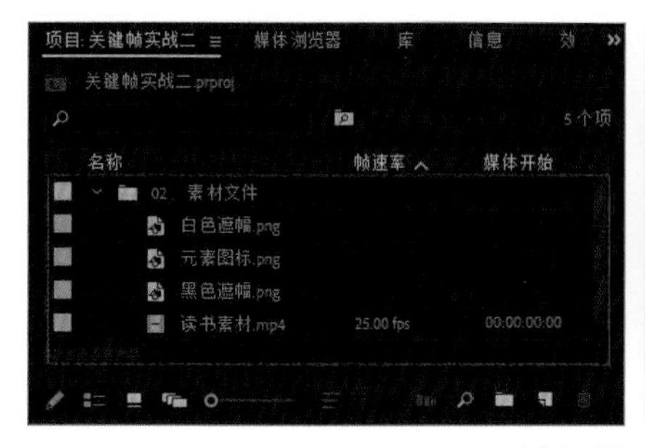

图 3-11

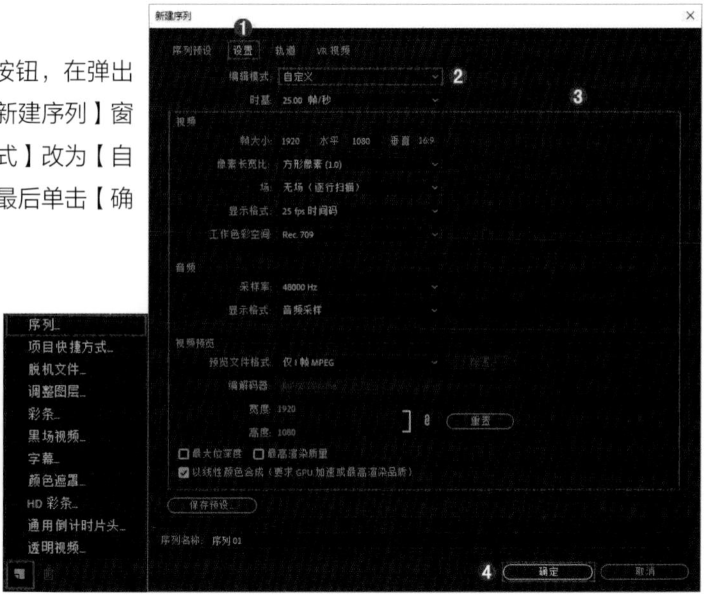

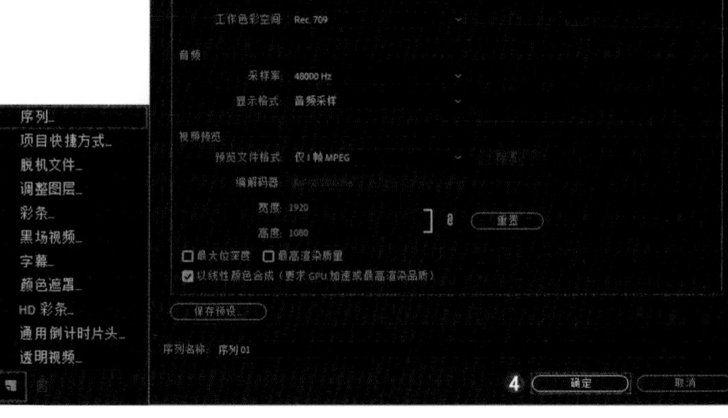

图 3-12

04 展开【02.素材文件】文件夹，将【读书素材.mp4】和【黑色遮幅.png】分别拖曳到【V1】【V2】轨道上，此时【监视器】面板中的画面如图3-13所示。

图 3-13

05 在画面的右下角添加宣传用的图标，并做一个简单的入场小动画。

展开【02.素材文件】文件夹，将【元素图标.png】素材拖曳到【V3】轨道上，并在【效果控件】面板更改其【位置】属性为1735、807，【缩放】属性为13，如图3-14所示。此时【监视器】面板中的画面如图3-15所示。

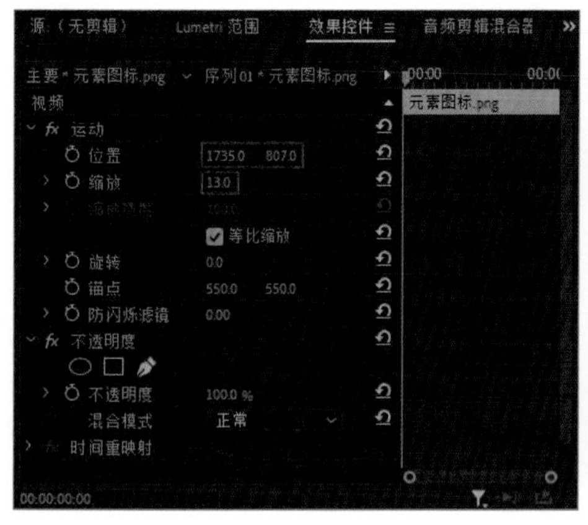

图 3-14

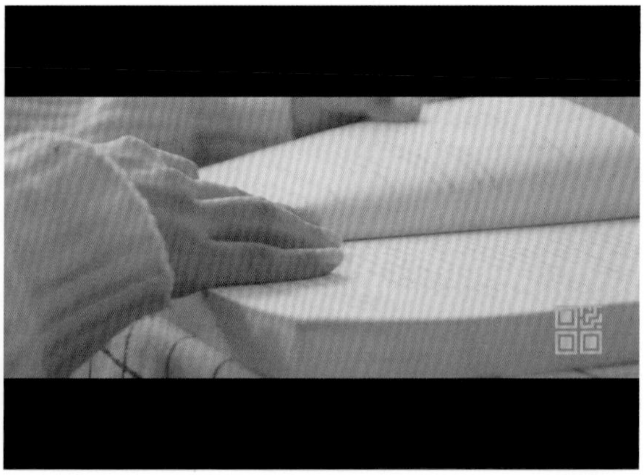

图 3-15

06 将时间线移动到第1帧的位置，单击【V3】轨道上的【元素图标.png】素材将其激活，然后在【效果控件】面板中单击【位置】前面的【切换动画】按钮，添加第1个关键帧，并将【位置】属性的参数改为2002、807，如图3-16所示。此时单击【运动】属性，就可以在【监视器】面板中看到元素图标已经移动到画面之外了，如图3-17所示。

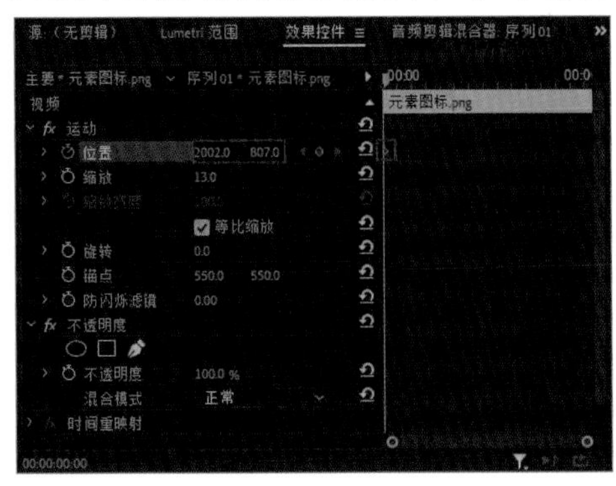

图 3-16

图 3-17

07 将时间线往后移动到1秒的位置，在【效果控件】面板中将【位置】属性的参数改为原来的1735、809.3，更改完参数后会自动生成第2个关键帧，如图3-18所示。此时单击【运动】属性，可以在【监视器】面板中看到元素图标已经回到原来的位置了，并且可以看到它蓝色的运动轨迹线，如图3-19所示。此时播放效果如图3-20所示。

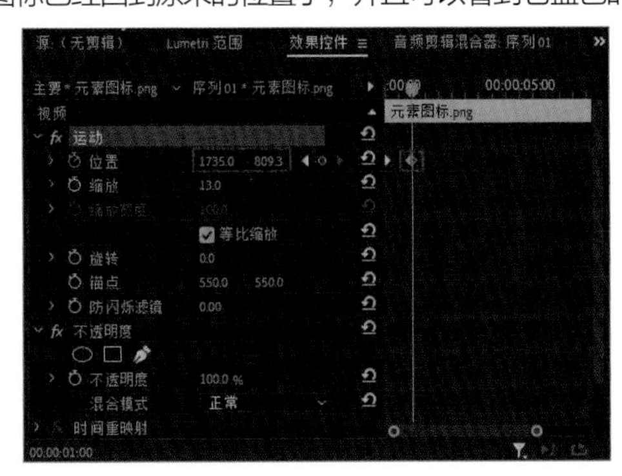

图 3-18

图 3-19

图3-20

08 接下来给图标添加淡入和淡出的过渡效果，在【效果】面板中找到【交叉溶解】，再将它拖曳到【元素图标.png】素材的开头和结尾处，如图3-21所示，这样图标在出现和消失的时候就会有淡入和淡出的效果了。

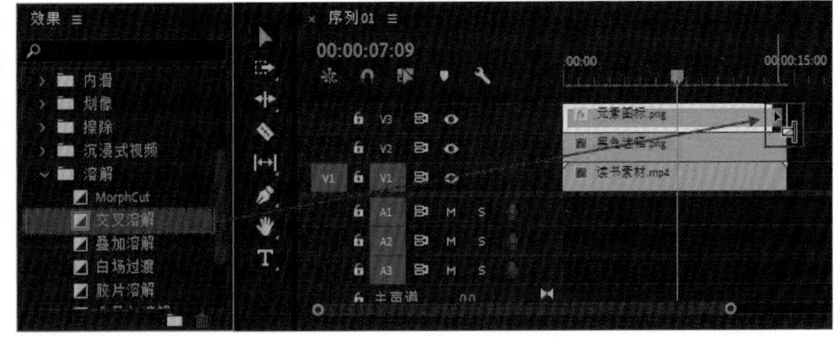

图3-21

小贴士

如何快速添加某种过渡效果？

以【交叉溶解】效果为例，在【效果】面板中找到并用鼠标右键单击【交叉溶解】，会出现【将所选过渡设置为默认过渡】命令，执行此命令，就可以将【交叉溶解】效果设置为默认的过渡效果，如图3-22所示。

选中想要添加此过渡效果的素材，按Ctrl+D组合键，就可以为此段素材添加默认的过渡效果。

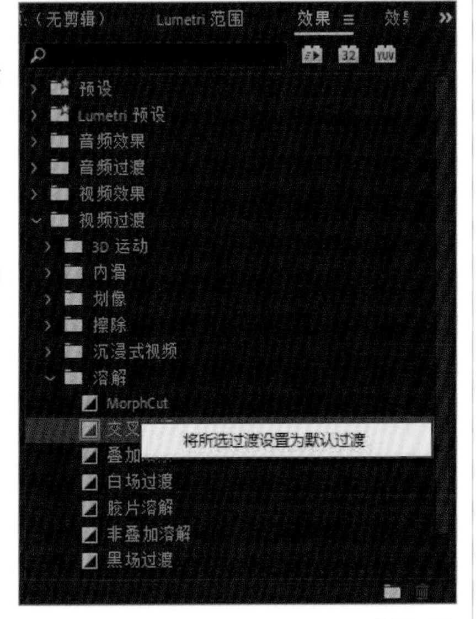

图3-22

3.2.2 第2种角标效果——64333法

01 展开【02.素材文件】文件夹，将【读书图标（1）.png】拖曳到【V3】轨道上。在【效果控件】面板中调整【位置】属性参数为1750、813，【缩放】属性参数为10，如图3-23所示。此时【监视器】面板中的画面如图3-24所示。

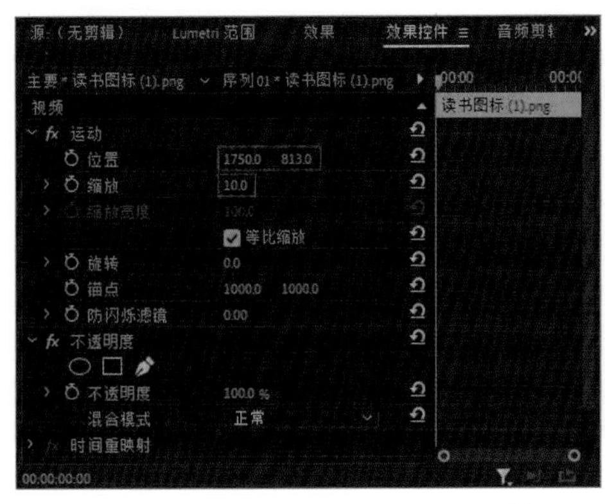

图3-23

图3-24

02 将时间线移动到第1帧的位置，单击【V3】轨道上的【读书图标（1）.png】素材将其激活，然后在【效果控件】面板中单击【位置】前面的【切换动画】按钮，添加第1个关键帧，并将【缩放】属性参数改为0；再往后移动6帧，将【缩放】属性参数改为15；往后移动4帧，将【缩放】属性参数改为8；往后移动3帧，将【缩放】属性参数改为13；往后移动3帧，将【缩放】属性参数改为9；再往后移动3帧，将【缩放】属性参数改为10，如图3-25所示。这就是64333法。此时播放画面，右下角的角标在出现的时候会有一个弹性动画，如图3-26所示。

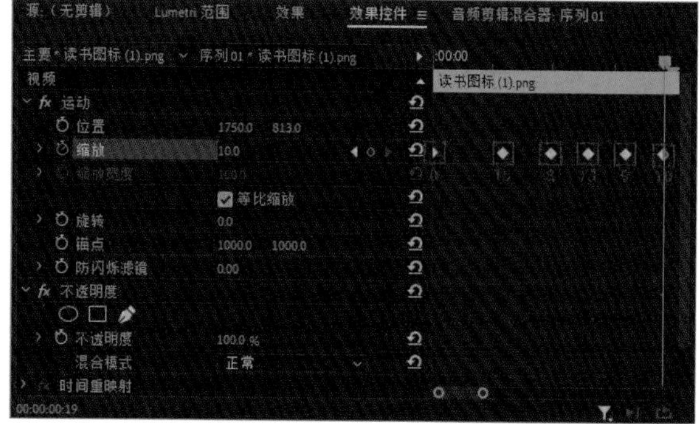

图3-25

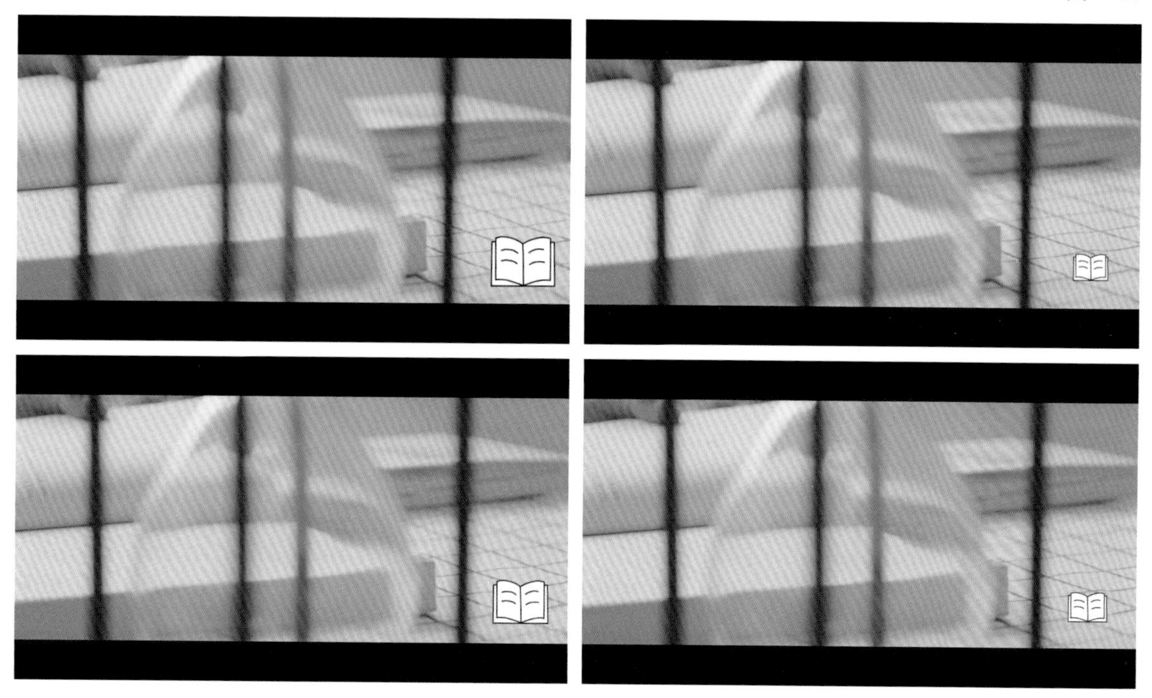

图3-26

举一反三：制作简单的字幕动画

同样是字幕条角标动画，除了上面的从外部滑入和放大的效果，还可以制作其他的效果。例如给角标元素添加裁剪效果，然后给裁剪部分的左右两边或者顶部和底部加上关键帧，就可以实现裁剪动画效果，这也是一个简单的字幕动画。

不管是屏幕外出现还是以弹性动画出现，添加角标都是为了让画面更加丰富，这些角标也可以起到一定的宣传作用。大家可以举一反三，不仅是缩放效果，旋转或其他动画效果也可以用64333法制作，而且不仅限于角标，花字动画等也可以用关键帧来实现。

3.3 实战二：镜头横移转场效果

前面两个案例已经讲解了关键帧的基本概念、原理和用法，以及如何利用关键帧来做一个节目包装的角标动画。

本节将结合具体的视频效果，利用关键帧来制作一个镜头横移转场效果（图3-27）。

图 3-27

01 导入视频素材。将两段练习素材导入【项目】面板后再拖曳到时间轴上，如图3-28所示。

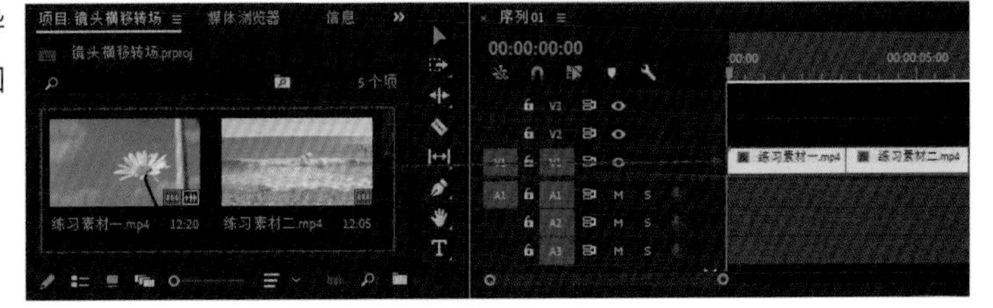

图 3-28

02 新建调整图层。

在【项目】面板中单击【新建项】按钮，在弹出的下拉菜单中执行【调整图层】命令，在打开的【调整图层】窗口中可以更改宽高比等参数，一般保持默认即可，单击【确定】按钮就可以在【项目】面板中看到已经新建好的调整图层了，然后将它拖曳到两段视频上方的轨道，如图3-29和图3-30所示。

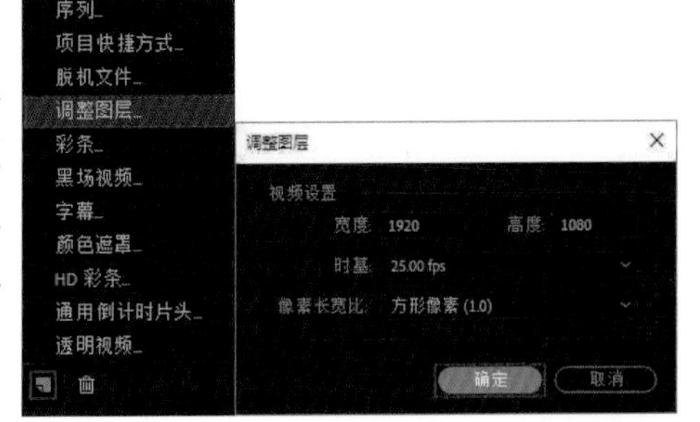

图 3-29

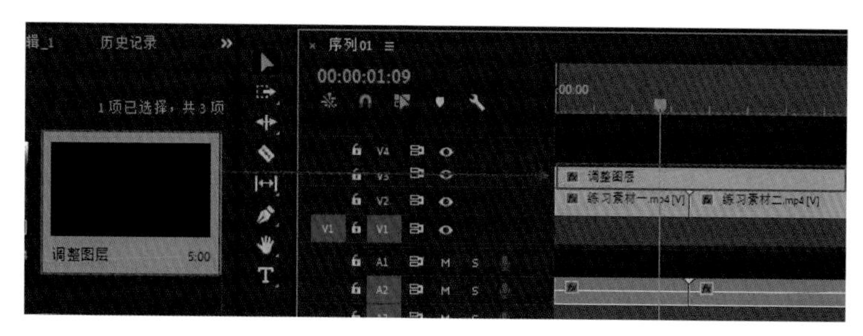

图 3-30

03 调整图层的长度。

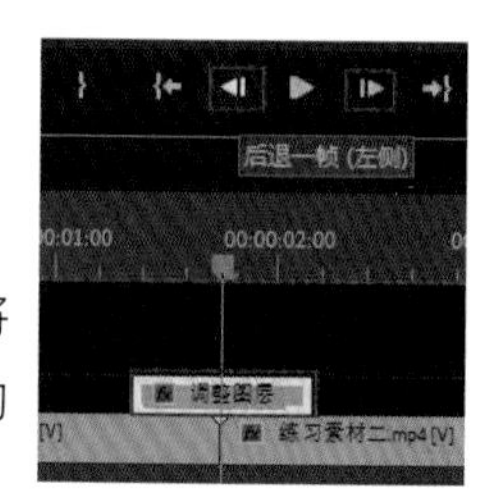

图 3-31

方法1：

将时间线移动至两段素材衔接处，按Shift+←组合键两次即可后退10帧；同理，将时间线移动到两段素材的衔接处，按Shift+→组合键两次即可前进10帧。把前后多余的部分用【剃刀】工具裁掉，只保留20帧。

方法2：

将时间线移动到两段素材的衔接处，单击【后退一帧】和【前进一帧】按钮也可以调整其长度为20帧，如图3-31所示。

04 添加位移效果。在【效果】面板中搜索【偏移】，将它拖曳到调整图层上。

小贴士

软件在不断更新，不同版本的 Premiere 中每个效果的名称不一样，例如在 Premiere Pro CC2019 中此效果叫【位移】，但在 2020 版本中就改成了【偏移】，如图 3-32 所示。

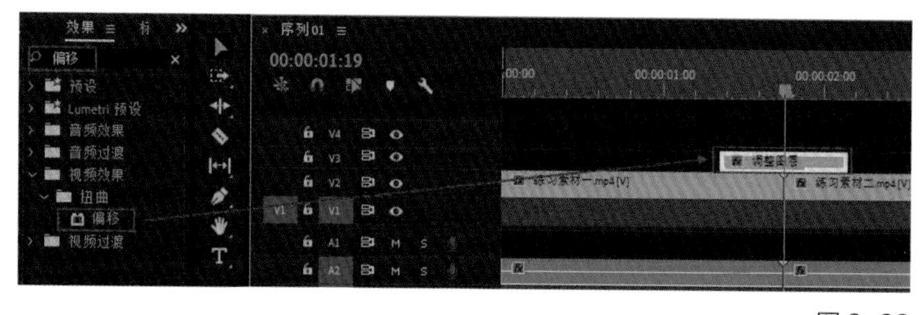

图 3-32

05 给【将中心移位至】设置关键帧，将数值改为-960、540，如图3-33所示。

06 把时间线往后移动一点，然后把参数重置一下，改成960、540，如图3-34所示。

图 3-33

图 3-34

小贴士

这个时候播放就会有一个往右边滚动的动画，其中一个素材往右边移动的时候，另一段素材会自动填充。如果把第一个关键帧的 −960 改成 1920 的话，就是往左边滚动。

07 同时选中刚才设置好的两个关键帧并用鼠标右键单击，在弹出的下拉菜单中执行【临时插值】-【缓入】命令。再用鼠标右键单击，在弹出的下拉菜单中执行【临时插值】-【缓出】命令，让动画的过渡更加平滑柔和一些，如图3-35所示。

08 单击展开关键帧的小三角，调整动画的速率曲线，让动画有一个由慢到快再到慢的过程，拖曳两个关键帧的小手柄往中间移动，让速率曲线出现一个小山峰。调整小手柄时，要让时间线位于两段素材的链接处，如图3-36所示。

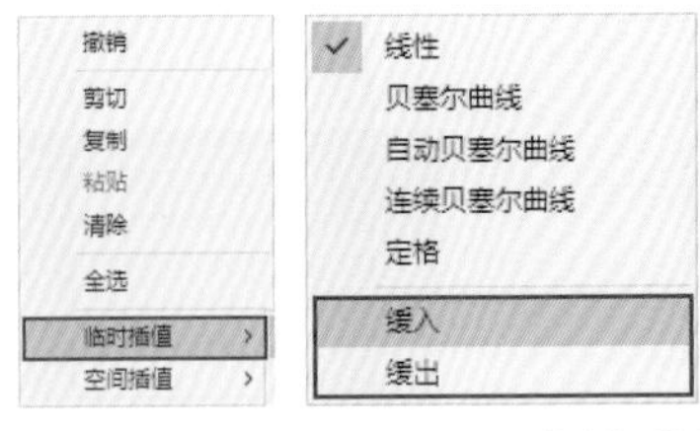

图 3-35

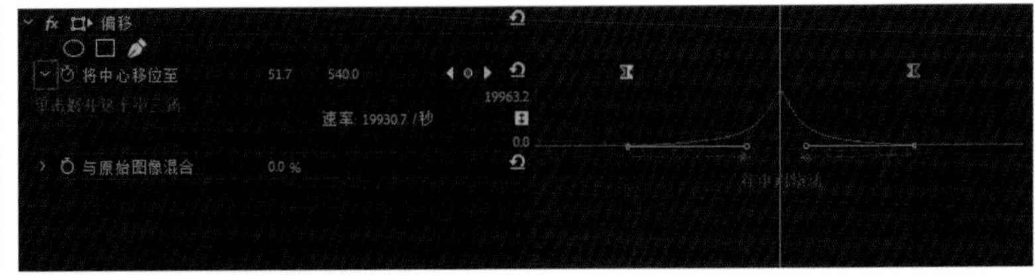

图 3-36

09 调整完成后分别将两个关键帧移到调整图层的最左边的第1帧和最右边的最后一帧，如图3-37所示，这样第一个动画效果就有了。

10 添加方向模糊效果。在【效果】面板中搜索【方向模糊】，并将它拖曳到调整图层上，如图3-38所示。

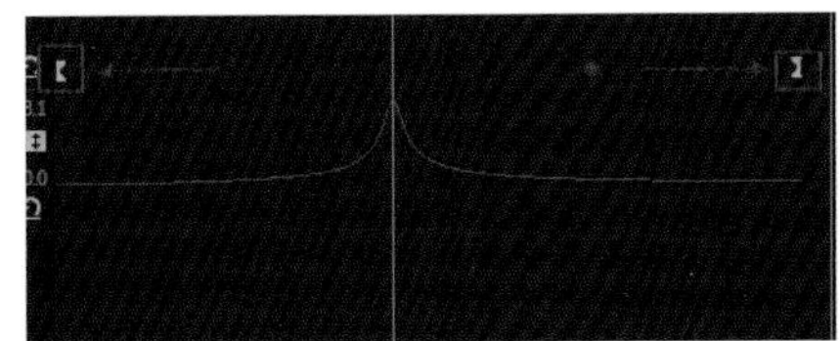

图 3-37

图 3-38

11 调整【方向模糊】的参数。【方向模糊】一共有两个参数可以修改，方向指的是模糊的方向，如水平、垂直、斜上方等，前面做的位移关键帧的画面是从左往右滚动的，所以要把方向改为水平方向，也就是90°。模糊长度的数值越大，模糊效果越明显，反之则越不明显，如图3-39所示。本案例设置为100，这个根据具体的画面来定即可。

此画面模糊长度为 30

此画面模糊长度为 100

图 3-39

12 给模糊长度设置关键帧，第1个关键帧的数值为0；中间的关键帧设置在位移曲线的波峰位置，数值为100；往后移动一点设置第3个关键帧，数值改为0，如图3-40所示。

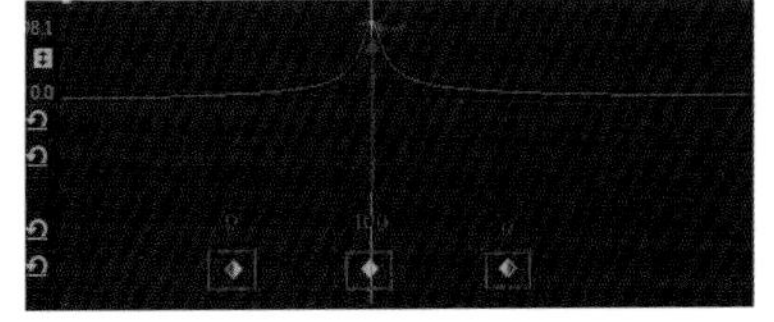

图 3-40

13 选中设置好的3个关键帧，用鼠标右键单击并执行【缓入】命令，再右击并执行【缓出】命令，此时展开【方向模糊】的小三角，可以看到两个关键帧的速率曲线，动画的过渡会更加平滑柔和一些，如图3-41和图3-42所示。

14 保存预设。单击轨道上的调整图层把它激活，在【效果】面板中按住Ctrl键并单击选中【偏移】和【方向模糊】，右击，在弹出的下拉菜单中执行【保存预设】命令，打开【保存预设】窗口，如图3-43所示。

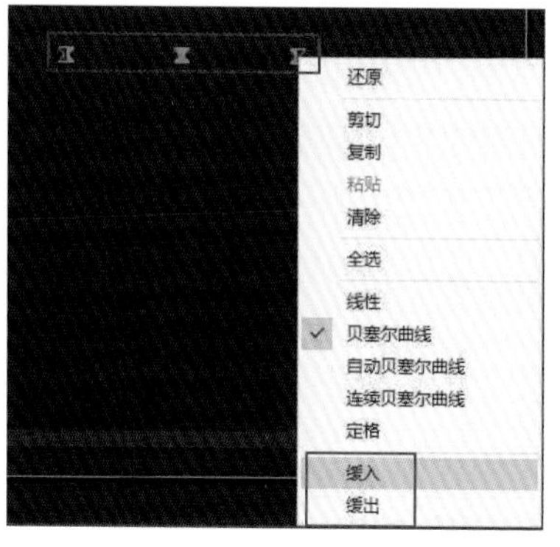

图 3-41

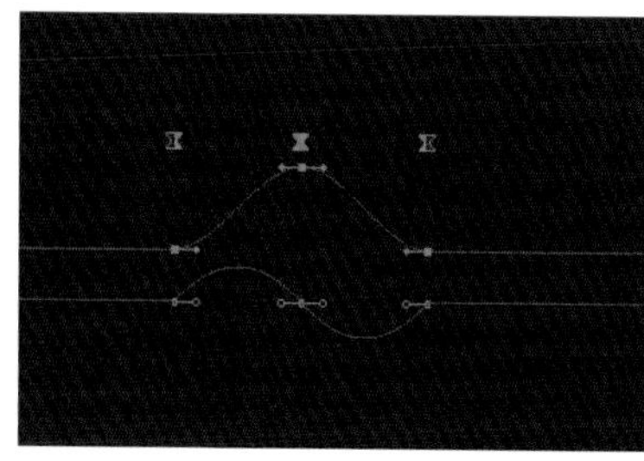
图 3-42

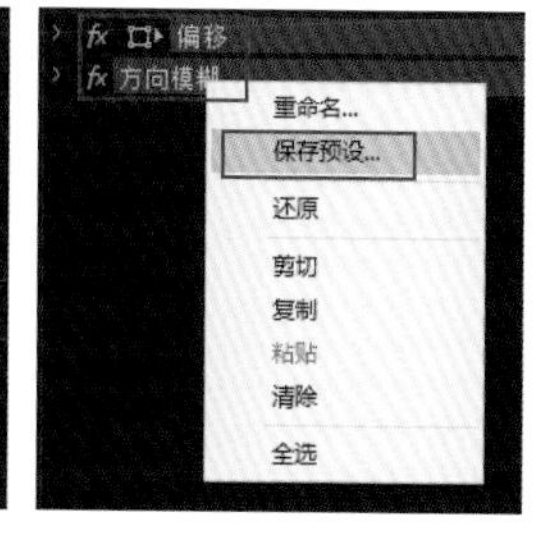

图 3-43

将【名称】设置为【镜头横移转场预设】。【类型】右侧【缩放】的含义是在保存好预设之后可以更改预设的长度，选择其他两个选项不能修改预设的长度，一般选择【缩放】。单击【确定】按钮之后，在【项目】面板的效果预设文件夹下，就会有刚才设置好的预设，如图3-44所示。

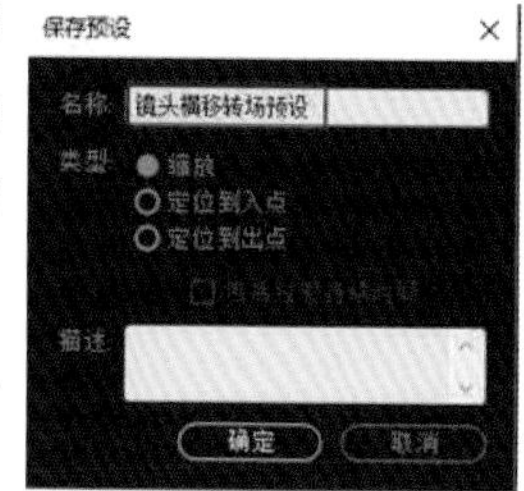

图 3-44

如果下次还想使用镜头横移转场这个效果，就不用再重复去制作了，直接新建一个调整图层，然后把做好的预设放到调整图层上就好了，非常方便。

镜头横移转场效果如图3-45所示。

图 3-45

举一反三：制作镜头上下移动转场效果

学会了制作横向移动的转场效果，那么类似的竖向移动的转场效果也可以实现了，想一下应该怎么做？只需要更改一下【方向模糊】效果中的方向参数即可，方向的取值范围是0°~360°，这意味着可以实现任意方向的移动转场效果。

通过本节案例，相信大家对关键帧又有了新的认识，给视频添加不同的效果，再结合关键帧就可以做出很多的视频特效。本节我们不仅了解了【偏移】和【方向模糊】效果，还学会了如何利用它们来制作镜头横移转场效果，以及如何保存效果预设。赶快利用【作业和大礼包】里面的练习素材，做一个自己的转场效果和预设吧！

第4章 04

视频基础特效

4.1 视频特效

学会了前面关键帧的知识，就可以用它来做一些常见的视频特效了。

提到视频特效我们一般会想到专业的特效合成软件After Effects，它也是Adobe公司的产品，但是上手难度要大得多，有些特效其实直接用Premiere就可以实现，例如常见的RGB颜色分离特效、Vlog片头文字标题镂空效果、打字机效果等。Premiere可实现的效果种类众多，可以模拟各种质感、风格等。将关键帧与软件自带的视频效果结合，就能够做出多种效果。

4.2 实战一：保留视频中的单一颜色

本节讲解的是如何保留视频中的单一颜色。

视频中的画面、声音、文字都可以影响观众的情绪，本节我们来共同学习如何制作出保留单一颜色的效果，如图4-1所示。

处理前

处理后

图 4-1

01 导入视频素材。在本节相对应的【作业和大礼包】里，找到本节要用到的视频素材，将【练习素材一.mp4】导入【项目】面板后，再将其拖曳到时间轴上，如图4-2所示。

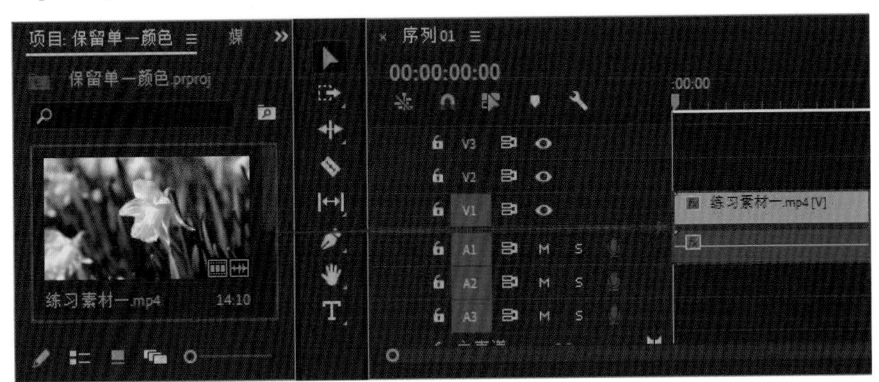

图 4-2

02 添加【保留颜色】效果。在【效果】面板中搜索【保留颜色】，将其添加到素材上，如图4-3所示。

图 4-3

小贴士

Premiere 软件在不断更新，不同版本每个效果的名称也不一样，例如在 Premiere Pro CC2019 中此效果叫【分色】，但在 2020 版本中就改成了【保留颜色】。

03 调整效果控件参数。给素材添加【保留颜色】效果后，单击【V1】轨道上的素材激活轨道，然后在【效果控件】面板中，使用【吸管工具】吸取要保留的颜色，再将【脱色量】改成100%，如图4-4所示。此时画面效果如图4-5所示。

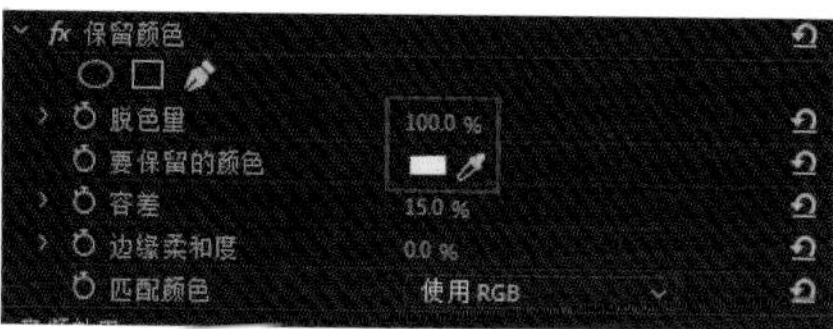

图 4-4

图 4-5

04 根据画面调整具体参数。

在播放的时候会发现，花朵根部的一些颜色是没有被选上的。调整【效果控件】面板中【容差】和【边缘柔和度】的数值，直到满意为止。以演示的素材为例，把【容差】和【边缘柔和度】的数值改到20%即可，如图4-6所示。

图 4-6

修改前后的对比效果如图4-7所示。

修改前

修改后

图4-7

举一反三：制作颜色过渡效果

本节案例讲解了如何保留一段视频中画面的单一颜色，那么如何实现从全部颜色到单一颜色的过渡效果呢？其实很简单，只需要给【脱色量】设置关键帧就好了。

本节案例主要利用了【视频效果】里的【保留颜色】效果，保留了视频中的一部分颜色。由于这个颜色是可以通过【吸管工具】去选择的，因此我们可以保留画面中任意的颜色。

4.3 实战二：抖音 RGB 分离特效

相信大家都看过抖音上的短视频，我们经常会看到一些特殊的效果，如故障效果和科技效果等。本节以"抖音RGB分离特效"为案例，来介绍一下如何让图片和视频中的RGB颜色分离，如图4-8所示。

图 4-8

01 在菜单栏中执行【文件】-【新建】-【项目】命令，打开【新建项目】窗口，设置【名称】为【RGB分离特效】，单击【浏览】按钮设置保存路径，单击【确定】按钮，如图4-9和图4-10所示。

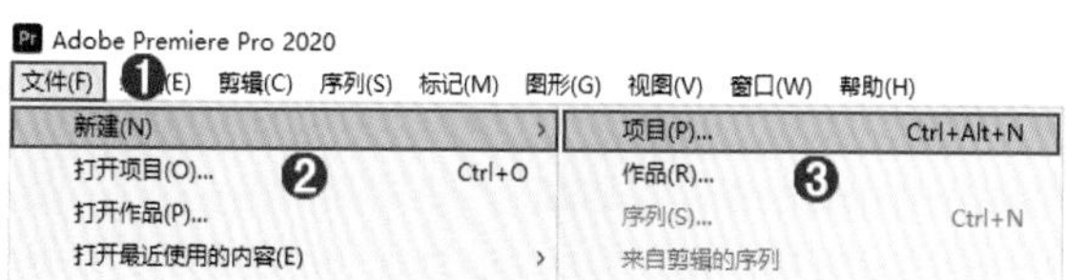

图 4-9

图 4-10

02 在【项目】面板的空白处双击，打开【导入】窗口，选中【02.素材文件】文件夹，单击【导入文件夹】按钮，将素材导入【项目】面板，如图4-11和图4-12所示。

图 4-11

图 4-12

03 单击【项目】面板中的【新建项】按钮，在弹出的下拉菜单中执行【序列】命令，打开【新建序列】窗口，单击【设置】选项卡，并将【编辑模式】改为【自定义】，对视频和音频的参数进行设置，最后单击【确定】按钮，新建序列，如图4-13和图4-14所示。

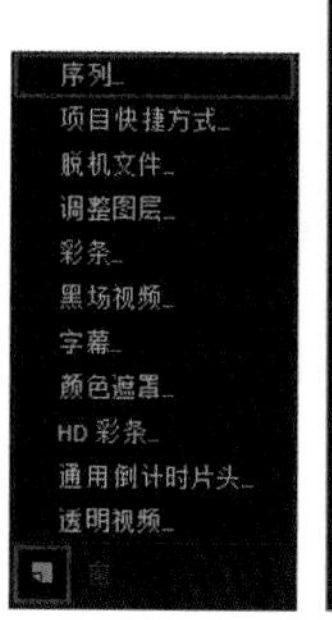

图 4-13

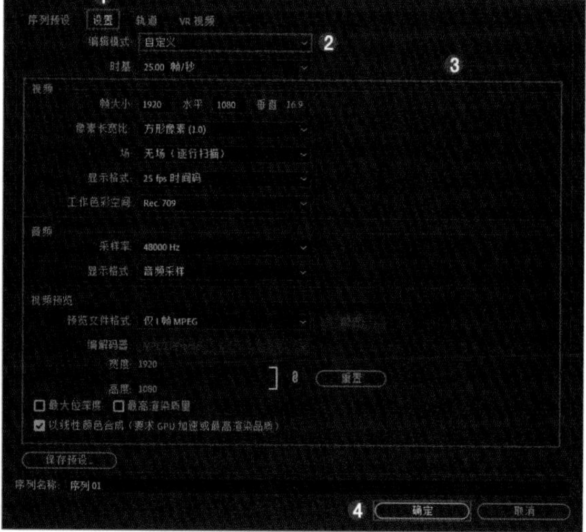

图 4-14

04 在【项目】面板中将【打篮球素材.mp4】文件拖曳到【V1】轨道上，此时【监视器】面板中的画面如图4-15所示。

图 4-15

05 在【时间轴】面板中，按住Alt键的同时将【打篮球素材.mp4】往上拖动，复制一份，如图4-16所示。将时间线放在第1帧的位置，然后单击两次【前进一帧】按钮，让时间线前进两帧。再将【V2】轨道的视频往后移动两帧，让它的起点刚好与时间线对齐。同理，再单击两下【前进一帧】按钮，前进两帧，将【V3】轨道的视频往后移动两帧，让它的起点刚好与时间线对齐，这样就能让3条轨道的视频分别错位2帧，如图4-17所示。

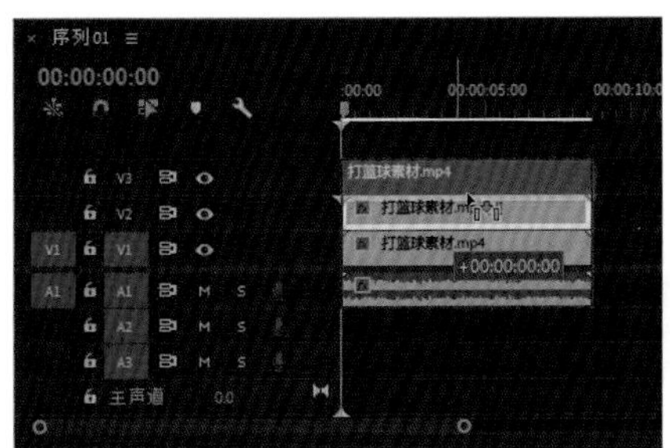

图 4-16

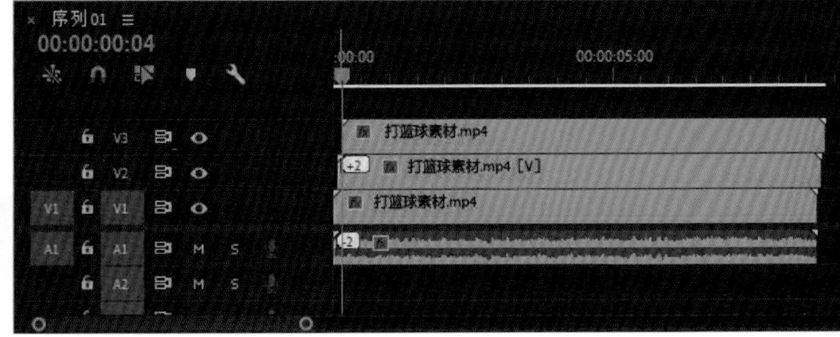

图 4-17

06 在【效果控件】面板中分别将【V2】轨道和【V3】轨道上视频的【不透明度】改为80%，此时【监视器】面板中的画面如图4-18所示。

图 4-18

07 在【效果】面板中搜索【RGB】，将【颜色平衡（RGB）】拖到【V1】【V2】【V3】轨道的3段视频上，如图4-19所示。

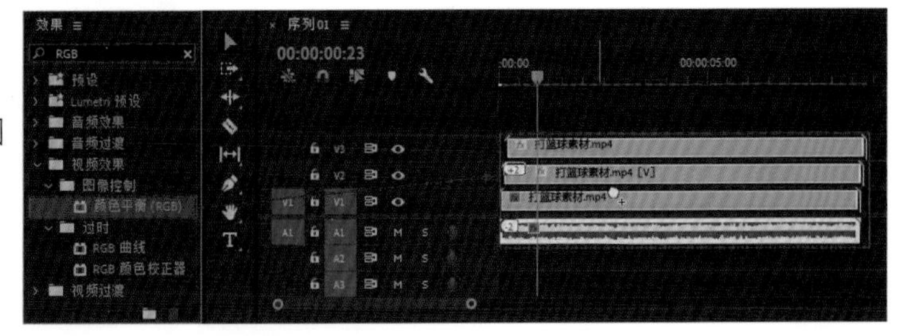

图 4-19

08 分别保留3条轨道视频上的红色、绿色和蓝色。单击选中【V3】视频轨道上的素材，在【效果控件】面板中将【不透明度】里的【混合模式】改为【滤色】，将【颜色平衡（RGB）】下【绿色】和【蓝色】的数值改为0，如图4-20所示。此时【监视器】面板中的画面如图4-21所示。

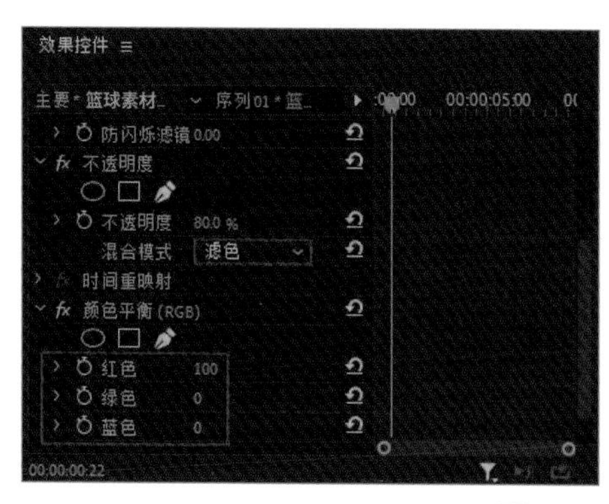

图4-20

图 4-21

09 单击选中【V2】轨道上的素材，在【效果控件】面板中将【不透明度】里的【混合模式】改为【滤色】，【颜色平衡（RGB）】下的红色和蓝色的数值改为0，如图4-22所示。此时【监视器】面板中的画面如图4-23所示。

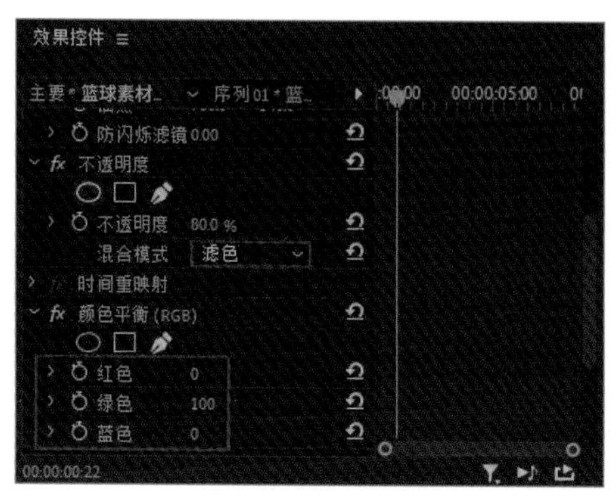

图4-22

图4-23

10 单击选中【V1】视频轨道上的素材，在【效果控件】面板中将【不透明度】里的【混合模式】改为【滤色】，【颜色平衡（RGB）】下的红色和绿色的数值改为0，如图4-24所示。此时【监视器】面板中的画面如图4-25所示。

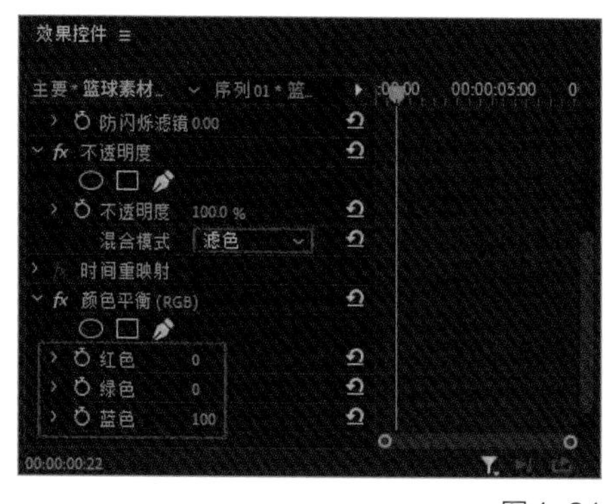

图4-24

图4-25

举一反三：用其他方法制作残影效果

大家也可以想想，还有没有其他的方法来制作残影效果？案例中是以3段视频错位出现的方式来实现残影效果的，其实还有更简单的方法：直接将【效果】面板中的【残影】效果拖曳到视频素材上，然后调整参数就可以控制残影的数量了。

本案例主要实现了RGB分离特效，其原理是分别保留3段相同视频画面的红色、绿色和蓝色，然后更改混合模式，再将3段视频每隔两帧错开。方法教给了大家，接下来就要发挥自己的想象将其运用到视频制作中了。

4.4 实战三：Vlog片头文字标题镂空效果

本节来制作一个Vlog开头常用的文字镂空效果。该效果以一段视频为背景，可以把某些精彩画面合集作为背景，也可以把自制的视频合集或者拍摄的某段视频作为背景，背景显示在镂空标题文字中，如图4-26所示。

图4-26

01 在菜单栏中执行【文件】-【新建】-【项目】命令，打开【新建项目】窗口，设置【名称】为【文字镂空效果】，单击【浏览】按钮设置保存路径，单击【确定】按钮，如图4-27和图4-28所示。

图4-27

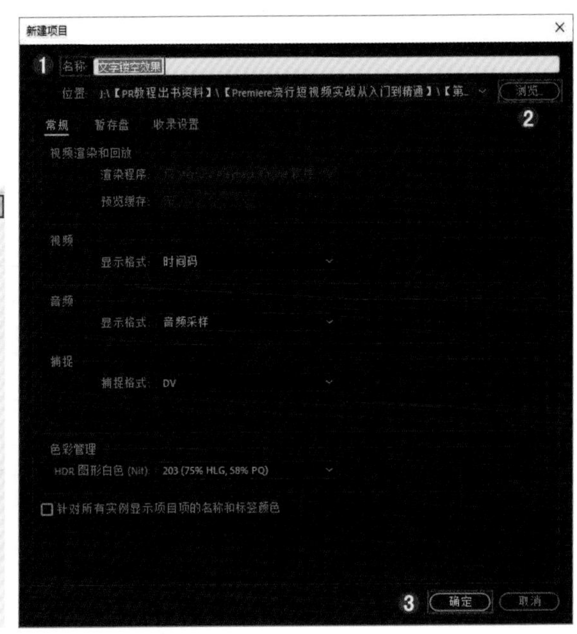

图4-28

02 在【项目】面板的空白处双击，打开【导入】窗口，选中【02.素材文件】文件夹，单击【导入文件夹】按钮，如图4-29所示，将素材导入【项目】面板，如图4-30所示。

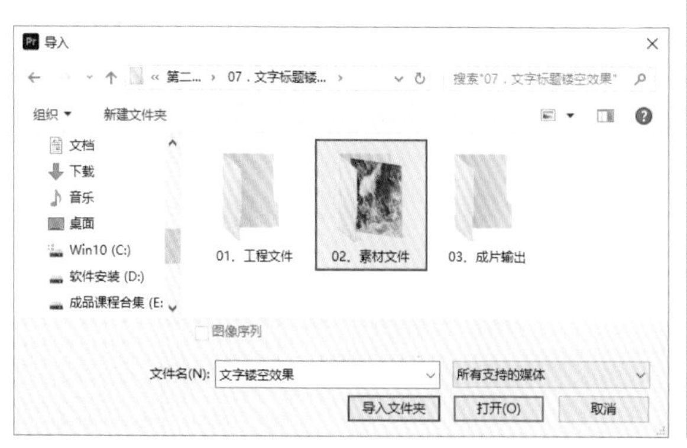

图4-29

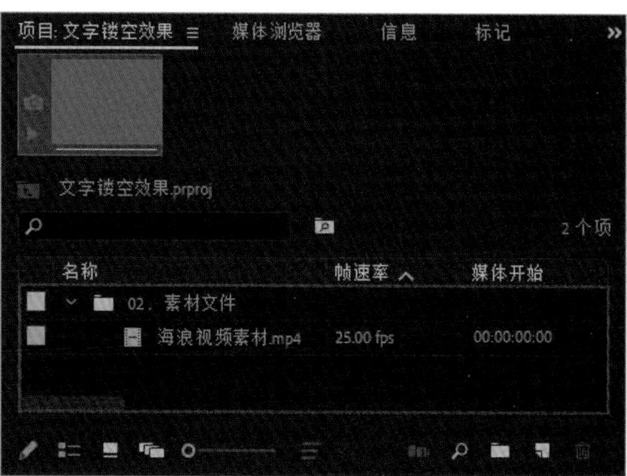

图4-30

03 单击【项目】面板中的【新建项】按钮，在弹出的下拉菜单中执行【序列】命令，如图4-31所示。打开【新建序列】窗口，单击【设置】选项卡，并将【编辑模式】改为【自定义】，对视频和音频的参数进行设置，最后单击【确定】按钮，新建序列，如图4-32所示。

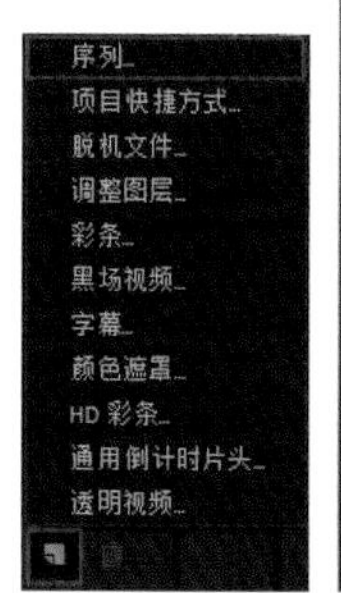

图4-31

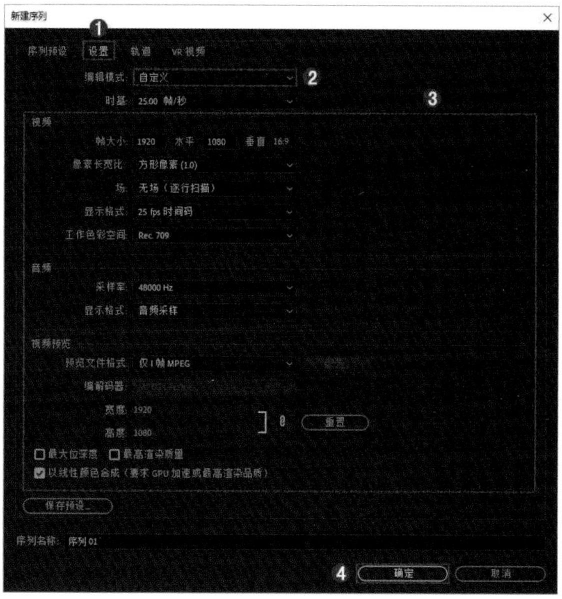

图4-32

04 在【项目】面板中将【海浪视频素材.mp4】拖曳到【V1】轨道上，如图4-33所示，此时【监视器】面板中的画面如图4-34所示。

图4-33

图4-34

05 在菜单栏中执行【文件】-【新建】-【旧版标题】命令，如图4-35所示，打开【新建字幕】窗口，设置【名称】为【镂空文字】，然后单击【确定】按钮，如图4-36所示。

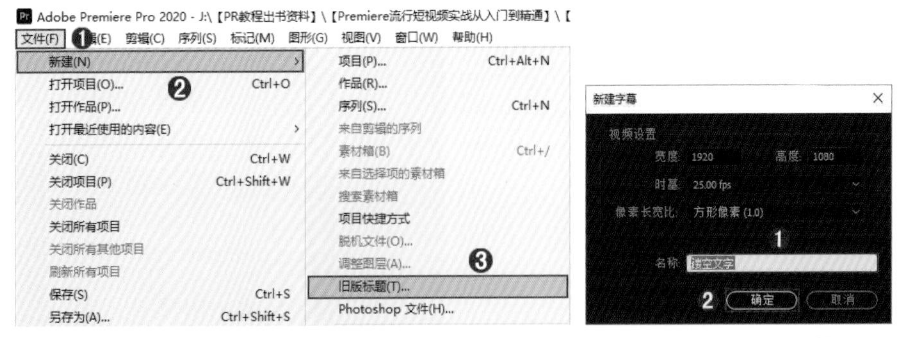

图4-35　　图4-36

06 在【字幕】面板中单击【文字工具】按钮，然后在【字幕】面板的画面中输入文字，并在【旧版标题属性】面板中更改参数，如图4-37所示。此时新建的字幕会自动出现在【项目】面板中，将刚才新建的字幕拖曳到【V2】轨道上，如图4-38所示。此时【监视器】面板中画面如图4-39所示。

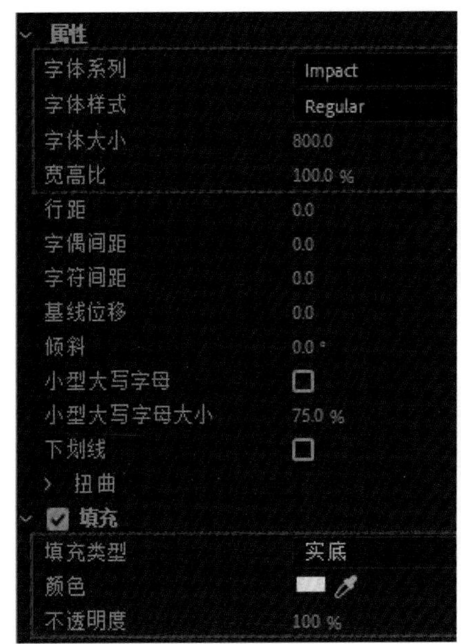

图4-38

图4-37　　图4-39

07 目前为止，我们只新建了一个字幕，并没有出现文字镂空效果。接下来在【效果】面板里搜索【轨道遮罩键】，并将其拖曳到【V1】轨道的视频素材上，如图4-40所示。接着在【效果控件】面板中将【轨道遮罩键】的【遮罩】改为【视频2】，如图4-41所示，这样镂空效果就制作出来了，如图4-42所示。

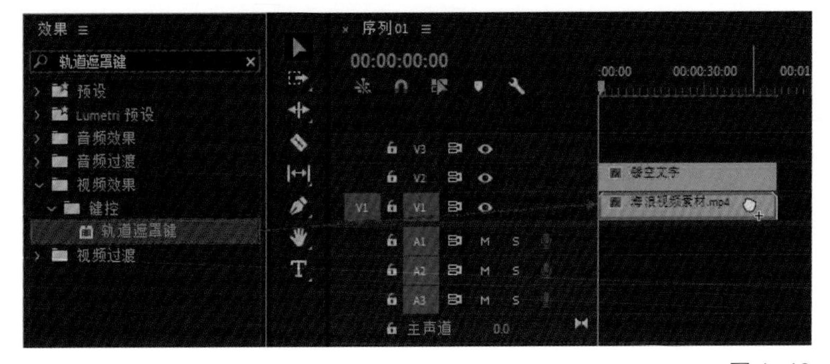

图4-40

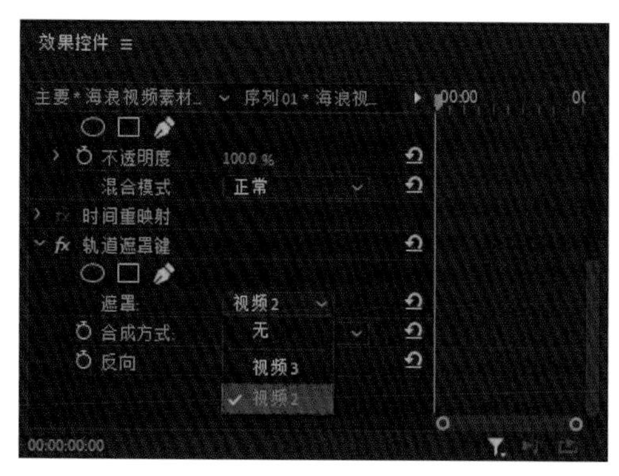

图 4-41

图 4-42

举一反三：让镂空文字放大入场

本节案例制作的效果是静态的文字镂空效果，那么如何给镂空文字做个动态效果呢？怎么让它有放大入场的效果？如果要做放大或缩小的入场效果，文字就要有大小的动态变换，而要实现这个变换过程就需要用到前面所学的关键帧知识，即改变【缩放】的数值并设置关键帧可以实现这样的效果。

本节案例制作的效果主要用到的是软件自带的【轨道遮罩键】效果，该效果的原理有点像Photoshop中的“黑遮白显”（黑色被遮住，白色就会显示出来），很多特殊的文字效果都可以用这种效果制作出来。

4.5 实战四：文字打字机逐字输入效果

本节制作文字打字机逐字输入效果，这种效果可以用于微电影的字幕条角标介绍，也可用于模仿人打字的场景或者Vlog。

01 新建一个项目和序列，将相关素材导入【项目】面板，在【项目】面板中将【打字素材.mp4】拖曳到【V1】轨道上，如图4-43所示，此时【监视器】面板中画面如图4-44所示。

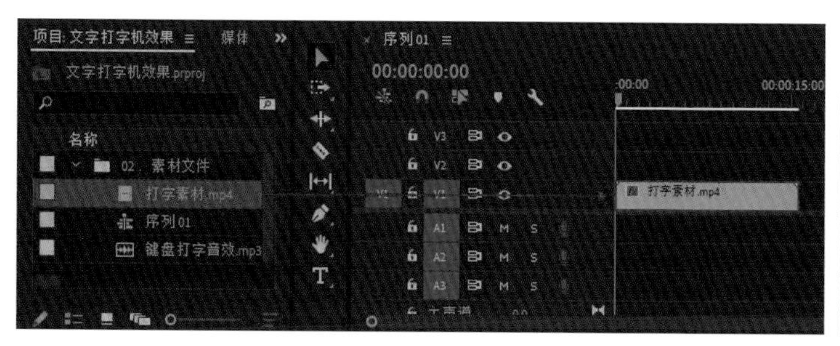

图 4-43

图 4-44

02 在【工具栏】中单击【文字工具】按钮，在【监视器】面板中画面的任意一处右击，会出现一个红色的文本框，如图4-45所示。然后在【效果控件】面板中单击【源文本】前面的【切换动画】按钮，给它添加一个关键帧，如图4-46所示。

图 4-45

图 4-46

03 在红色文本框里面输入第1个字“文”，然后单击5次【前进一帧】按钮，前进5帧并输入第2个字“字”，如图4-47所示。此时【效果控件】面板中会自动生成第2个关键帧，如图4-48所示。

图 4-47

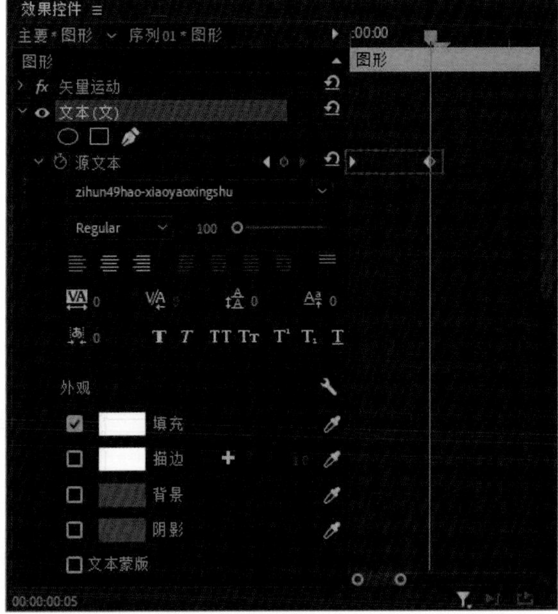

图 4-48

04 单击5次【前进一帧】按钮，再前进5帧并输入第3个字“打”，如图4-49所示。此时【效果控件】面板中会自动生成第3个关键帧，如图4-50所示。

小贴士

除了连续单击 5 次【前进一帧】按钮可以实现前进 5 帧之外，按 Shift+ →组合键也可以实现往前进 5 帧的效果。

如果要后退 5 帧，按 Shift+ ←组合键即可。

图 4-49

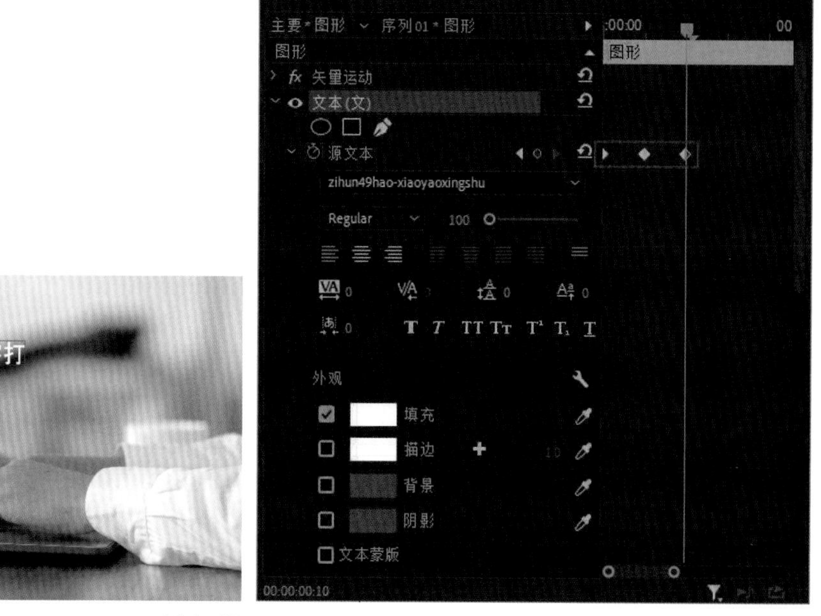

图 4-50

05 重复以上步骤，将这句话全部输入完成，如图4-51所示。

06 在【项目】面板中将【键盘打字音效.mp3】拖曳到【A1】轨道上，并让音效开始位置和第一个字刚出现的位置匹配，如图4-52所示。

图 4-51

图 4-52

举一反三：用其他方法制作文字打字机效果

除了利用关键帧，还有没有其他方法能实现打字机效果？其实Premiere也有自带的效果，在【效果】面板中找到【划出】效果，直接将它拖曳到文字层的前段，利用【划出】过渡效果，也可以实现打字机输入的效果。

大家在设置关键帧和输入文字的时候一定要仔细一点，控制好关键帧的时间间隔，让文字逐字出现的效果更具打字的真实感。

4.6 实战五：创意文字拼合动画效果

本节来讲解创意文字拼合动画效果，如图4-53所示。

图 4-53

01 新建一个项目和序列，将相关素材导入【项目】面板，然后单击【工具栏】中的【文字工具】按钮T，在【监视器】面板的画面中输入文字标题，并更改文字的字体、大小、间距等，如图4-54所示。

02 在【效果控件】面板中取消勾选【填充】复选框，并勾选【描边】复选框，如图4-55所示。此时【监视器】面板中画面如图4-56所示。

图 4-55

图 4-54

图 4-56

03 按住Alt键将【V1】轨道上的素材往上拖曳，复制一份，如图4-57所示。然后在【效果控件】面板中勾选【填充】复选框，并取消勾选【描边】复选框，如图4-58所示。

图 4-57

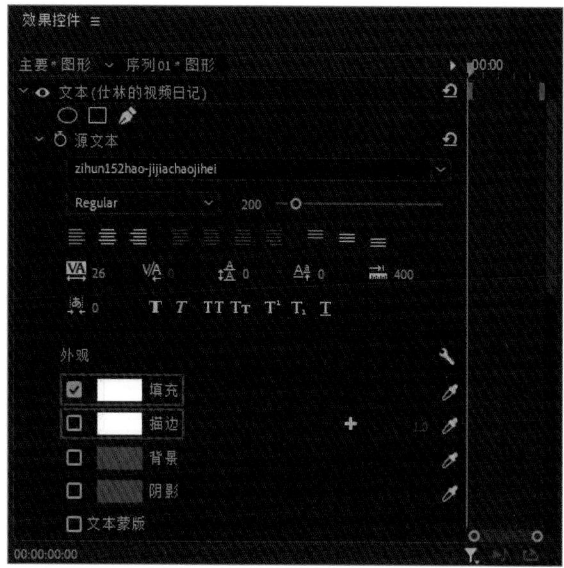

图 4-58

04 在【效果】面板中搜索【球面化】，并将它拖曳到【V2】轨道上，如图4-59所示。在【效果控件】面板中，将【球面化】效果的【半径】设置为600，如图4-60所示。此时【监视器】面板中的画面如图4-61所示。

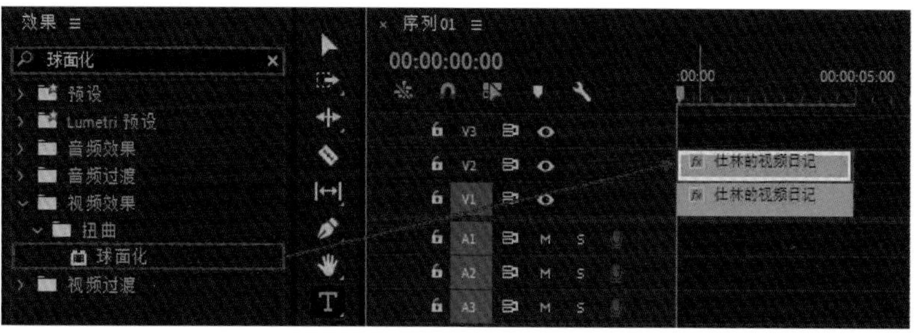

图 4-59

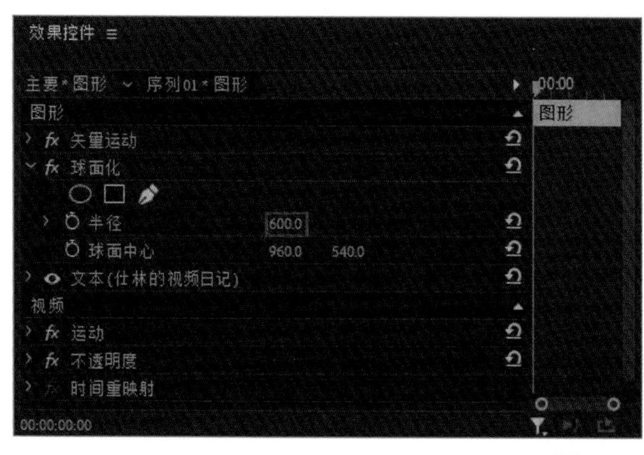

图 4-60

图 4-61

05 在【效果控件】面板中将【球面中心】的数值改为负值，并单击其左侧的【切换动画】按钮，给它添加一个关键帧，如图4-62所示。将时间线往后移动40帧，也就是移动到1分15秒的位置，再将【球面中心】的数值改为正值，如图4-63所示。此时播放效果如图4-64所示。

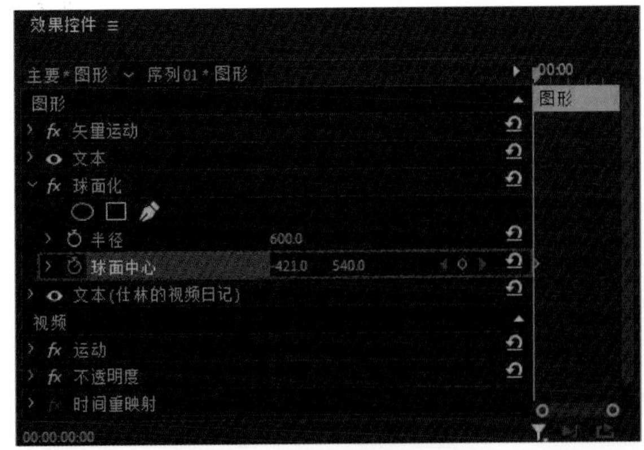

图 4-62

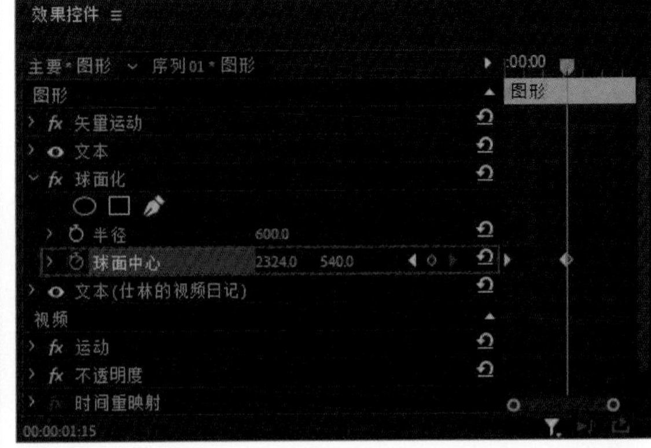

图 4-63

图 4-64

06 接下来完善这个文字效果，在【效果】面板中搜索【线性擦除】，并将它拖曳到【V2】轨道上，如图4-65所示。然后在【效果控件】面板中把【擦除角度】改为-90°，把【羽化】改为300，再单击【过渡完成】左侧的【切换动画】按钮，添加一个关键帧，并将【过渡完成】改为100%，如图4-66所示。

07 将时间线往后移动40帧，将【过渡完成】改为0%，如图4-67所示。此时播放效果如图4-68所示。

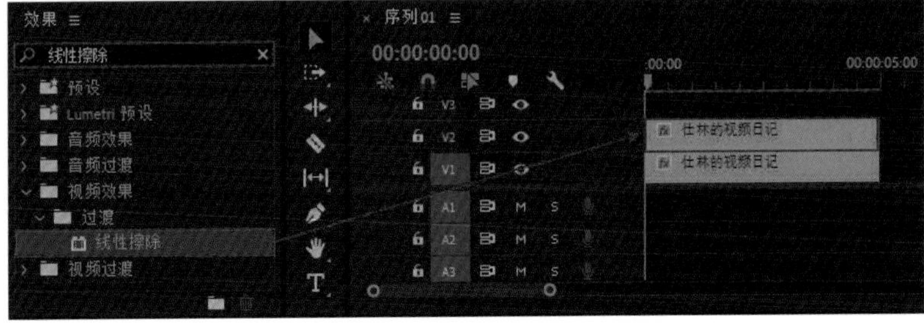

图 4-65

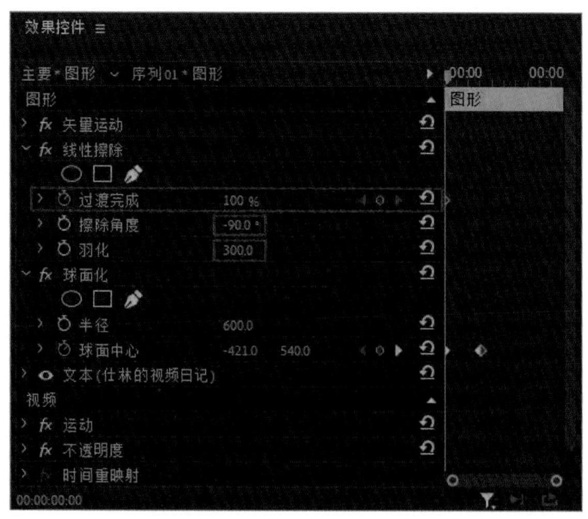

图 4-66

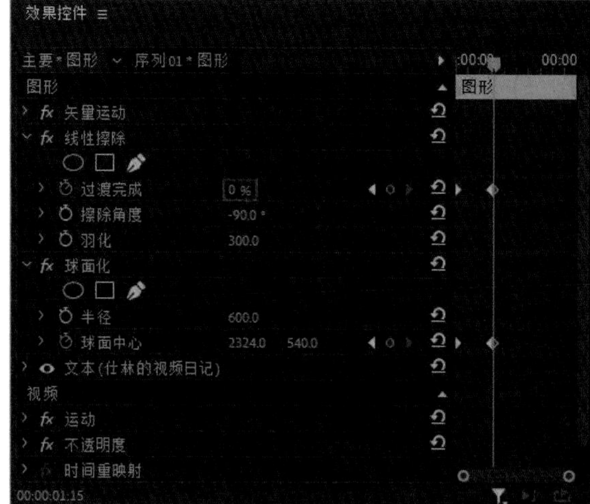

图 4-67

图 4-68

举一反三：制作3D文字立体效果

【效果】面板中的【视频效果】中有很多自带的效果，可以思考一下如何利用这些效果制作立体化的文字效果。在【视频效果】中找到【斜面alpha】并将其拖曳到文字上，调整它的参数就可以实现立体化的文字效果了。

本节案例实现的是文字拼合动画，也属于视频片头特效，主要用到了【视频效果】里面的【球面化】和【线性擦除】。【视频效果】里面有很多效果可以组合，能够实现不同的效果。

4.7 实战六：进度条加载动画效果

本节我们来学习制作一个非常有意思的效果——进度条加载动画效果，如图4-69所示。

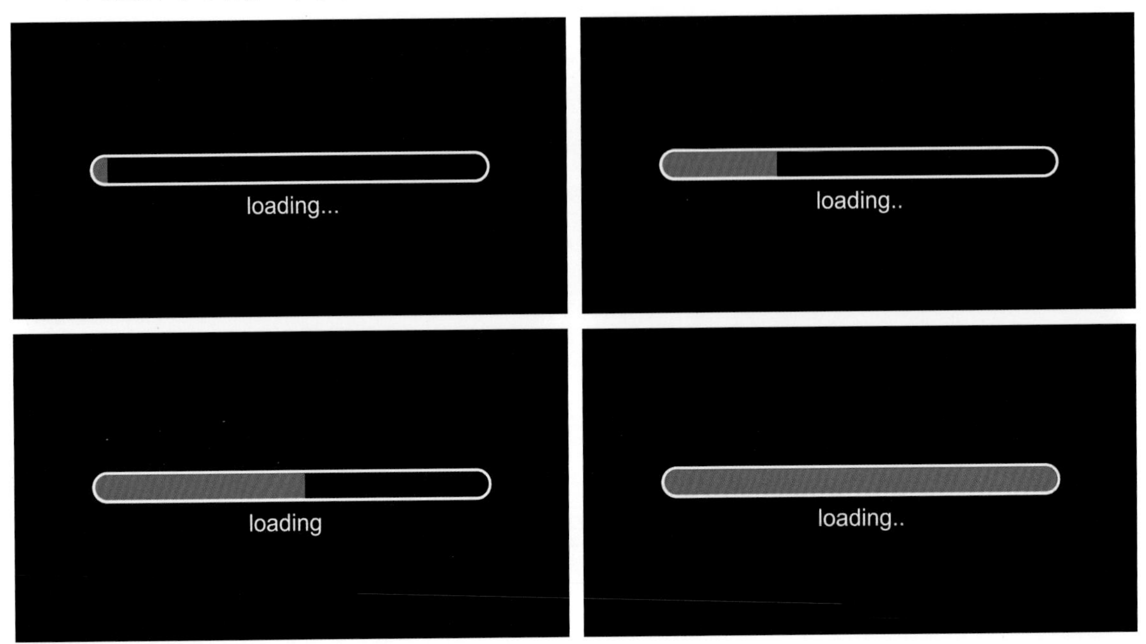

图 4-69

01 新建一个项目和序列，将相关素材导入【项目】面板，然后在菜单栏中执行【文件】-【新建】-【旧版标题】命令，如图4-70所示。打开【新建字幕】窗口，更改字幕名称后单击【确定】按钮，如图4-71所示。此时会打开【字幕】面板，如图4-72所示。

02 在【字幕】面板中单击【圆角矩形工具】按钮，在画面中按住鼠标左键不放拖出一个合适的圆角矩形，如图4-73所示，最后关闭【字幕】面板。

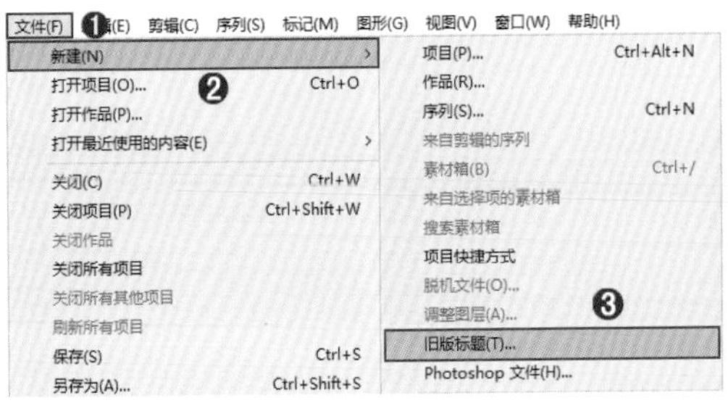

图 4-70

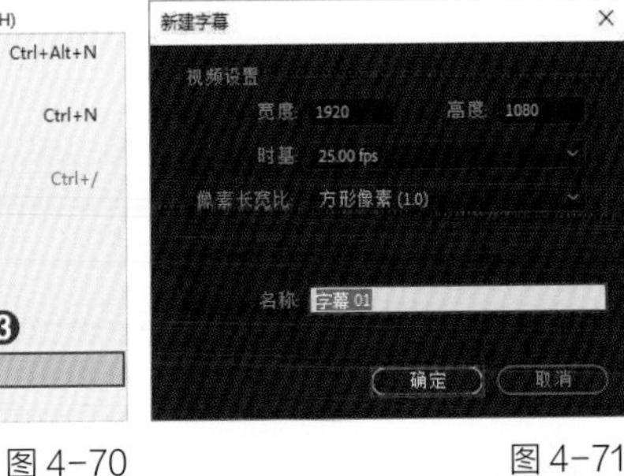

图 4-71

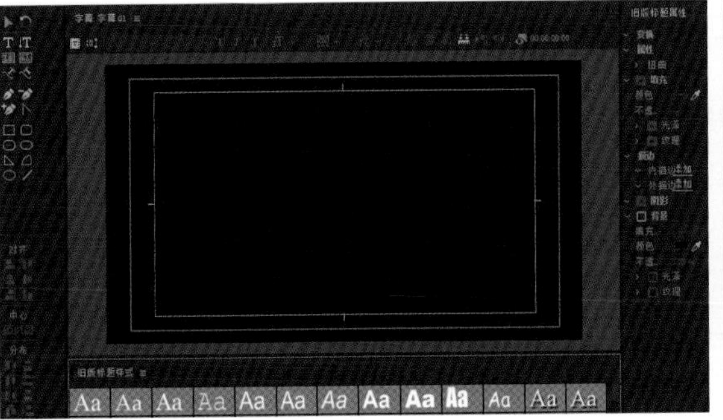

图 4-72

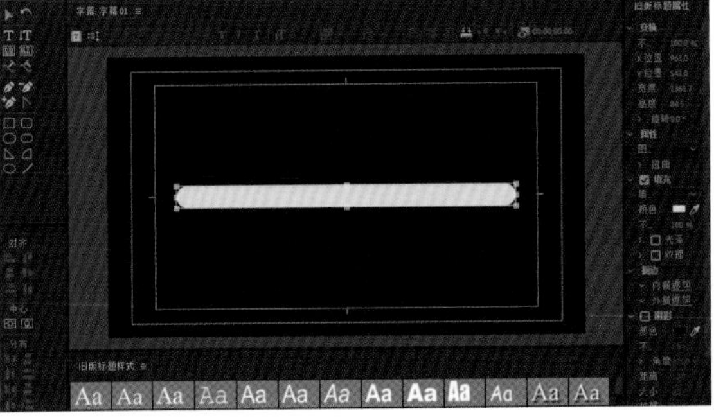

图 4-73

03▶ 在【项目】面板中将刚才新建好的【字幕01】拖曳到【V1】轨道上，如图4-74所示。按住Alt键往上拖曳刚才拖入【V1】轨道的素材，复制一份，如图4-75所示。

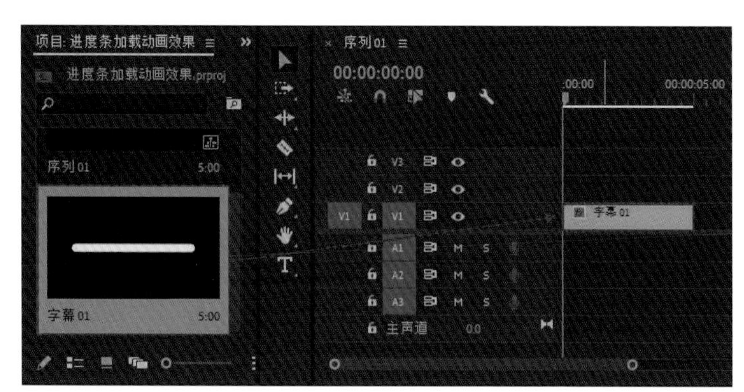

图 4-74

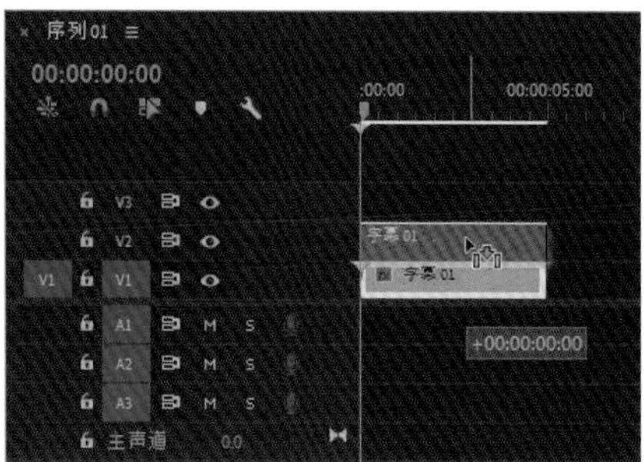

图 4-75

04▶ 双击刚才复制的字幕素材，在【旧版标题属性】面板中取消勾选【填充】复选框，再给字幕素材添加一个外描边效果，并将【颜色】改为白色，如图4-76所示。

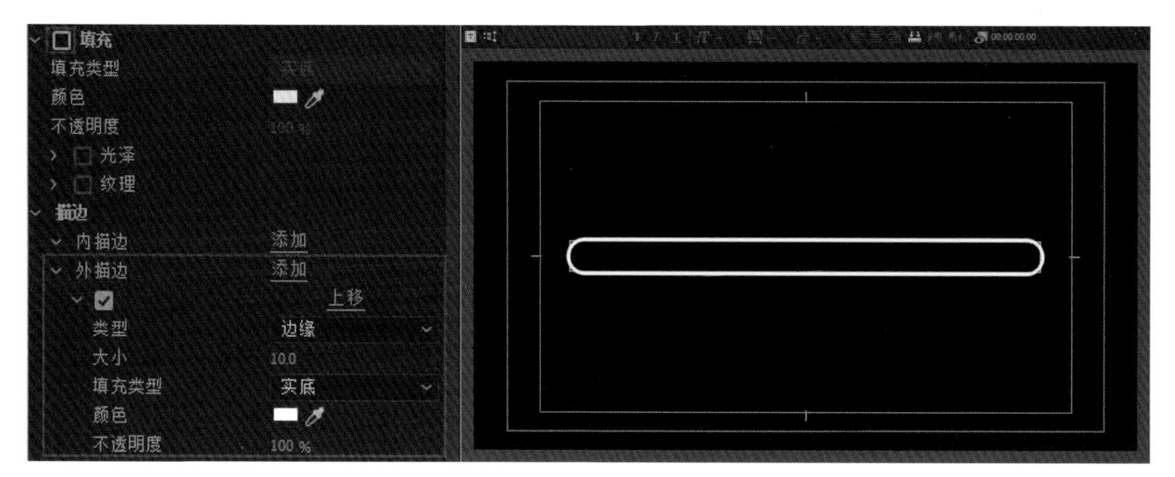

图 4-76

05▶ 在【效果】面板中搜索【浮雕】，并将其拖曳到【V1】轨道的素材上，如图4-77所示。此时【监视器】面板中的画面如图4-78所示。

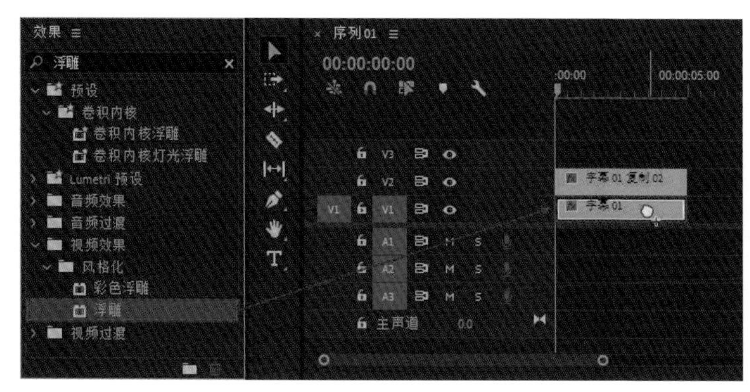

图 4-77

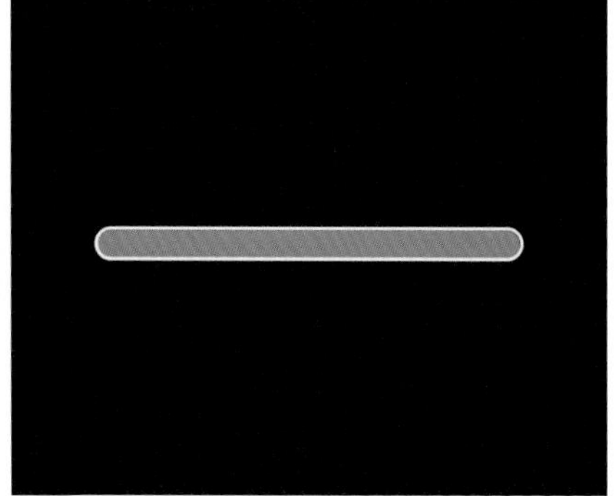

图 4-78

06 在【效果】面板中搜索【裁剪】，并将其拖曳到【V1】轨道上的字幕素材上，如图4-79所示。

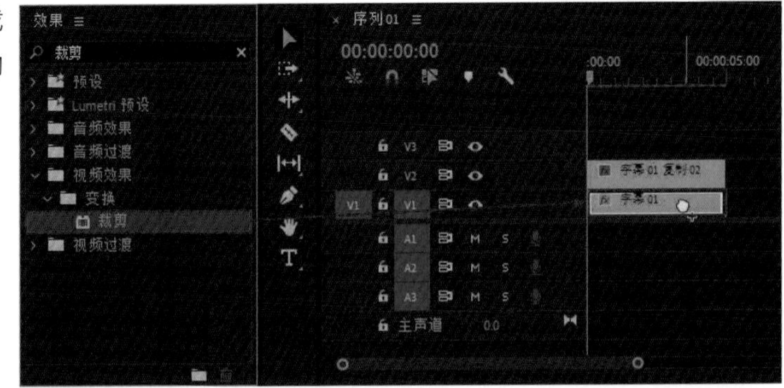

图 4-79

07 在【效果控件】面板中将单击【右侧】左侧的【切换动画】按钮，添加一个关键帧，并将【右侧】的数值改为100%，如图4-80所示。将时间线往后移动到2秒的位置，再将【右侧】的数值改为0%，如图4-81所示。

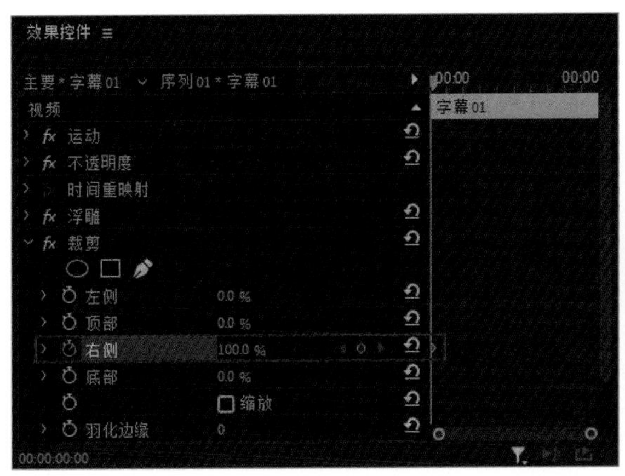

图 4-80

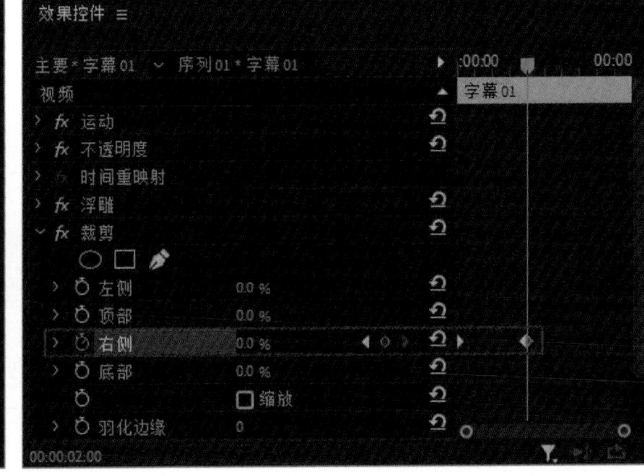

图 4-81

问一问：如何改变进度条加载动画的速度？

如果要改变裁剪的速度，也就是加载动画的速度，只需要改变两个关键帧之间的距离就好了。如果想要裁剪的速度变快，则将两个关键帧放近一些；反之，放远一些就好了。

08 将裁剪动画的速度调整合适之后，按住鼠标左键不放框选中两个关键帧，然后用鼠标右键单击，在弹出的下拉菜单中执行【自动贝塞尔曲线】命令，如图4-82所示。此时添加的两个关键帧会变得比较平滑一些，如图4-83所示。

图 4-82

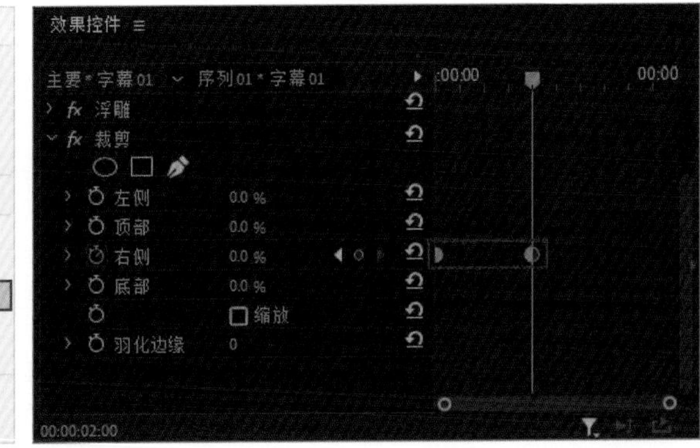

图 4-83

09 单击工具栏中的【文字工具】按钮T，在【监视器】面板的画面中输入文字“loading”，如图4-84所示。添加完文字后基本的效果就已经有了，为了让这个效果更加真实，下面给它制作一个闪烁的小点。

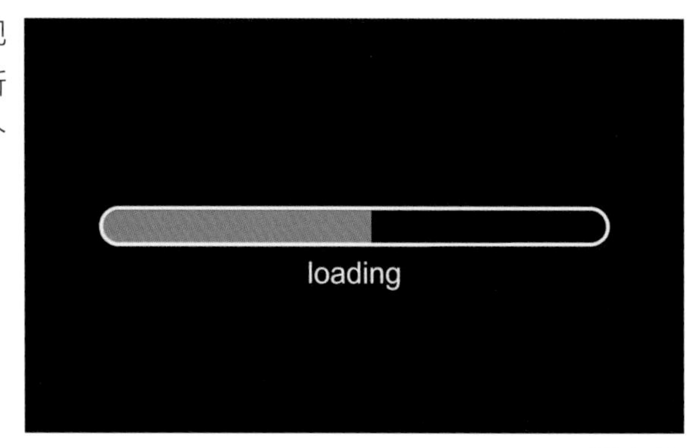

图 4-84

10 将时间线移动到第1帧的位置，在【效果控件】面板中单击【源文本】左侧的【切换动画】按钮，添加一个关键帧，如图4-85所示。然后单击3次【前进一帧】按钮，前进3帧，在文字后面输入“.”，如图4-86所示。

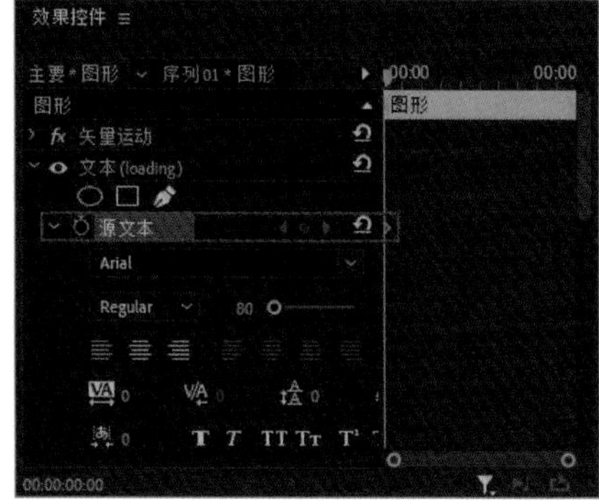

图 4-85

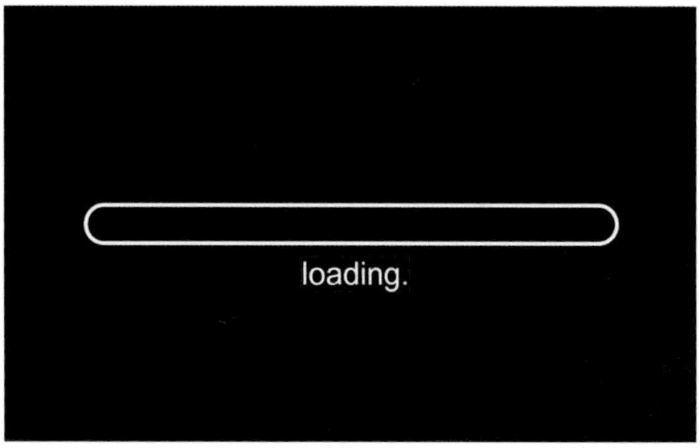

loading.

图 4-86

11 单击3次【前进一帧】按钮，前进3帧，在文字后面输入“.”，如图4-87所示。接下来就是重复此步骤，直到加载的进度条充满为止。

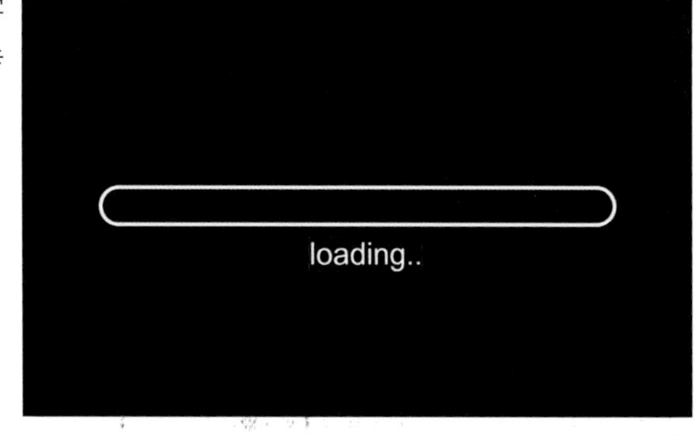

图 4-87

12 现在进度条的颜色是灰色，可以随意更改进度条的颜色。在【效果】面板中搜索【颜色替换】，并将它拖曳到【V1】轨道的字幕素材上，如图4-88所示。

图 4-88

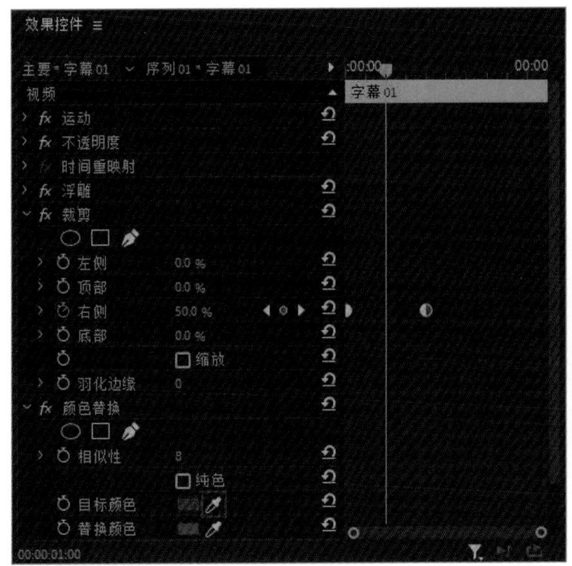

图 4-89

13 在【效果控件】面板中单击【目标颜色】右侧的【吸管工具】按钮，如图4-89所示。吸取【监视器】面板画面中进度条的灰色，如图4-90所示。

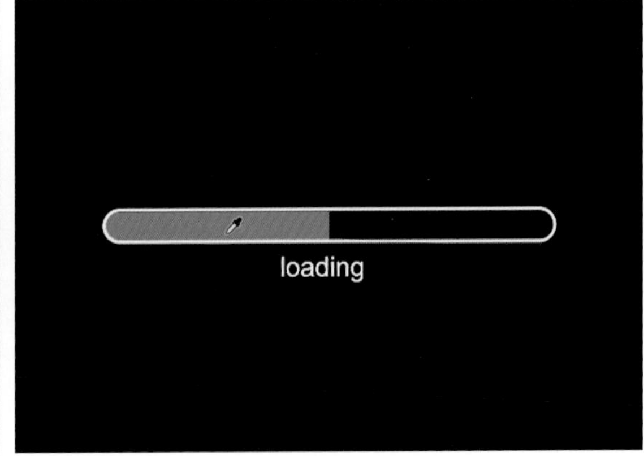

图 4-90

14 单击【效果】面板中【替换颜色】右侧的色块，打开【拾色器】窗口，在其中更改要替换的颜色即可，如图4-91所示。更改完颜色后，此时【监视器】面板中的画面如图4-92所示。

图 4-91

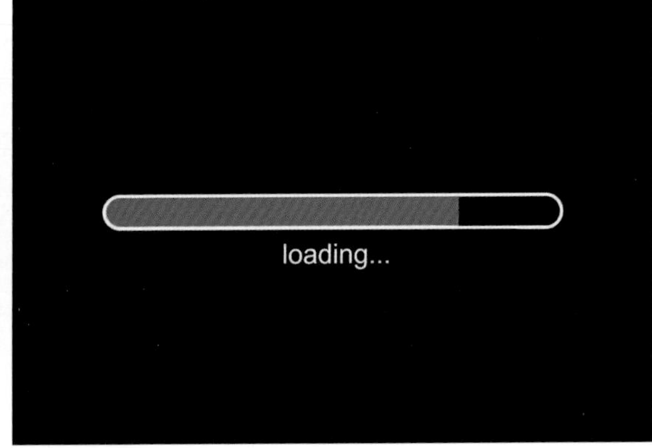

图 4-92

举一反三：制作圆形加载动画

除了常规的进度条，也可以想想怎么制作出其他的加载动画效果。例如圆形的加载动画，只需要在刚开始新建形状的时候选择圆形即可。另外可以使用【残影】效果来实现转圈的效果，其他步骤都是相同的。

本节案例制作的进度条加载效果主要用到的是关键帧和旧版标题图形，通过旧版标题画出进度条的形状，再通过关键帧控制进度条加载动画的速度。

第5章 05 短视频进阶特效

5.1 视频特效解析

学完前两章的内容后，大家已经可以独立制作一些基础的特效视频了，但离优秀的作品还是有一定的距离的，视频特效的精良程度在很大程度上决定了作品的“好坏”。接下来我们将学习进阶特效的制作方法。

5.2 实战一：片头文字粒子消散效果

从本节开始讲解视频片头特效，一般特效制作都是用After Effects来完成的，但是一些不是很复杂的效果也可以利用Primiere完成，如本节的案例——片头文字粒子消散效果，如图5-1所示。

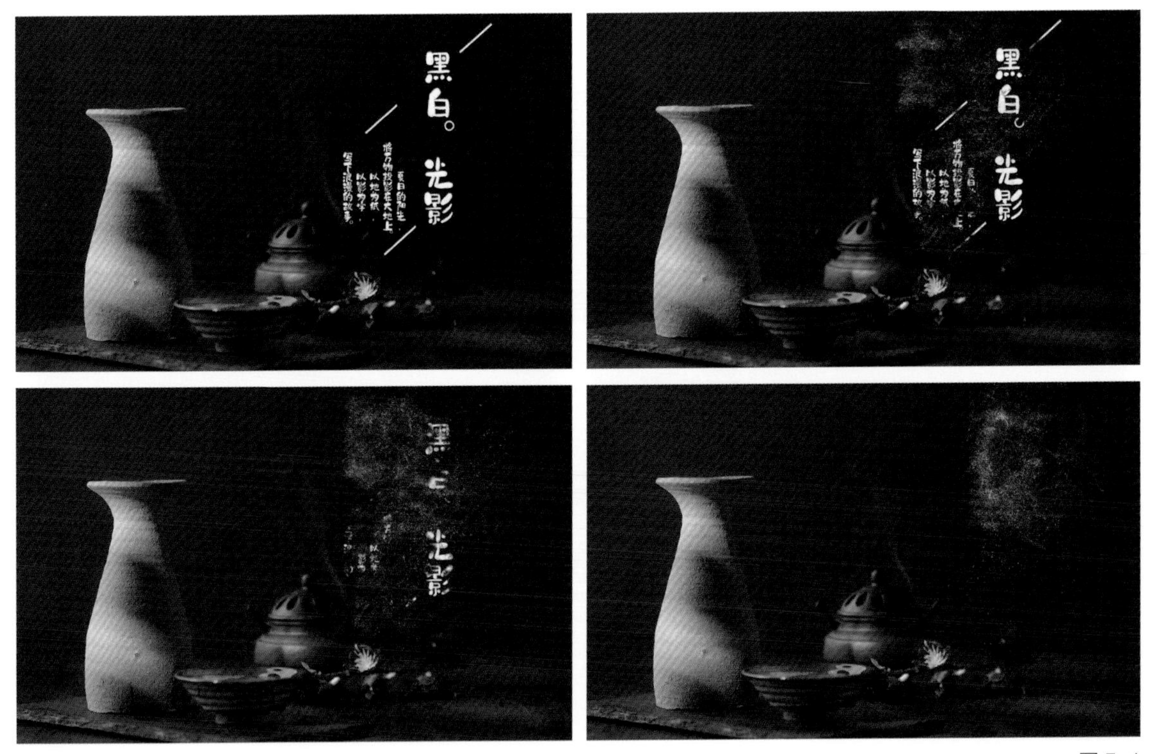

图5-1

01 在菜单栏中执行【文件】-【新建】-【项目】命令，如图5-2所示。打开【新建项目】窗口，更改【名称】为【文字粒子消散效果】，单击【浏览】按钮设置保存路径，单击【确定】按钮，如图5-3所示。

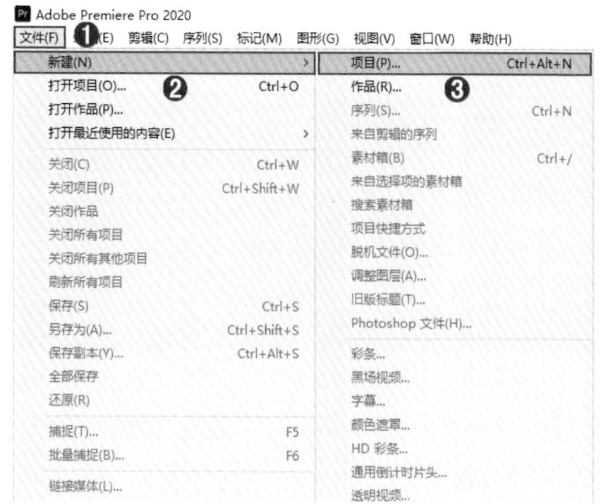

图5-2

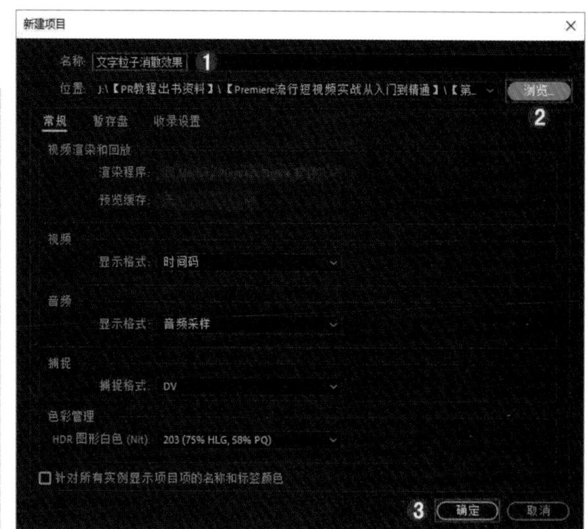

图5-3

02 在【项目】面板的空白处双击，打开【导入】窗口，将相关素材导入【项目】面板，如图5-4所示。

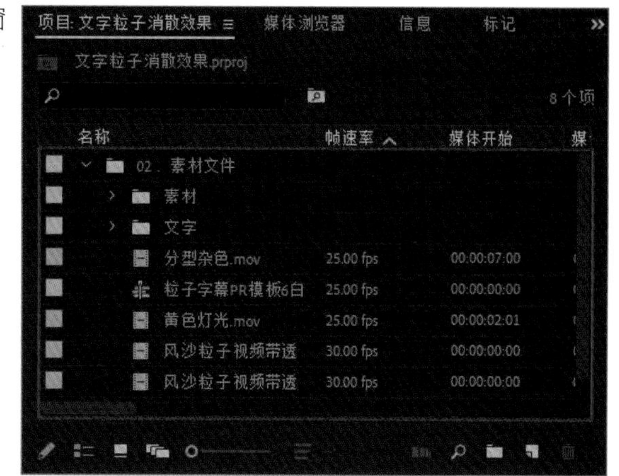

图5-4

03 单击【项目】面板中的【新建项】按钮，在弹出的下拉菜单里执行【序列】命令，如图5-5所示，打开【新建序列】窗口，单击【设置】选项卡，并将【编辑模式】改为【自定义】，对视频和音频的参数进行设置，最后单击【确定】按钮，新建序列，如图5-6所示。

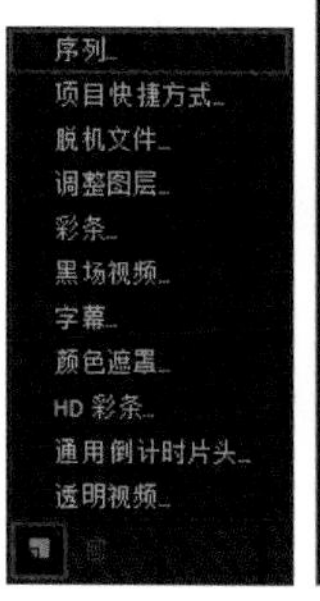

图5-5

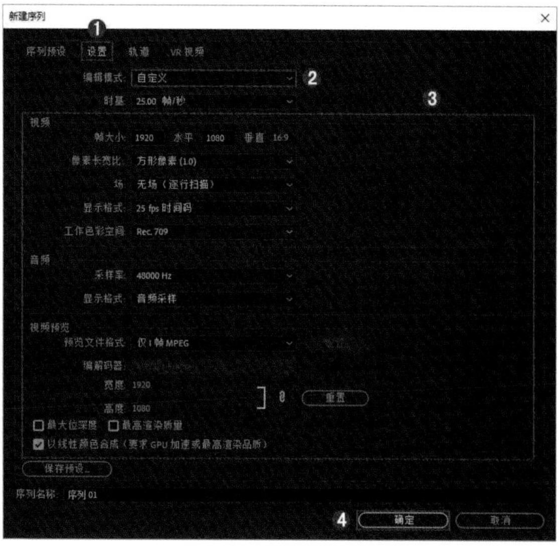

图5-6

04 将【项目】面板中的图片素材拖曳到【V1】轨道上，如图5-7所示。此时【监视器】面板中的画面如图5-8所示。

图5-7

图5-8

05 在工具栏中单击并长按【文字工具】按钮，在弹出来的下拉菜单中执行【垂直文字工具】命令，在【监视器】面板的画面中输入文字标题“黑白。光影”，并调整大小位置间距，如图5-9所示。继续输入第二段文本，如图5-10所示。

图5-9

图5-10

06 文本已经输入完成，为了让文字更加生动和美观，继续给它添加效果。单击【文字工具】按钮，输入“/”斜杠符号，在【基本图形】面板中将【切换动画的比例】改为60，将【切换动画的旋转】改为25°，如图5-11所示。此时【监视器】面板中的画面如图5-12所示。接着将刚才新建好的斜杠文本复制两份，放在图5-13所示的位置。

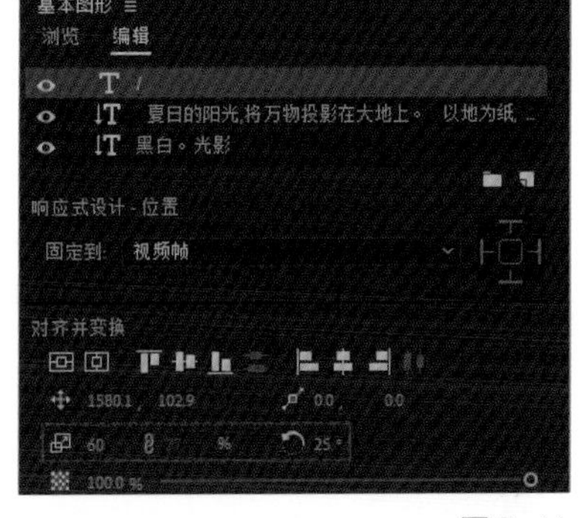

图5-11

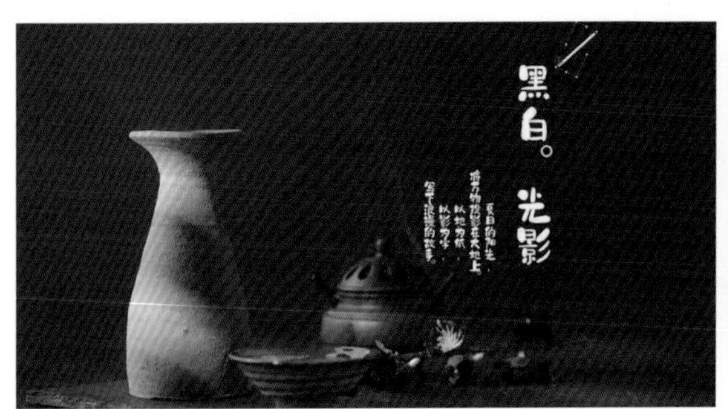

图5-12

图5-13

07 在【项目】面板中将风沙粒子素材拖曳到【V3】轨道上，如图5-14所示。在【效果控件】面板将【位置】改为1197、402，将【缩放】改为80，如图5-15所示，此时【监视器】面板中的画面如图5-16所示。

图 5-14

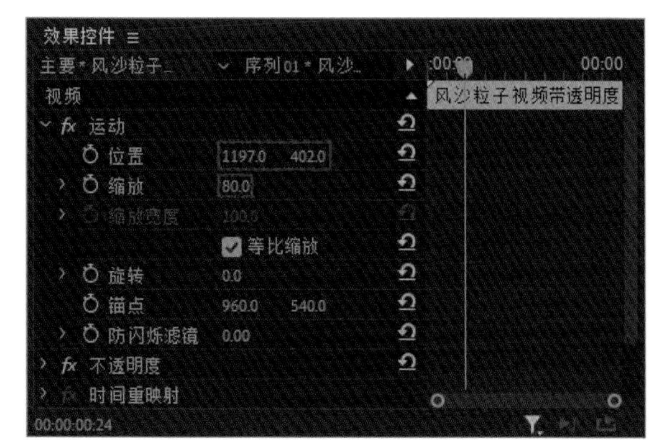

图 5-15

图 5-16

08 在【效果】面板中搜索【黑白】，并将其拖曳到【V3】轨道的风沙素材上，如图5-17所示。可以看到添加了【黑白】效果的素材，由原来的金色变成了黑白色，如图5-18所示。

图 5-17

图 5-18

09 将【项目】面板中的【分型杂色.mov】素材拖曳到【V4】轨道上，如图5-19所示。由拖曳时间线可以看到，该素材由黑白相间的不规则色块构成，如图5-20所示。

图 5-19

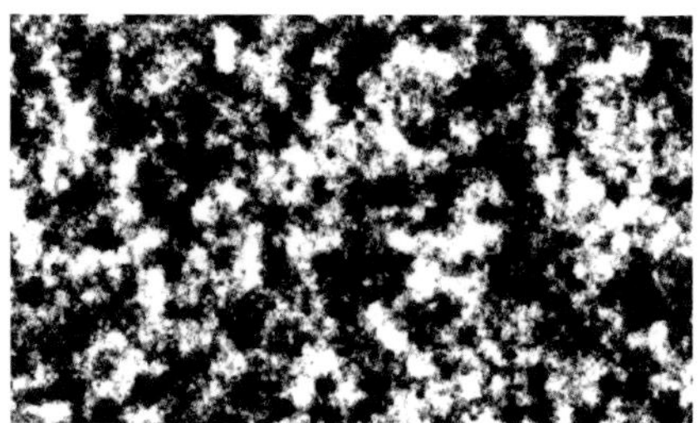

图5-20

10 在【效果】面板中搜索【轨道遮罩键】，并将其拖曳到【V2】轨道的文字层上，如图5-21所示。在【效果控件】面板中将【遮罩】改为【视频4】，将【合成方式】改为【亮度遮罩】，勾选【反向】复选框，如图5-22所示。

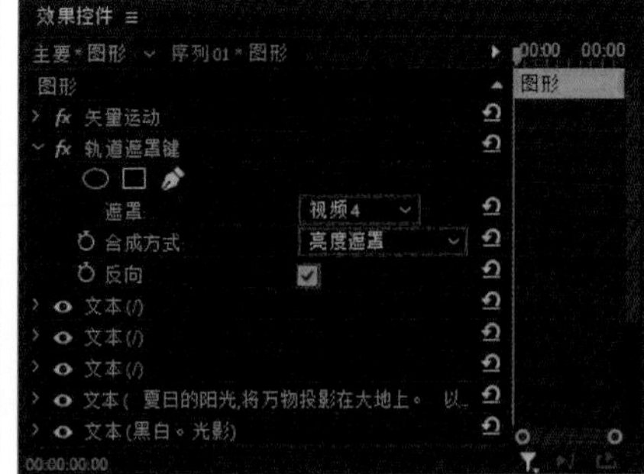

图5-21　　图5-22

此时播放视频，可以看到文字有一种侵蚀消散的效果，如图5-23所示。

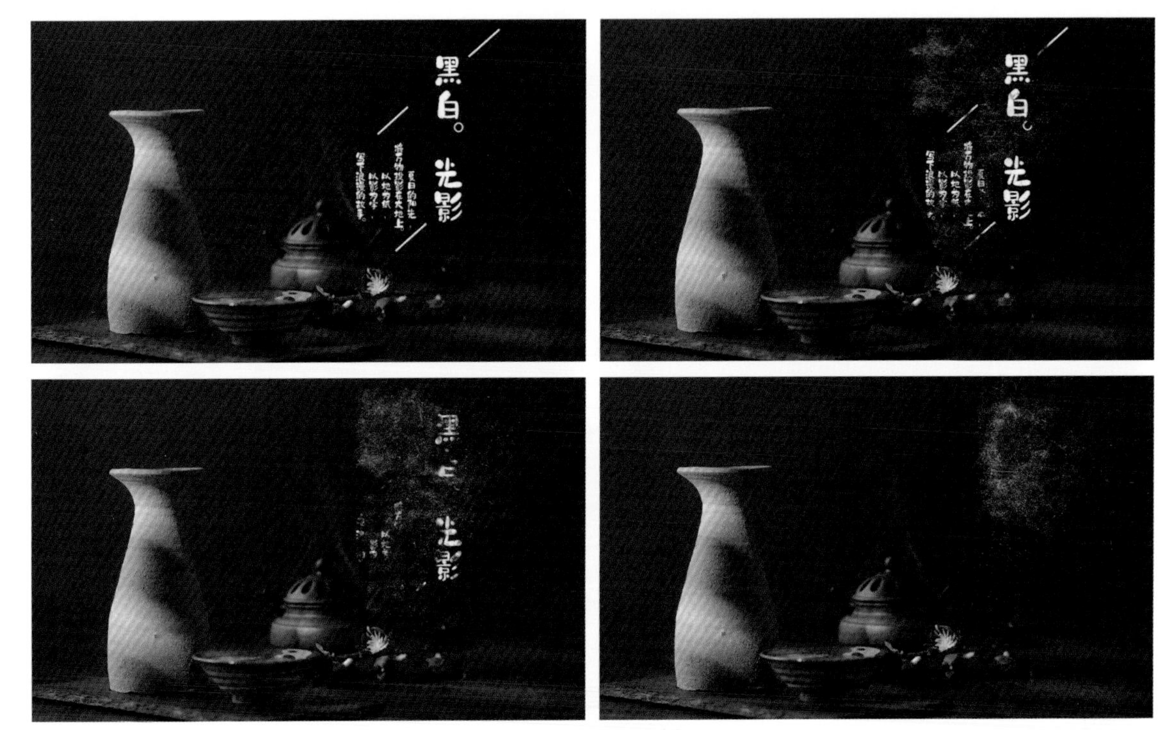

图5-23

举一反三：不用素材实现文字渐显效果

其实Premiere有很多自带的效果，如文字渐显效果。添加【粗糙边缘】效果，然后调整参数并配合使用关键帧，就可以不用素材实现文字渐显效果了。

本节的案例主要用到的是侵蚀素材来实现文字渐显的效果，再配合飘散的素材实现文字消散的效果，对素材的依靠比较大，大家还是要多多练习才能使效果和素材结合得更加完美。

5.3 实战二：视频片头文字液化溶解效果

本节继续讲解片头文字特效：液化溶解效果。该效果可以用作片头，也可以用作角标，其表现是文字像水滴一样液化溶解开，如图5-24所示。

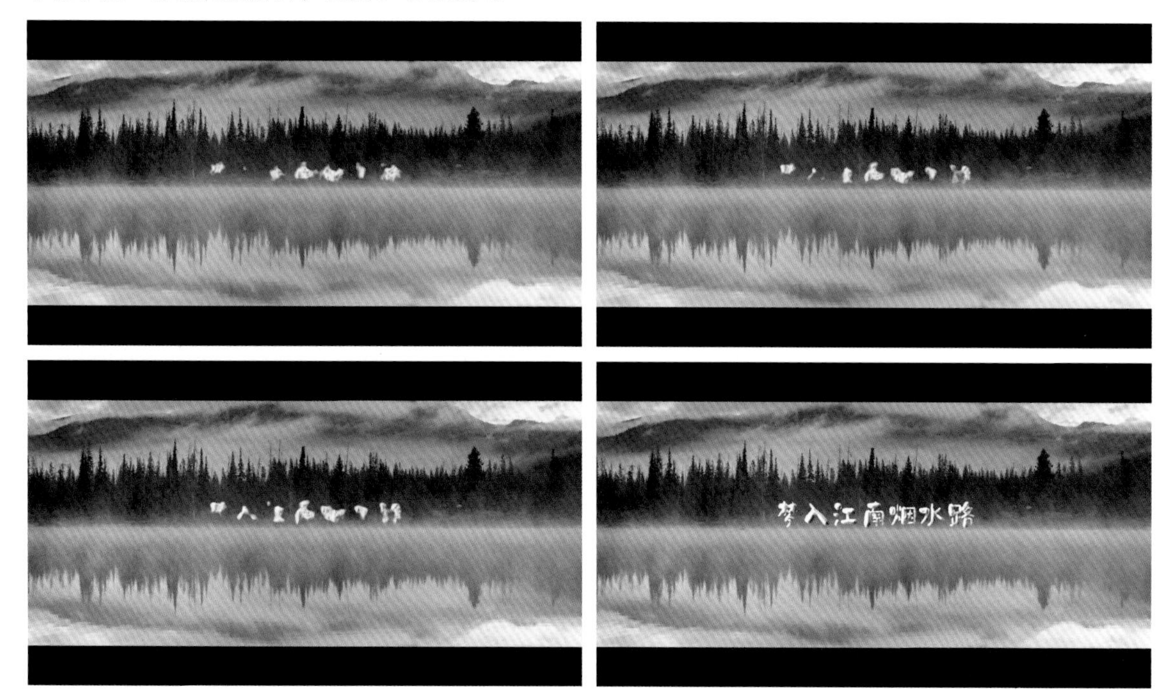

图5-24

01 新建一个项目，在【项目】面板的空白处双击，打开【导入】窗口，选中【02.素材文件】，单击【导入文件夹】按钮，将素材导入【项目】面板，如图5-25和图5-26所示。

图5-25

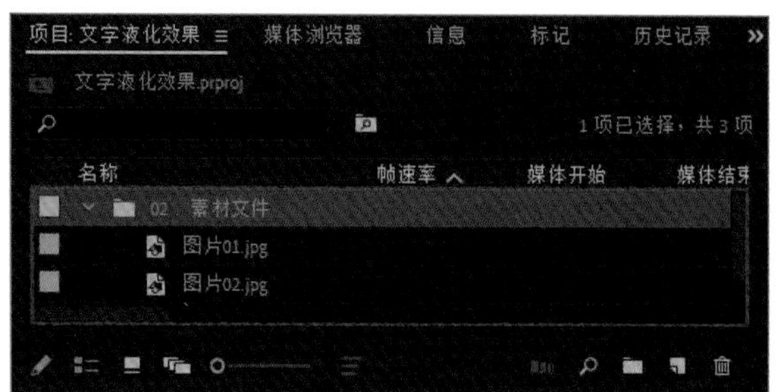

图5-26

02 单击【项目】面板中的【新建项】按钮，在弹出的下拉菜单中执行【序列】命令，打开【新建序列】窗口，单击【设置】选项卡，并将【编辑模式】改为【自定义】，对视频和音频的参数进行设置，最后单击【确定】按钮，新建序列，如图5-27所示。

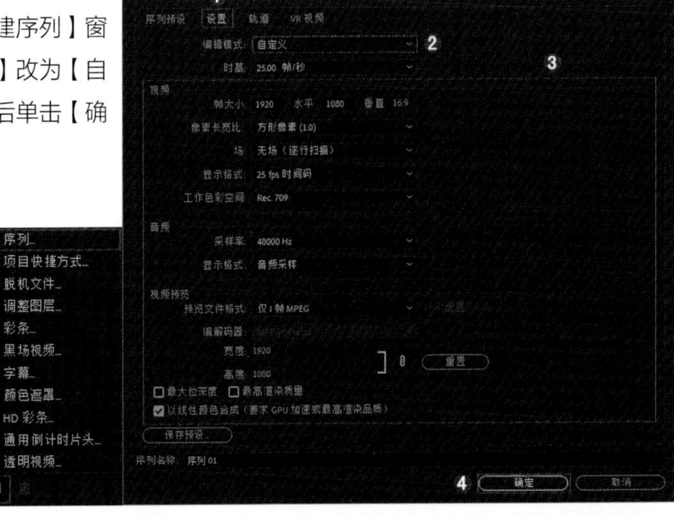

图5-27

03 将【项目】面板中的【图片01.jpg】素材拖曳到【V1】的视频轨道上，如图5-28所示。此时【监视器】面板中的画面如图5-29所示。

04 在工具栏中单击【文字工具】按钮 T，在【监视器】面板的画面中输入标题文字“梦入江南烟水路”，然后调整它的字体、大小和位置。如图5-30所示。

图5-28

图5-29

图5-30

05 在【效果】面板中搜索【斜面】，将搜索到的【斜面Alpha】拖曳到【V2】轨道的文字层上，如图5-31所示。在【效果控件】面板中将【边缘厚度】改为10，将【光照强度】改为0.8，如图5-32所示。此时，可以看到文字已经有立体的效果了，如图5-33所示。

图5-31

图 5-32

图 5-33

06 在【效果】面板中搜索【粗糙边缘】，并将其拖曳到【V2】轨道的文字层上，如图5-34所示。接着在【效果控件】面板中单击【边框】左侧的【切换动画】按钮，然后将【边框】的数值改为200，【边缘锐度】改为1，【不规则影响】改为1，如图5-35所示。

图 5-34

图 5-35

07 将时间线移动到2秒的位置，将【边框】的数值改为0，此时会自动生成第2个关键帧，如图5-36所示。

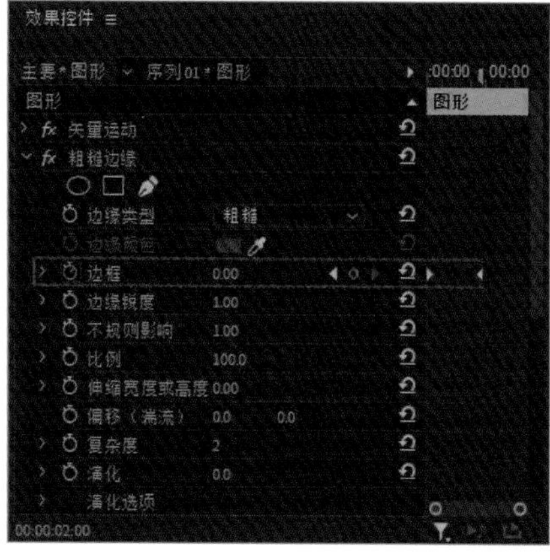

图 5-36

08 此时可以看到，文字标题有一个渐渐溶解液化的效果。为了让画面更有电影感，将【项目】面板里的【黑色遮幅.png】拖曳到【V3】视频轨道上，如图5-37所示。此时的播放效果如图5-38所示。

图 5-37

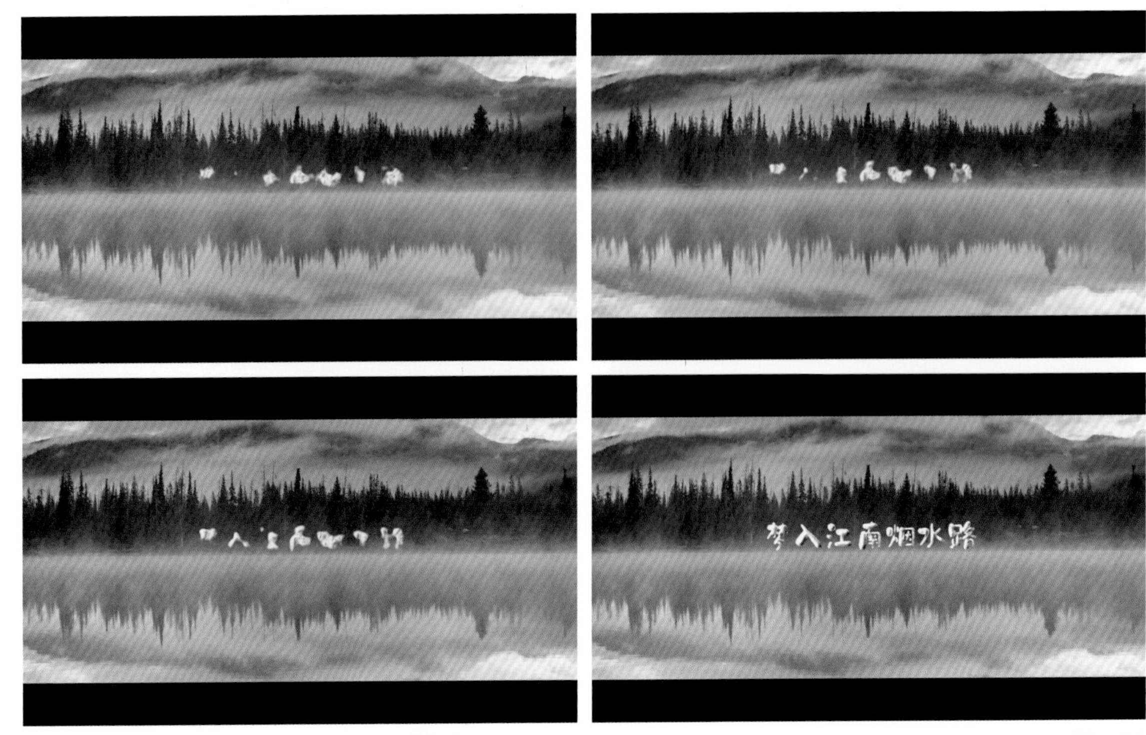

图5-38

举一反三：制作文字漂浮效果

通过前面案例，我们学习了很多关于文字片头的特效，它们都是用Premiere自带的效果实现的，大家可以想想如何让文字流动漂浮起来。其实利用【视频效果】里的【湍流置换】，就可以实现这样的效果。

本节案例主要利用上一节举一反三里的【粗糙边缘】效果，再配合【斜面Alpha】效果来实现文字液化溶解效果，最后为了让效果更加真实，可以添加一些音效，这个效果适用于文字标题和角标的制作。

5.4 实战三：片头文字故障效果

本节来学习制作Glitch效果，也就是常说的故障效果，类似于电视机受到信号干扰后出现的效果。这种效果不仅可以用在文字上，也可以用在视频画面上，非常有科技感，也有一点赛博朋克的风格，如图5-39所示。

图5-39

01 新建一个项目，在【项目】面板的空白处双击，打开【导入】窗口，选中【02.素材文件】，单击【导入文件夹】按钮，将素材导入【项目】面板，如图5-40和图5-41所示。

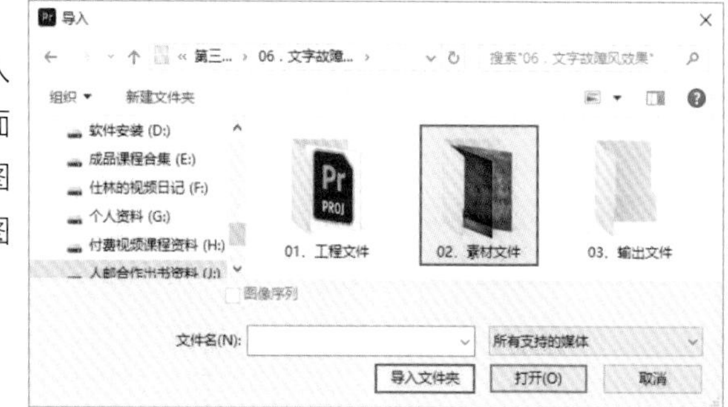

图 5-40

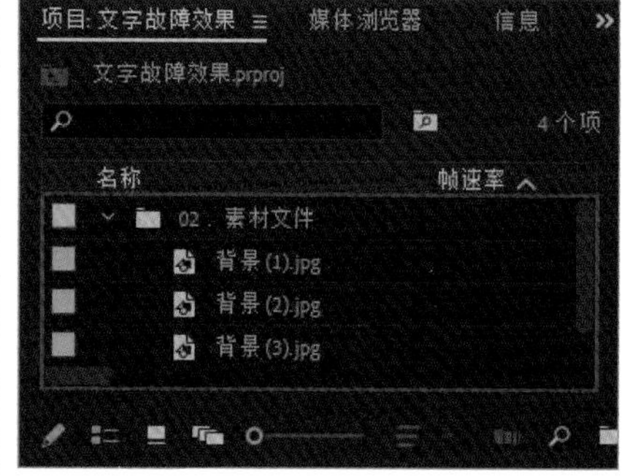

图 5-41

02 单击【项目】面板中的【新建项】按钮，在弹出的下拉菜单中执行【序列】命令，打开【新建序列】窗口，单击【设置】选项卡，并将【编辑模式】改为【自定义】，对视频和音频的参数进行设置，最后单击【确定】按钮，新建序列，如图5-42所示。

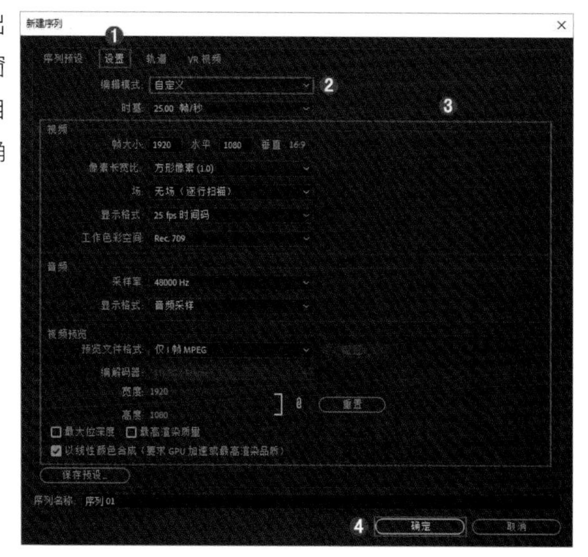

图5-42

03 将【项目】面板中的背景图片素材拖曳到【V1】轨道上，如图5-43所示。此时【监视器】面板中的画面如图5-44所示。

04 在工具栏中单击【文字工具】按钮，在【监视器】面板的画面中输入文字，并调整其字体、大小、位置如图5-45所示。

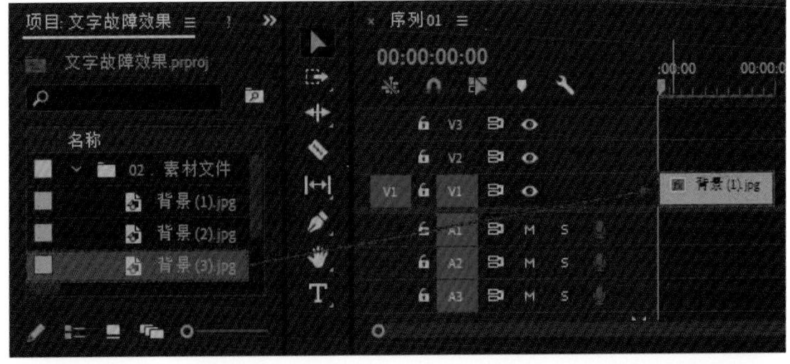

图5-43

图5-44

图5-45

05 在【效果】面板中搜索【波形变形】，将其拖曳到【V2】轨道的文字层上，如图5-46所示。然后在【效果控件】面板中将【波形类型】改为【正方形】，分别单击【波形高度】和【波形宽度】左侧的【切换动画】按钮，再将【方向】和【波形宽度】分别改为0和1，如图5-47所示。

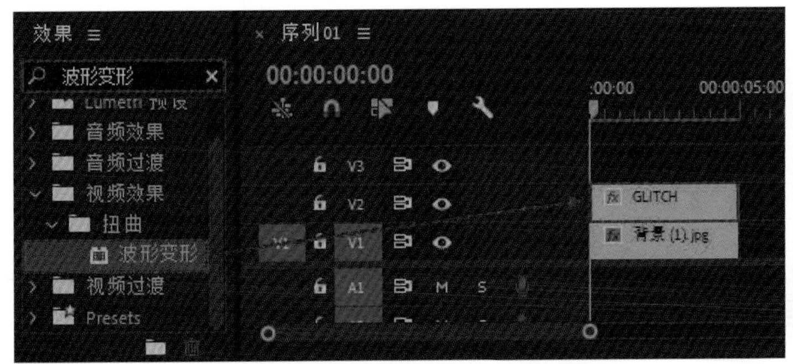

图5-46

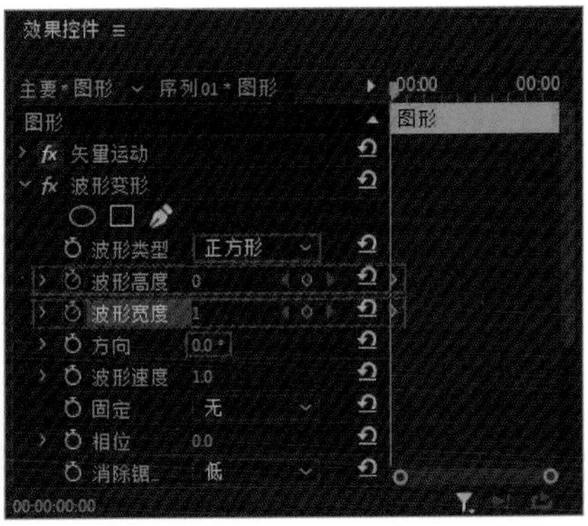

图5-47

06 单击两次【前进一帧】按钮，将【波形高度】和【波形宽度】的数值随意更改一下，如改为160和75，如图5-48所示。此时【监视器】面板中的画面如图5-49所示。

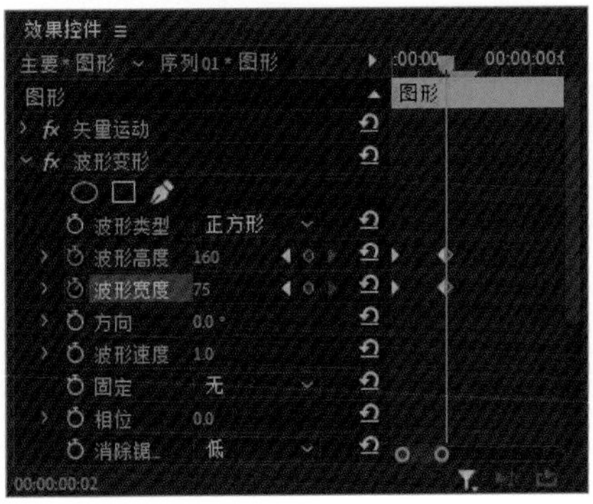

图5-48

图5-49

07 重复以上步骤，单击两次【前进一帧】按钮，将【波形高度】和【波形宽度】的数值再随意更改一下，如改为250和40，如图5-50所示。此时【监视器】面板中的画面如图5-51所示。

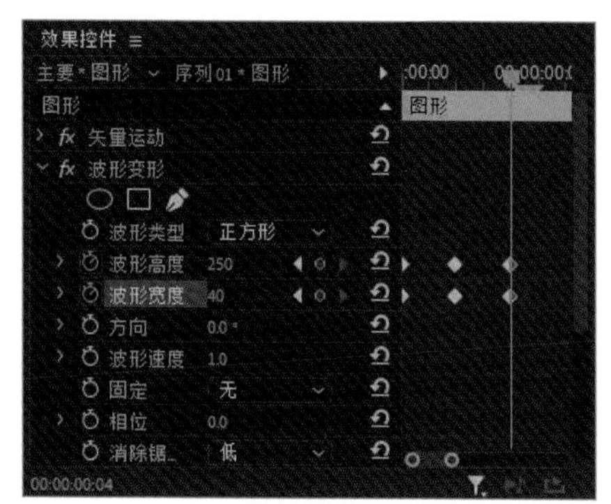

图5-50

图 5-51

08 如果这样每隔两帧去更改数值就太麻烦了，回想一下复制关键帧的内容，选中前3个关键帧，按住Alt键并将关键帧往右拖曳，即可复制关键帧，如图5-52所示。

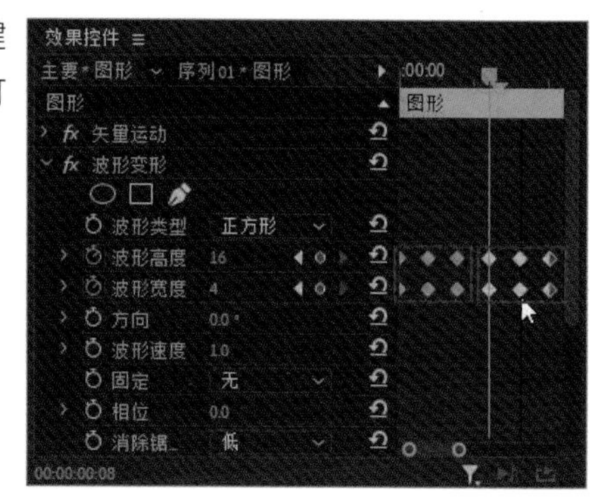

图5-52

09 这样一个文字故障效果的动画就制作完成了，如图5-53所示。这样的效果比较平淡，结合之前介绍的【RGB分离】效果，可以制作出“故障风+RGB分离”的效果。

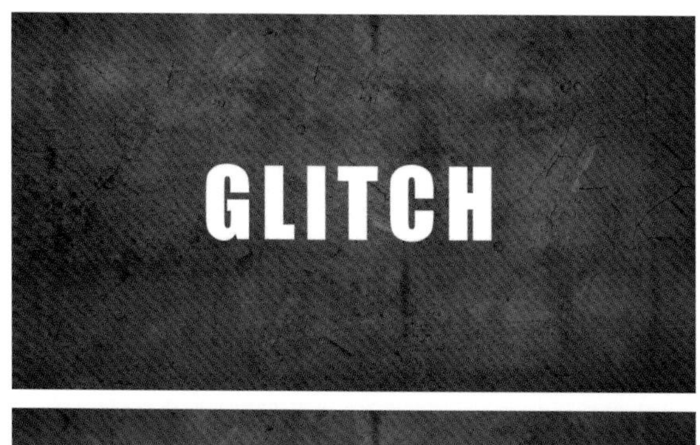

图5-53

10 选中【V2】轨道上的素材，按住Alt键将其往上拖曳，复制两份。然后在【效果】面板中搜索【颜色平衡】，并将【颜色平衡（RGB）】拖曳到3层文字层上，如图5-54和图5-55所示。

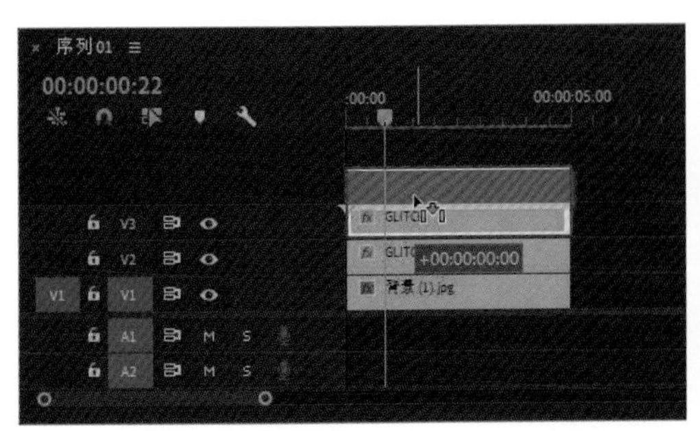

图5-54

图5-55

11 单击选中【V4】轨道上的文字将其激活，在【效果控件】面板中将【颜色平衡（RGB）】中【红色】的数值改为100，【绿色】和【蓝色】的数值改为0，并在【不透明度】里将【混合模式】改为【滤色】，如图5-56所示。

12 单击选中【V3】轨道上的文字将其激活，在【效果控件】面板中将【颜色平衡（RGB）】中【绿色】的数值改为100，【红色】和【蓝色】的数值改为0，并在【不透明度】里将【混合模式】改为【滤色】，如图5-57所示。

13 单击选中【V2】轨道上的文字将其激活，然后在【效果控件】面板中将【颜色平衡（RGB）】中【蓝色】的数值改为100，【红色】和【绿色】的数值改为0，并在【不透明度】里将【混合模式】改为【滤色】，如图5-58所示。

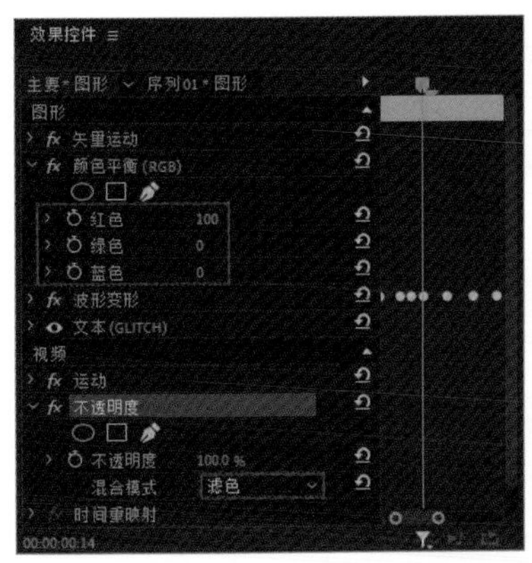

图5-56

图5-57

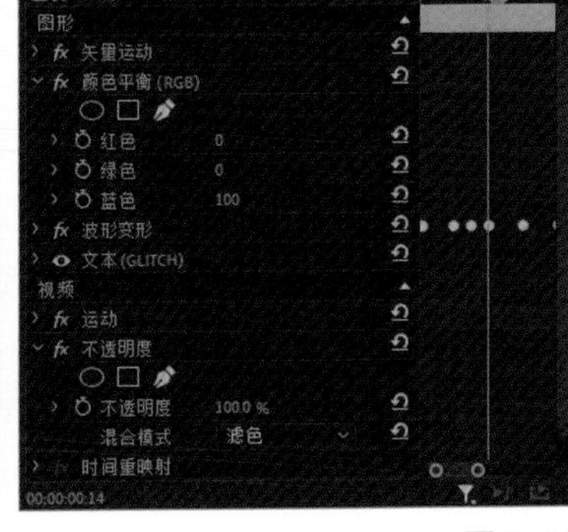

图5-58

14 添加完以上效果并修改相关参数后，可以发现【监视器】面板中的画面并没有任何变化，如图5-59所示。在【时间轴】面板中，将【V3】和【V4】轨道上的文字每隔两帧往后移动一次，以此实现错位的感觉，如图5-60所示。此时播放视频就会有RGB分离的效果，如图5-61所示。

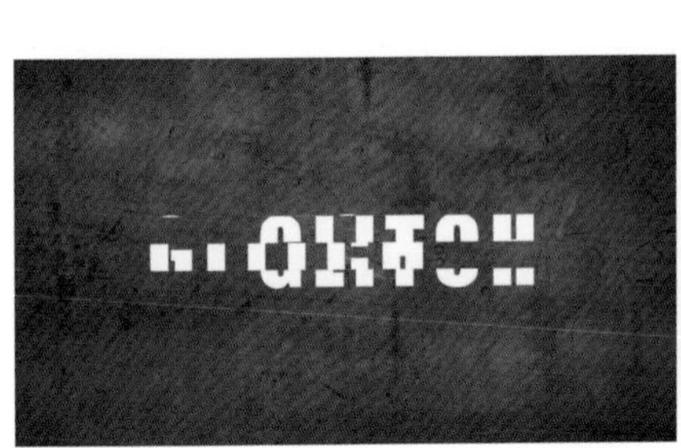

图5-59

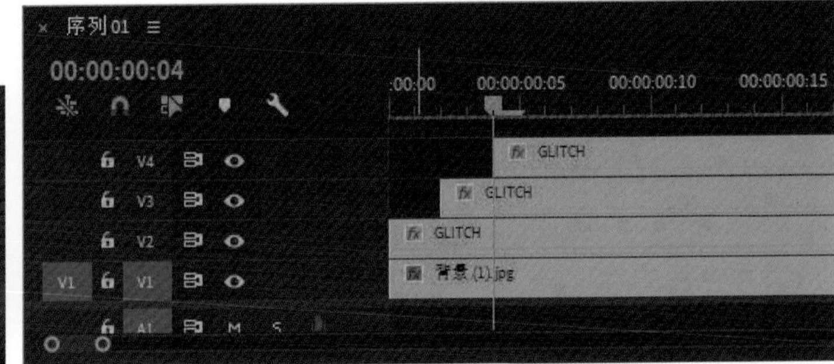

图5-60

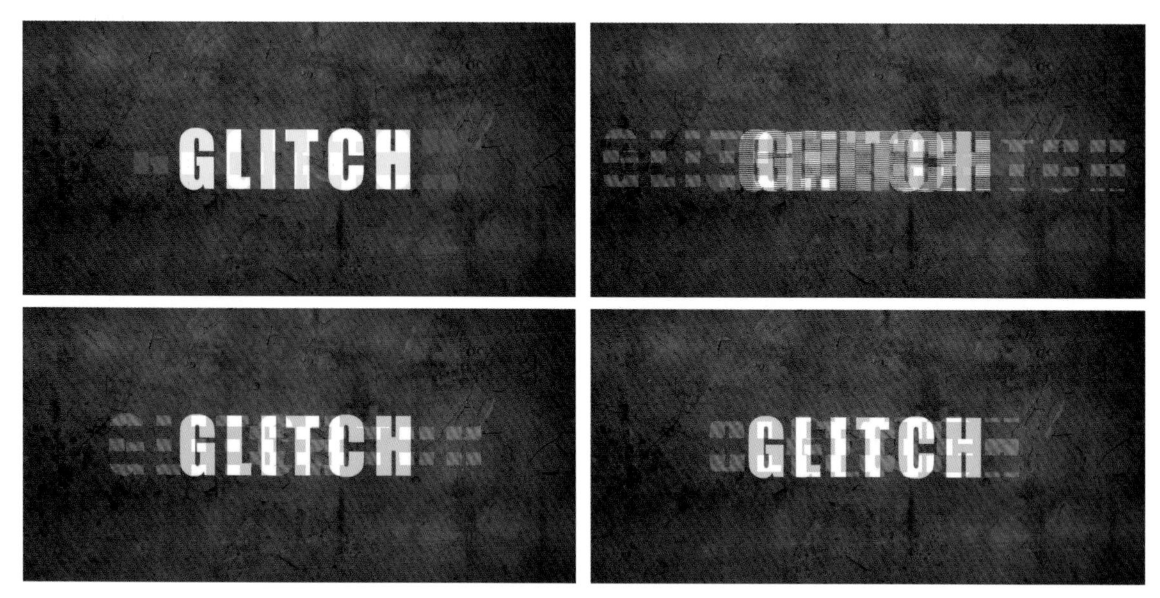

图 5-61

举一反三：制作画面故障效果

学会了制作文字故障效果，那么画面故障效果也可以实现了，使用同样的方法就可以让画面也具有故障效果，或者使用相关素材，并更改混合模式为【滤色】。

本节案例实现了文字故障效果，添加【波形变形】效果就可以让文字上下、左右分离，关键帧可以控制分离的程度，最后为了丰富画面可以加上RGB颜色分离效果和故障的音效。

5.5 实战四：水墨动画转场效果

在2.2节中，案例用的转场方式是硬切和叠化，这两种转场方式比较适合微电影等短片，但是如果是旅拍视频和Vlog等使用这两种转场方式就显得太平淡了。本节来学习进阶的转场特效，利用【轨道遮罩键】效果制作出水墨动画转场效果，如图5-62所示。

图5-62

图 5-62（续）

01 新建一个项目，在【项目】面板的空白处双击，打开【导入】窗口，选中【02.素材文件】，单击【导入文件夹】按钮，将素材导入【项目】面板，如图5-63和图5-64所示。

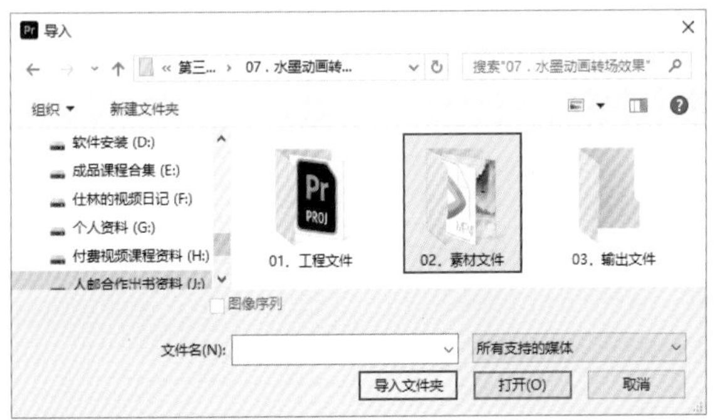

图5-63

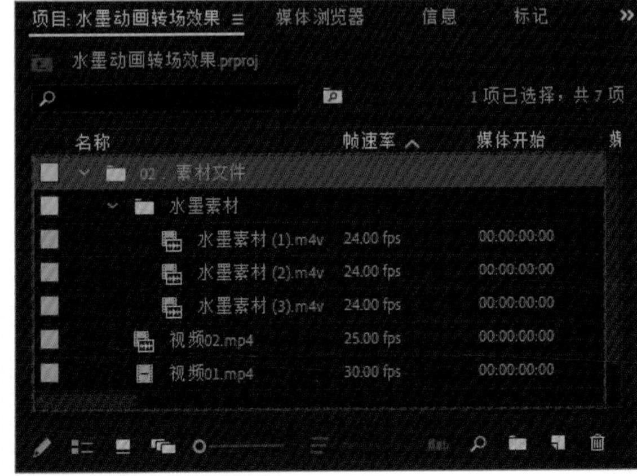

图5-64

02 单击【项目】面板中的【新建项】按钮，在弹出的下拉菜单中执行【序列】命令，打开【新建序列】窗口，单击【设置】选项卡，并将【编辑模式】改为【自定义】，对视频和音频的参数进行设置，最后单击【确定】按钮，新建序列，如图5-65所示。

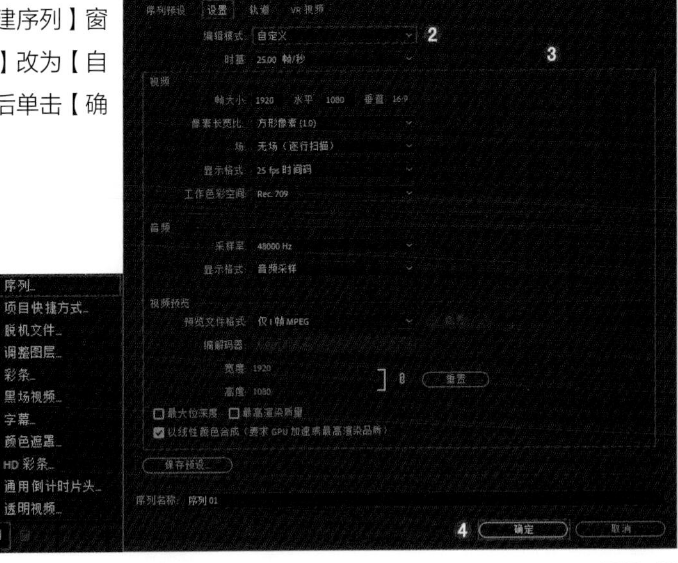

图5-65

03 将【项目】面板中【视频02.mp4】和【视频01.mp4】分别拖曳到【V2】和【V1】轨道上，如图5-66所示。此时【监视器】面板中的画面如图5-67所示。

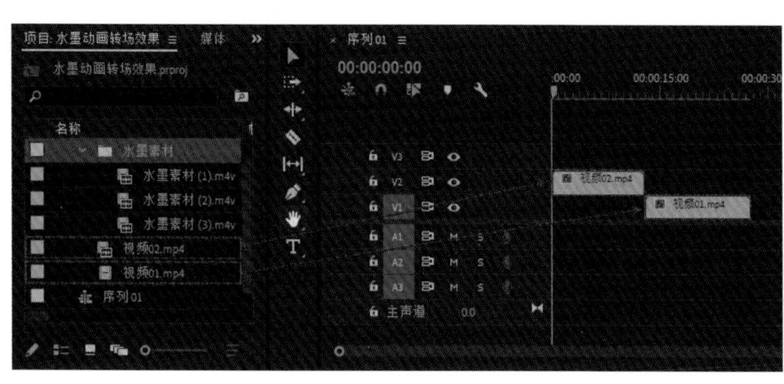

图5-66　　图5-67

04 将【项目】面板中【水墨素材（1）.m4v】拖曳到【V3】轨道上，并使其末端与【视频02.mp4】的末端对齐，如图5-68所示。接着在【效果】面板中搜索【轨道遮罩键】，并将其拖曳到【V3】轨道的素材上，此时【监视器】面板中的画面如图5-69所示。

图5-68　　图5-69

05 在【效果】面板中搜索【轨道遮罩键】，并将其拖曳到【V2】轨道的素材上，如图5-70所示。然后在【效果控件】面板将【遮罩】设为【视频3】，【合成方式】改为【亮度遮罩】，并勾选【反向】复选框，如图5-71所示。

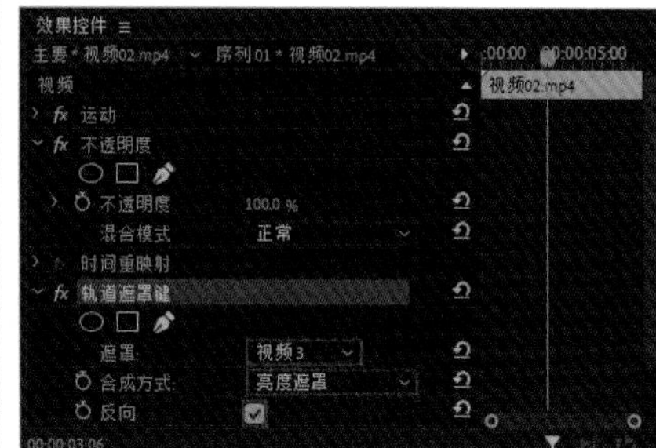

图5-70　　图 5-71

此时播放视频就可以看到两段画面是按照水墨素材的明暗去过渡的，如图5-72所示。

图5-72

图 5-72（续）

举一反三：制作文字或图片的水墨转场效果

在本节案例中，使用了两段视频来实现转场，如果把素材换成图片或者文字也可以达到相同的效果，而且还可以把静态的图片变成动态的视频。

本节案例的水墨动画转场效果比较偏古风，大家可以用在古装人物混剪等古风场景中。本案例使用的是【轨道遮罩键】效果，这个效果在有合适素材的情况下，用到的频率会非常高。

5.6 实战五：镜头光晕转场效果

本节将学习进阶的转场效果——镜头光晕转场效果，如图5-73所示。

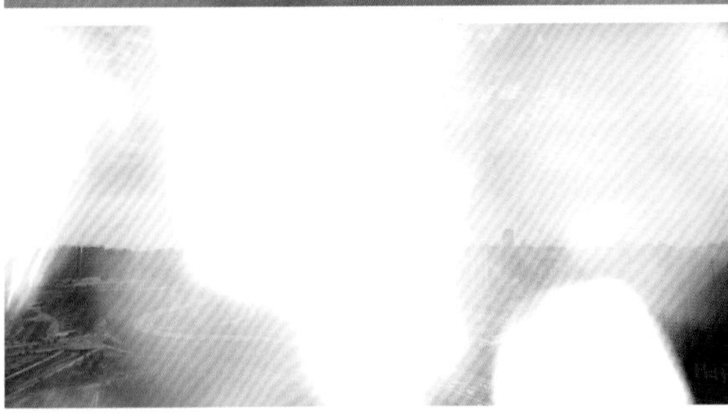

图5-73

01 在【项目】面板的空白处双击，打开【导入】窗口，选中【02.素材文件】，单击【导入文件夹】按钮，将素材导入【项目】面板，如图5-74和图5-75所示。

图5-74

图5-75

02 单击【项目】面板中的【新建项】按钮，在弹出的下拉菜单中执行【序列】命令，打开【新建序列】窗口，单击【设置】选项卡，并将【编辑模式】改为【自定义】，对视频和音频的参数进行设置，最后单击【确定】按钮，新建序列，如图5-76所示。

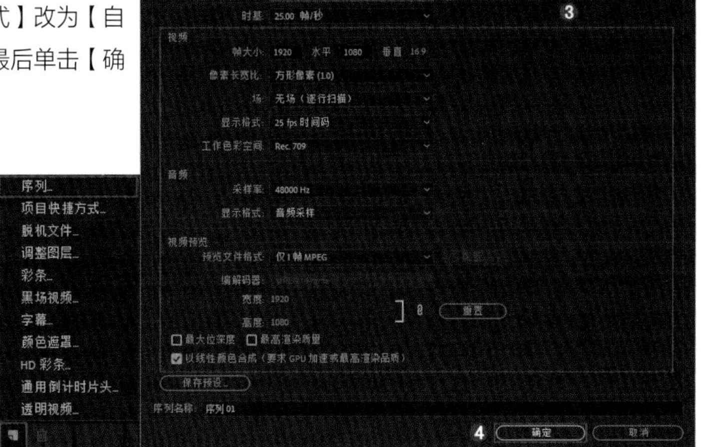

图5-76

03 将【项目】面板中的【视频01.mp4】和【视频02.mp4】拖曳到【V1】轨道上，如图5-77所示。此时【监视器】面板中的画面如图5-78所示。

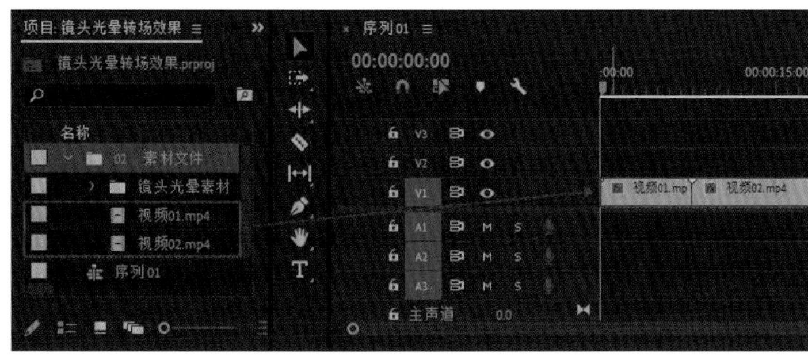

图5-77

图5-78

04 在【项目】面板中展开【镜头光晕素材】文件夹，找到光晕素材，将其拖曳到【V2】视频轨道上，并使其位于两段素材的衔接处，如图5-79所示。此时【监视器】面板中的画面如图5-80所示。

图5-79

图5-80

05 单击选中【V2】轨道上的素材，在【效果控件】面板中将【混合模式】改为【滤色】，如图5-81所示。然后在【效果】面板中搜索【交叉溶解】，并将其拖曳到两段素材的衔接处，如图5-82所示。

图 5-81

图5-82

此时播放画面就可以看到，两段素材在过渡时会有光晕斑驳交叉的效果，如图5-83所示。

图5-83

举一反三：增加画面朦胧感

既然可以通过改变素材的混合模式来做转场效果，那么只要光晕素材合适，我们就可以通过改变混合模式来单独为某一段画面添加朦胧、梦幻等效果。所以只要掌握了混合模式的使用方法，再配合素材我们就可以实现很多效果。

本节案例的镜头光晕效果和上一节水墨动画转场效果都用到了【轨道遮罩键】，只不过本案例还添加了【交叉溶解】的效果，让素材间的过渡更加柔和、自然。这样的效果比较适合用在梦幻朦胧的画面中。

5.7 实战六：冬天雪花转场效果

本节我们继续学习新的转场效果——冬天雪花转场效果，并再次巩固一下【轨道遮罩键】的用法，如图5-84所示。

图5-84

01 新建一个项目，在【项目】面板的空白处双击，打开【导入】面板，选中【02.素材文件】，单击【导入文件夹】按钮，将素材导入【项目】面板，如图5-85和图5-86所示。

图5-85

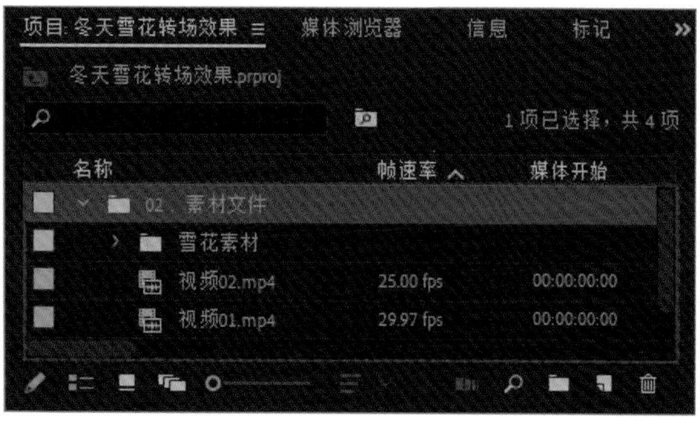

项目: 冬天雪花转场效果 ≡ 媒体浏览器 信息 标记
冬天雪花转场效果.prproj
1 项已选择，共 4 项
名称 帧速率 媒体开始
02．素材文件
雪花素材
视频02.mp4 25.00 fps 00:00:00:00
视频01.mp4 29.97 fps 00:00:00:00

图5-86

02 单击【项目】面板中的【新建项】按钮，在弹出的下拉菜单中执行【序列】命令，打开【新建序列】窗口，单击【设置】选项卡，并将【编辑模式】改为【自定义】，对视频和音频的参数进行设置，最后单击【确定】按钮，新建序列，如图5-87所示。

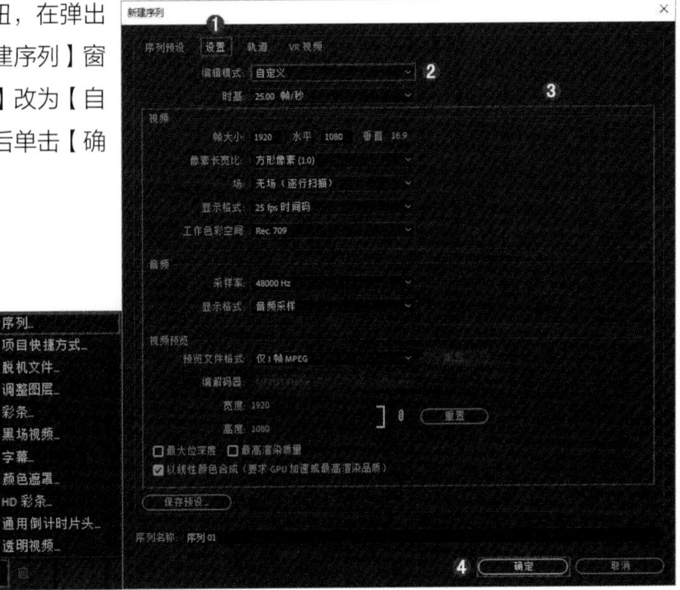

图5-87

03 将【项目】面板中的【视频02.mp4】和【视频01.mp4】分别拖曳到【V1】和【V2】轨道上，如图5-88所示。此时【监视器】面板中的画面如图5-89所示。

图5-88

图5-89

04 在【项目】面板中将雪花素材拖曳到【V3】轨道上，并使其末端与【视频02.mp4】的末端对齐，如图5-90所示。此时【监视器】面板中的画面如图5-91所示。

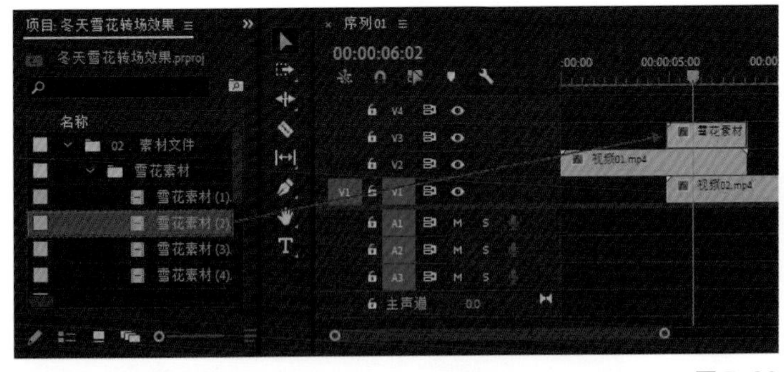

图5-90

图5-91

05 在【效果】面板中搜索【轨道遮罩键】，并将其拖曳到【V2】轨道的素材上，如图5-92所示。然后在【效果控件】面板将【遮罩】设置为【视频3】，【合成方式】改为【亮度遮罩】，并勾选【反向】复选框，如图5-93所示。此时【监视器】面板中的画面如图5-94所示。

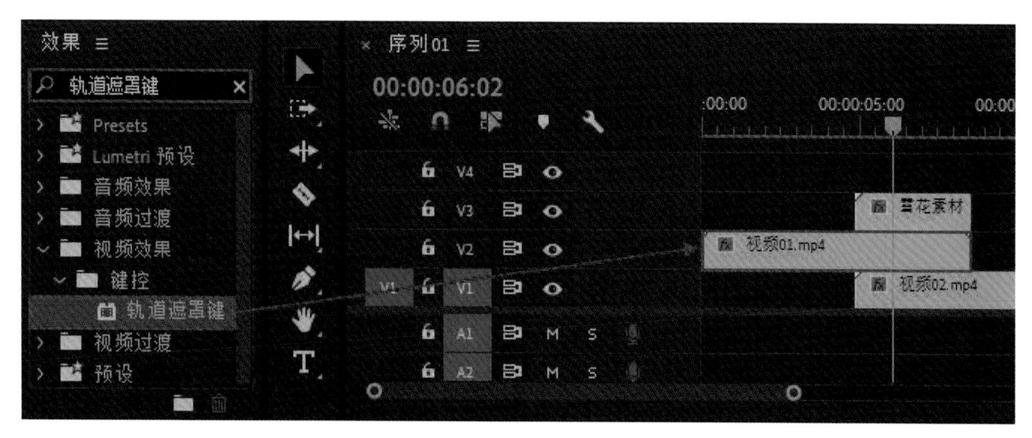

图 5-92

图 5-93

图 5-94

现在我们来看一下最终的效果，可以看到雪花在掉落的过程中会慢慢地渐变显示出下一层视频，渐变的形状也是雪花的样子，非常好看，如图5-95所示。

图5-95

举一反三：制作横向的雪花转场

在本节案例中我们制作的是从下往上的转场效果，那么如何制作从左往右的转场效果呢？我们只需要给素材添加【旋转】效果，将它旋转90度即可。其实旋转参数是可以随意调整的，我们可以制作各个方向上的转场效果。

本节案例的雪花转场效果依然利用了【轨道遮罩键】效果，通过3个案例，相信大家已经明白了这个效果的用法。只要有合适的素材配合【轨道遮罩键】效果，就可以实现很多不同的转场效果。

5.8 实战七：纸张堆叠转场效果

本节我们来制作纸张堆叠转场效果。不同于翻页转场，纸张堆叠转场的效果是层层递进的，比较适合清新风格的场景，如办公场景等，如图5-96所示。

图5-96

01 新建一个项目，在【项目】面板的空白处双击，打开【导入】窗口，选中【02.素材文件】，单击【导入文件夹】按钮，将素材导入【项目面板】，如图5-97和图5-98所示。

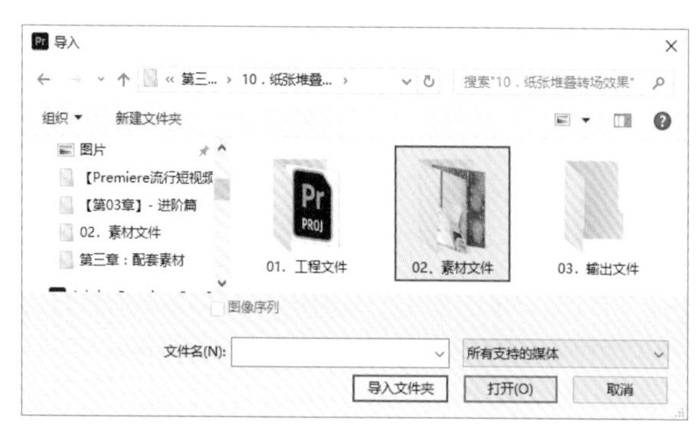

图5-97

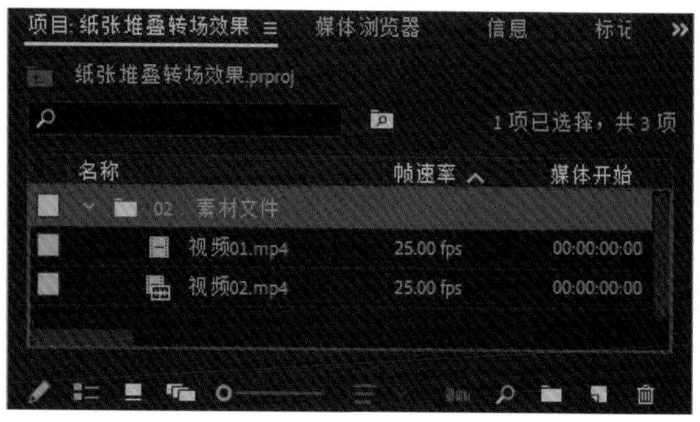

图5-98

02 单击【项目】面板中的【新建项】按钮，在弹出的下拉菜单中执行【序列】命令，打开【新建序列】窗口，单击【设置】选项卡，并将【编辑模式】改为【自定义】，对视频和音频的参数进行设置，最后单击【确定】按钮，新建序列，如图5-99所示。

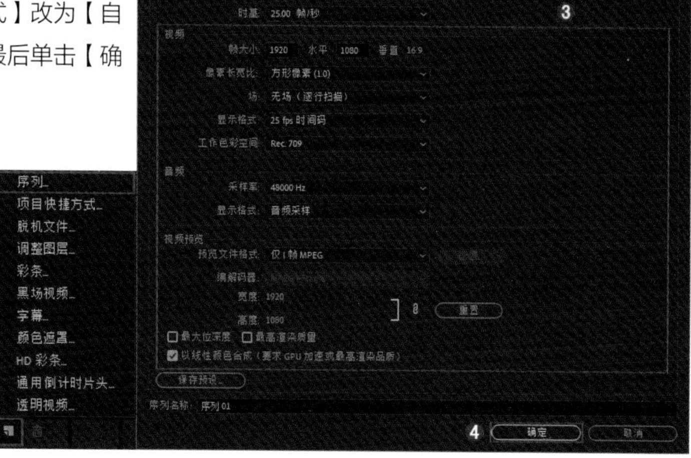

图5-99

03 将【项目】面板中的【视频01.mp4】和【视频02.mp4】分别拖曳到【V1】和【V2】轨道上，如图5-100所示。在【视频02.mp4】素材的前两秒处，用【剃刀工具】将其裁开，如图5-101所示。此时【监视器】面板中的画面如图5-102所示。

图5-100

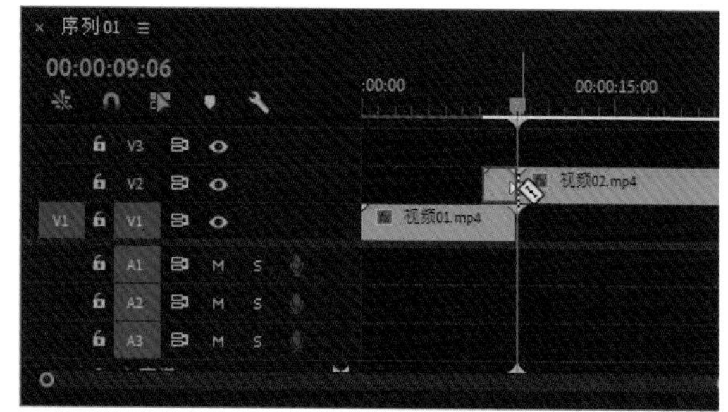

图5-101

图5-102

04 单击选中上一步裁出来的两秒素材，在【效果】面板中搜索【变换】，并将其拖曳到素材上，如图5-103所示。

图5-103

05 将时间线移动到素材的2/3处，如图5-104所示。在【效果控件】面板中给【位置】设置关键帧，如图5-105所示。

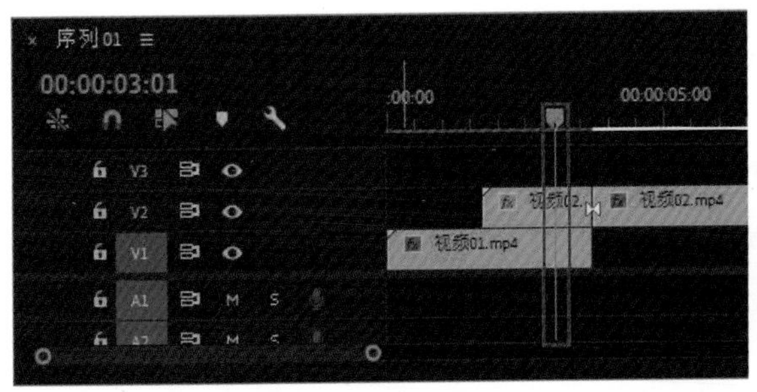

图 5-104

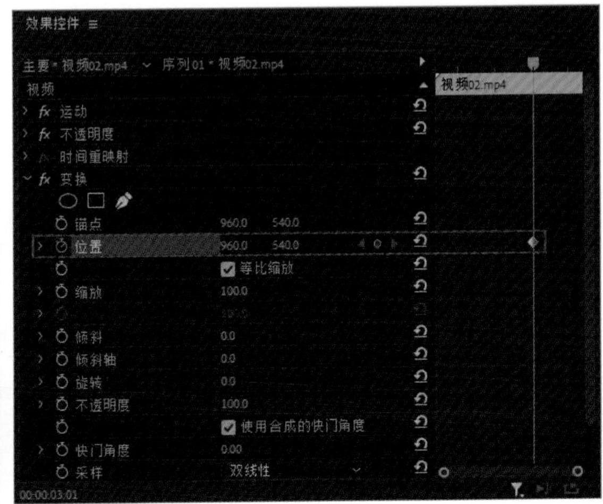

图5-105

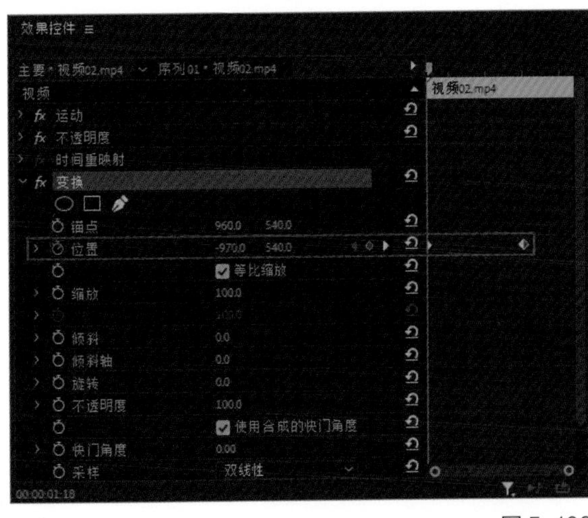

图 5-106

06 将时间线往前移动到裁剪出的素材的最前面，然后将【位置】的数值改为-970，也就是将素材移动到画面之外，如图5-106所示。此时【监视器】面板中的画面如图5-107所示。

图5-107

07 在【效果控件】面板中展开【位置】左侧的小三角，单击关键帧会调出【位置】的速率曲线，单击右边的小手柄并将其向左拖曳，速率曲线会出现一个小山峰，然后取消勾选【使用合成的快门角度】复选框，手动输入【快门角度】的数值为75，如图5-108所示。此时播放视频会发现变换的速度为由快到慢了，并且带有一定的模糊效果。

08 单击选中素材后，再右击，在弹出来的下拉菜单中执行【嵌套】命令，如图5-109所示。打开【嵌套序列名称】窗口，再单击【确定】按钮，如图5-110所示。

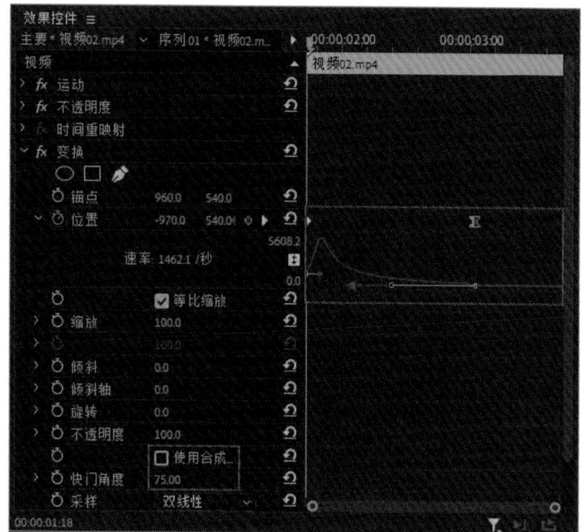

图5-108

图 5-109

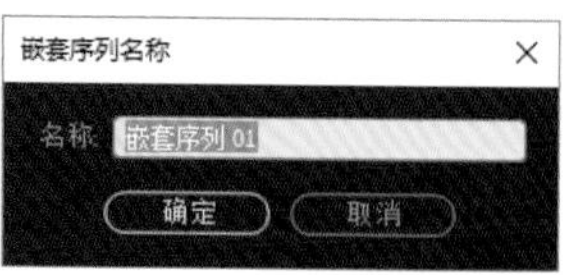

图 5-110

09 在【效果】面板中搜索【残影】，并将其拖曳到嵌套序列上，如图5-111所示。在【效果控件】面板中将第1帧的【残影时间（秒）】改为-0.1，将最后一帧的【残影时间（秒）】改为0，【残影数量】改为6，【残影运算符】改为【从后至前组合】，如图5-112所示。此时【监视器】面板中的画面如图5-113所示。

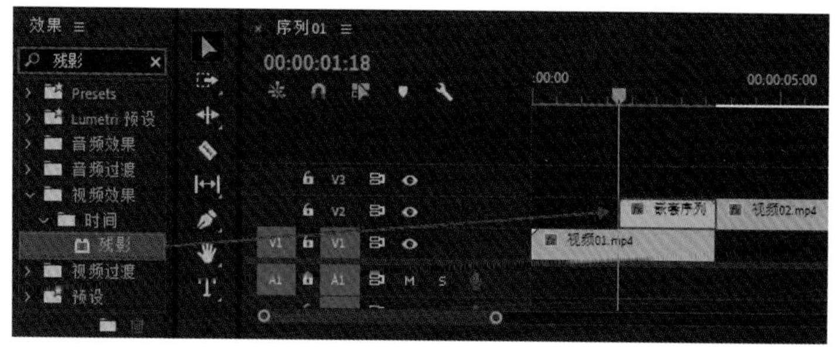

图 5-111

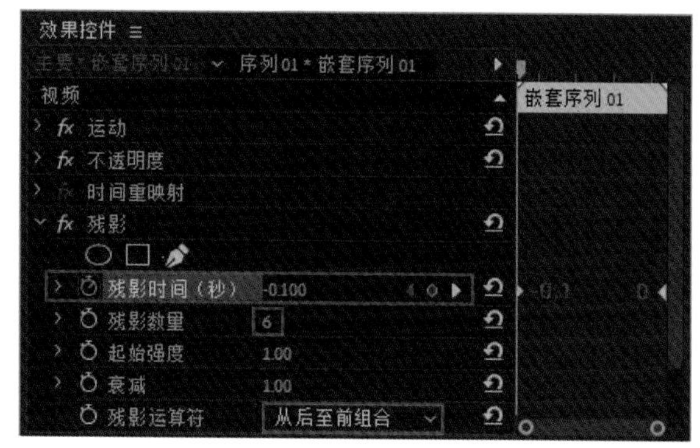

图 5-112

图 5-113

10 在【效果】面板中搜索【径向阴影】，并将其拖曳到嵌套序列上，如图5-114所示。在【效果控件】面板中将【径向阴影】拖曳到【残影】的上面，如图5-115所示。将【径向阴影】中的【投影距离】改为1，【柔和度】改为50，如图5-116所示。

图 5-114

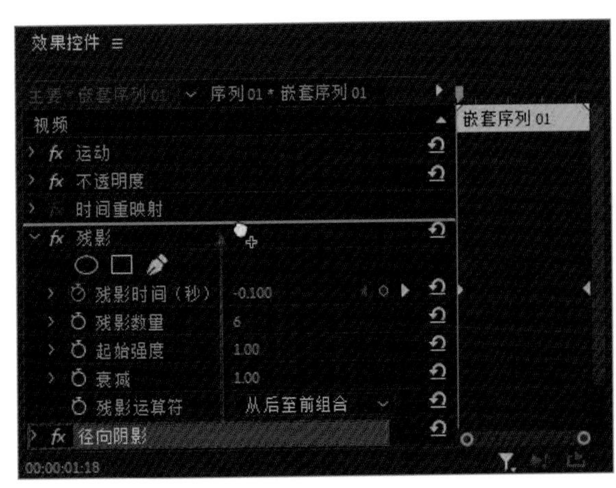

图 5-115

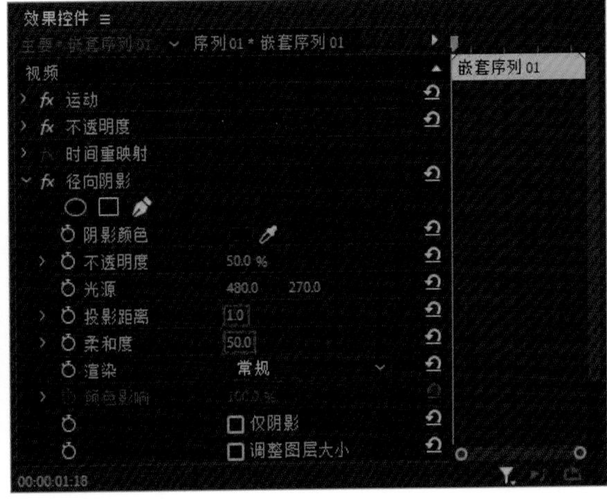

图 5-116

此时一个纸张堆叠转场效果就制作完成了，如图5-117所示。

图 5-117

举一反三：制作撕纸转场效果

如何制作撕纸转场效果？通过【残影】效果，我们制作了纸张堆叠转场效果，那么同样是和纸有关的撕纸转场效果该如何实现呢？这需要用到撕纸的素材，也需要用到【轨道遮罩键】效果。

本节案例制作的纸张堆叠创意转场效果，算是之前学习的【残影】效果的另一种用法。一个效果可以实现很多不同特效，最重要的是如何使用它。

5.9 实战八：渐变擦除转场效果

本节我们来学习Vlog中常用的转场效果——渐变擦除转场效果。这个效果和前面的水墨转场效果有点相似，如图5-118所示。

图 5-118

01 新建一个项目，在【项目】面板的空白处双击，打开【导入】窗口，选中【02.素材文件】，单击【导入文件夹】按钮，将素材导入【项目】面板，如图5-119和图5-120所示。

图 5-119

图 5-120

02 单击【项目】面板中的【新建项】按钮，在弹出的下拉菜单中执行【序列】命令，打开【新建序列】窗口，单击【设置】选项卡，并将【编辑模式】改为【自定义】，对视频和音频的参数进行设置，最后单击【确定】按钮，新建序列，如图5-121所示。

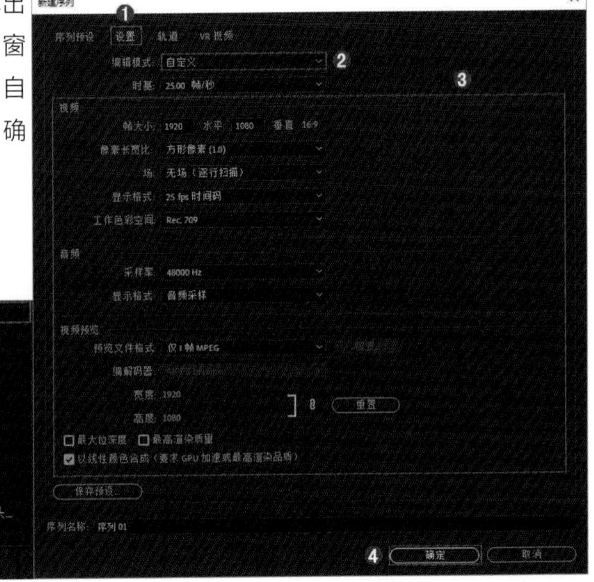

图5-121

03 将【项目】面板中的【视频01.mp4】和【视频02.mp4】分别拖曳到【V2】和【V1】轨道上，并且在【视频01.mp4】素材的后15帧位置用【剃刀工具】将其裁开，如图5-122和图5-123所示。此时【监视器】面板中的画面如图5-124所示。

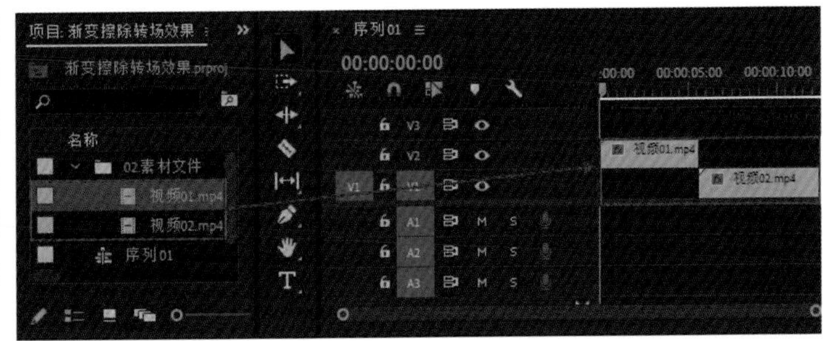

图5-122

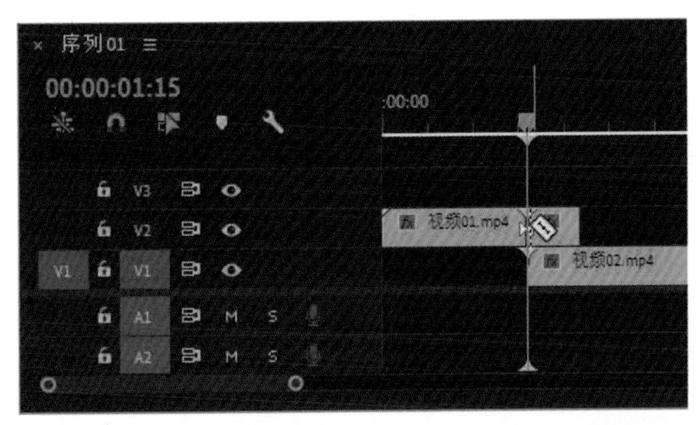

图5-123

图5-124

小贴士

单击【后退一帧】按钮即可往后退一帧，或者按←键也可往后退一帧，如果要往前一帧则按→键即可。那么如何一次性退5帧呢？按Shift+←组合键即可退5帧，反之按Shift+→组合键可前进5帧。

04 在【效果】面板中搜索【渐变擦除】，并将其拖曳到上一步裁出来的15帧素材上，如图5-125所示。然后在【效果控件】面板中单击【过渡完成】前面的【切换动画】按钮，添加一个关键帧，并将【过渡完成】的数值改为0%；再将时间线移动到末尾，将【过渡完成】的数值改为100%，此时会自动添加一个关键帧。为了使两段素材过渡得更加柔和，可以将【过渡柔和度】的数值改为15%，如图5-126所示。

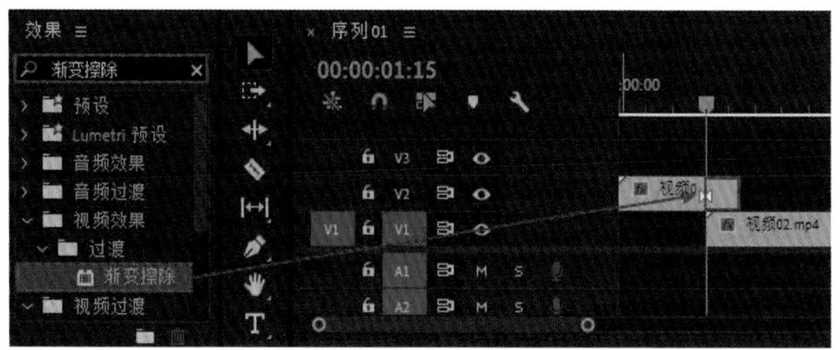

图5-125

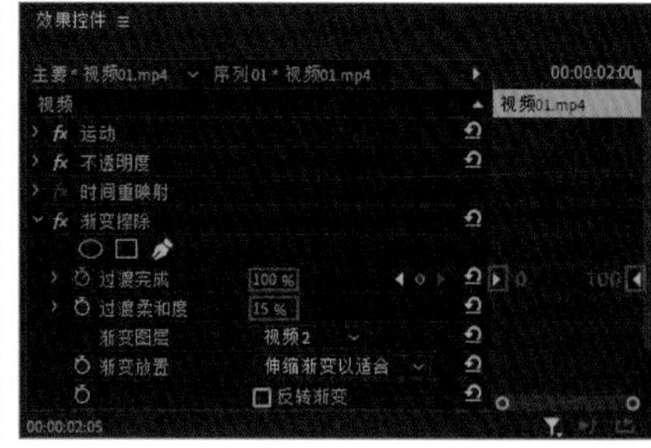

图5-126

05 此时播放视频，可以看到两段素材之间的过渡效果，如图5-127所示。

图5-127

06 也可以在【效果控件】面板中勾选【反转渐变】复选框，如图5-128所示。此时两段素材之间的过渡效果已经有变化了，如图5-129所示。

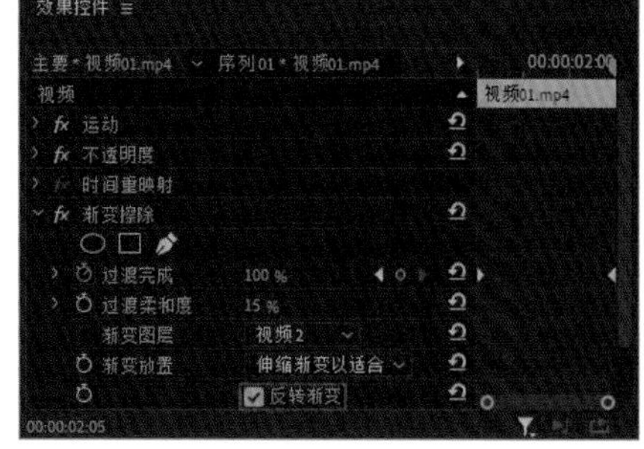

图5-128

图5-129

举一反三：制作马赛克转场效果

马赛克转场效果和之前学习的各种转场效果一样，可以用于Vlog、旅拍等场景，制作方法也很简单。直接给素材添加【马赛克】效果，并调整相关参数，再设置关键帧就可以实现马赛克转场效果。

本节案例主要用到的是Premiere自带的【渐变擦除】效果，原理就是通过改变画面的明暗来实现两段素材的过渡；当然也可以利用关键帧，让渐变的时间延长或者缩短都是可以的。大家在以后的视频制作中都可以用上这样的转场效果。

第6章

06

必不可少的音频特效

6.1 音频特效详解

6.2 实战一：Vlog 常用的视频水下音效

6.3 实战二：模拟礼堂的回音效果

6.4 实战三：模拟打电话时的听筒音效果

6.5 实战四：给音频降噪

6.1 音频特效概述

视频中的声音特别的重要。在Premiere中可以制作、模拟不同的音效，如水下场景中的音乐会变得沉闷一些，还有一些快节奏的转场视频，在两个画面衔接的时候经常用的“嗖——”“呼——”音效。音频特效会让视频更加生动、更有代入感，从而辅助作品的画面产生更丰富的气氛和视觉情感。

6.2 实战一：Vlog 常用的视频水下音效

我们经常会在一些优秀的Vlog中看到跳水的镜头，随着主角跳入水中，视频所配的音乐也变得低沉起来，就像真的在水中听到音乐一样。这样的音频会让人更有代入感和沉浸感，也会让视频更加有吸引力。那本节我们就来学习Vlog常用的水下音效，如图6-1所示。

图 6-1

01 新建一个项目，在【项目】面板的空白处双击，打开【导入】窗口，选中【02.素材文件】文件夹，单击【导入文件夹】按钮，将素材导入【项目】面板，如图6-2和图6-3所示。

图6-2

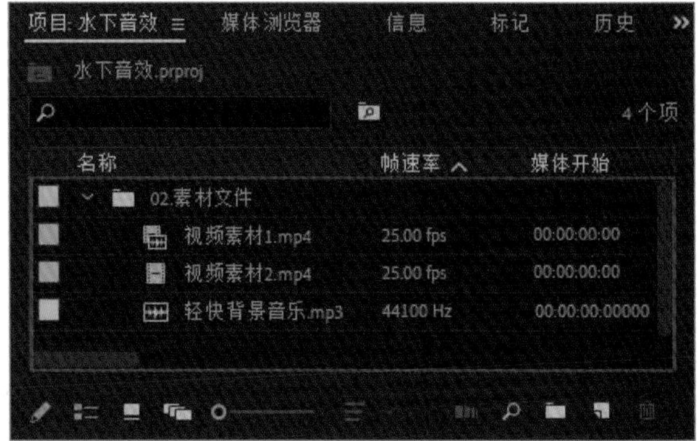

图6-3

02 单击【项目】面板的【新建项】按钮，在弹出的下拉菜单中执行【序列】命令，打开【新建序列】窗口，单击【设置】选项卡，并将【编辑模式】改为【自定义】，对视频和音频的参数进行设置，最后单击【确定】按钮，新建序列，如图6-4所示。

图6-4

03 在【项目】面板中将两段视频素材和一段音频文件拖曳到时间轴上，如图6-5所示。将时间线放在两段视频素材的衔接处，然后单击【剃刀工具】，将音频从此处裁开，如图6-6所示。

图6-5

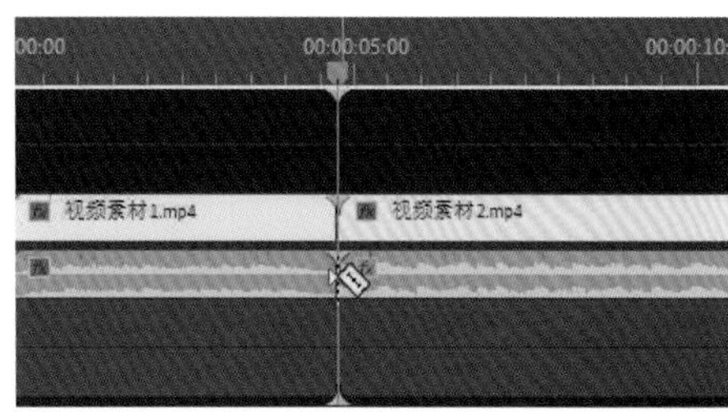

图6-6

04 在【效果】面板中搜索【低通】，并将它拖曳到刚才裁开的音频上，如图6-7所示。在【效果控件】面板中将【屏蔽度】的数值改为800Hz，一个模拟水下音效的效果就制作完成了，如图6-8所示。

图6-7

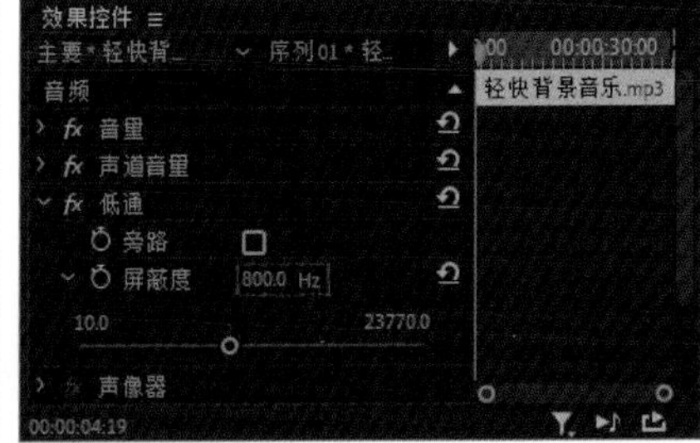

图6-8

05 为了让两段音频之间的过渡更加顺畅，在【效果】面板中找到【恒定功率】，将它拖曳到两段视频之间，如图6-9所示。此时播放起来，两段音乐之间的过渡就会顺畅一些。

图6-9

举一反三：用“图形均衡器”实现水下音效

给音频添加【低通】效果，并在【效果控件】面板中调整【屏蔽度】的参数值就可以实现水下的效果，参数值不同所达到的最终效果也有细微的差别。它是通过屏蔽或抑制音频的某个波段来实现的，既然如此，可以用其他方法来实现这种效果，如给它添加【图形均衡器】效果，并通过手动调整波段来实现这种效果。

本节案例主要使用的是音频效果中的【低通】效果，其原理是比规定频率低的信号可以通过，比规定频率高的信号会被过滤掉，这样就会让音频只保留低频部分，从而变得沉闷、低沉。

6.3 实战二：模拟礼堂的回音效果

本节我们来讲解礼堂回音效果的制作方法，如图6-10所示。

图6-10

01 在【项目】面板的空白处双击，打开【导入】窗口，选中【02.素材文件】文件夹，单击【导入文件夹】按钮，将素材导入【项目】面板，如图6-11和图6-12所示。

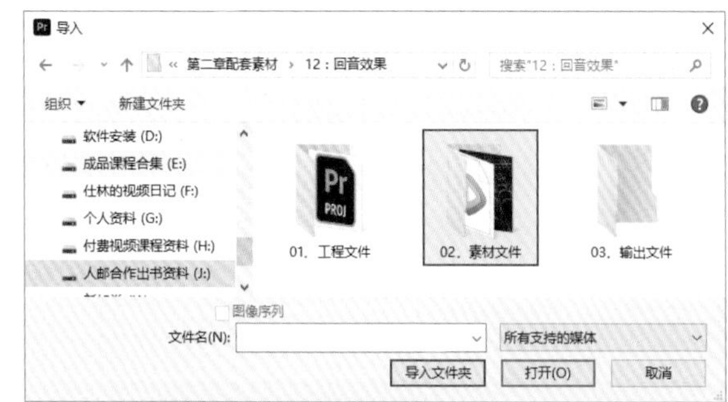

图 6-11

图 6-12

02 单击【项目】面板中的【新建项】按钮，在弹出的下拉菜单中执行【序列】命令，打开【新建序列】窗口，单击【设置】选项卡，并将【编辑模式】改为【自定义】，对视频和音频的参数进行设置，最后单击【确定】按钮，新建序列，如图6-13所示。

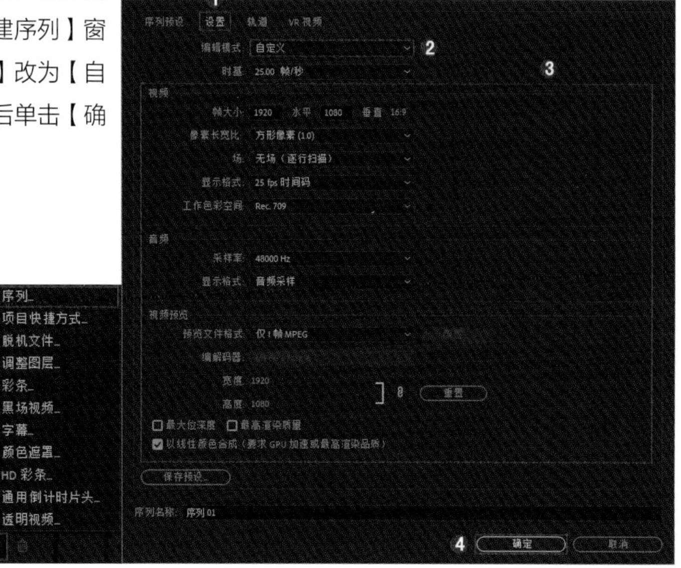

图 6-13

03 将【项目】面板中的视频素材和音频素材分别拖曳到【时间轴】的视频轨道和音频轨道上，如图6-14所示。此时按空格键播放，播放的只是一段正常的音频，同时【监视器】面板中的画面如图6-15所示。

图 6-14

图 6-15

方法1：

在【效果】面板中搜索【延迟】，并将它拖曳到【A1】轨道的音频上，如图6-16所示；然后在【效果控件】面板中将【延迟】的数值修改为0.15，如图6-17所示，此时播放视频就会有回音的效果了。

图6-16

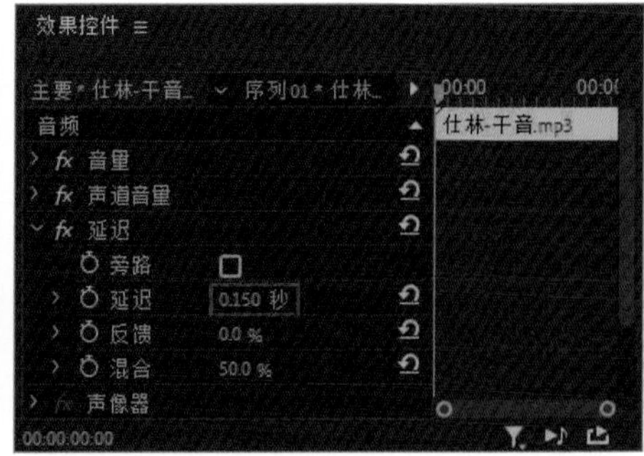

图6-17

方法2：

在【效果】面板中搜索【模拟延迟】，并将它拖曳到【A1】轨道的音频上，如图6-18所示。

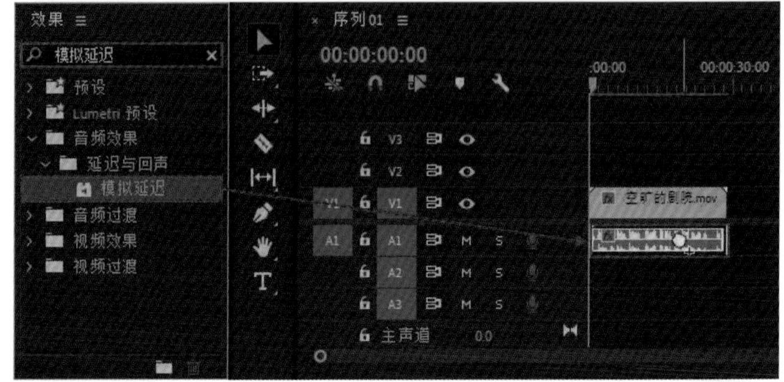

图6-18

在【效果控件】面板中单击【编辑】按钮，会弹出一个【剪辑效果编辑器】窗口，把【预设】更改为【（默认）】，同样可以实现回音的效果，如图6-19和图6-20所示。

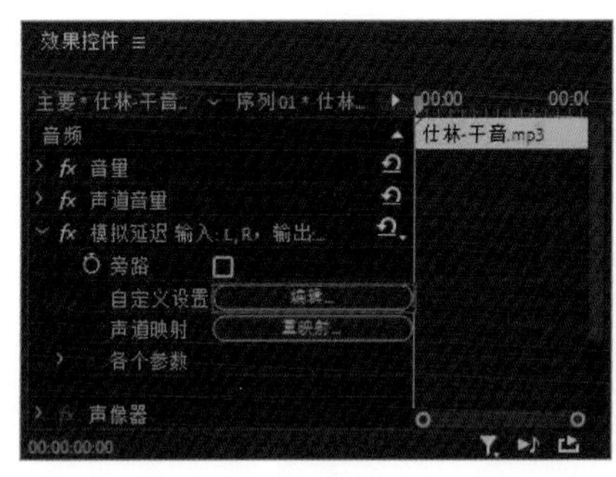

图6-19

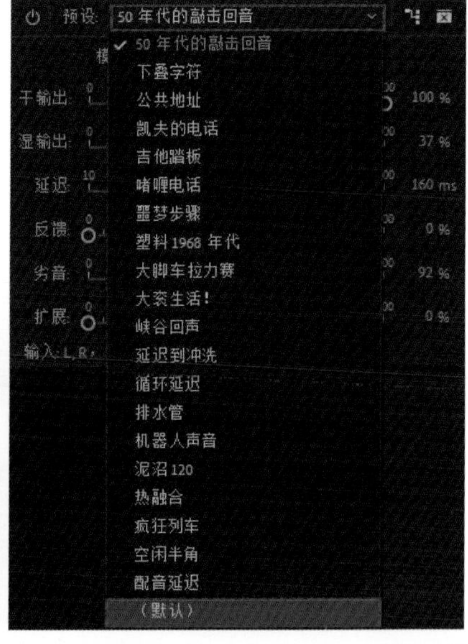

图6-20

举一反三：模拟空旷的大山回音

本案例介绍了两种实现礼堂回音效果的方法，可以用于微电影或者宣传片中人物礼堂讲话的场景。如果遇到主角在山谷、峡谷呼喊的场景，该如何实现回音的效果呢？在本节案例中，方法2的【预设】中就有【峡谷回声】效果，直接使用即可。

本节案例我们制作的是礼堂的回音效果，要实现回音效果主要是让上一个声音和下一个声音之间有延迟，添加音频效果里面的【延迟】效果可以模拟出回音的效果。

6.4 实战三：模拟打电话时的听筒音效果

在剪辑视频时，经常需要运用一些特殊的音效，例如需要把一段音频处理成类似打电话或者广播里的声音，我们不可能用手机或者专门跑到广播站去录一段音频，这些音效在Premiere里就可以实现。本节就来讲解如何制作打电话时的听筒音效果。

01 新建一个项目，在【项目】面板的空白处双击，打开【导入】窗口，选中【02.素材文件】文件夹，单击【导入文件夹】按钮，如图6-21所示，将素材导入【项目】面板，如图6-22所示。

图 6-21

图6-22

02 单击【项目】面板中的【新建项】按钮，在弹出的下拉菜单中执行【序列】命令，打开【新建序列】窗口中，单击【设置】选项卡，并将【编辑模式】改为【自定义】，对视频和音频的参数进行设置，最后单击【确定】按钮，新建序列，如图6-23所示。

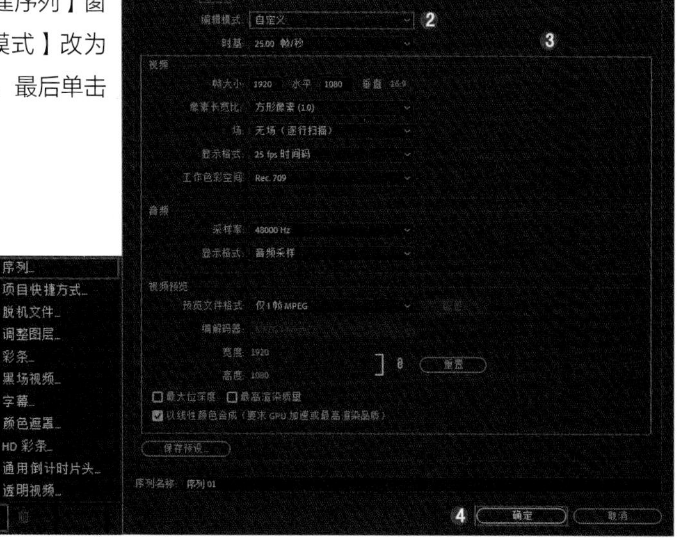

图6-23

03 将【项目】面板中的图片素材和音频素材分别拖曳到【时间轴】的视频轨道和音频轨道上，如图6-24所示。此时【监视器】面板中的画面如图6-25所示。

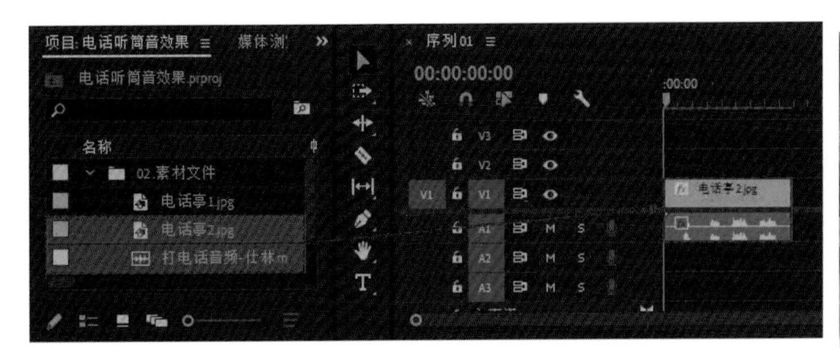

图6-24

图6-25

方法1：

在【效果】面板中搜索【多频段压缩器】，并将它拖曳到【A1】轨道的音频上，如图6-26所示。

图6-26

在【效果控件】面板中单击【编辑】按钮，如图6-27所示。打开【剪辑效果编辑器】窗口，将【预设】改为【对讲机】，即可实现电话听筒音的效果，如图6-28所示。

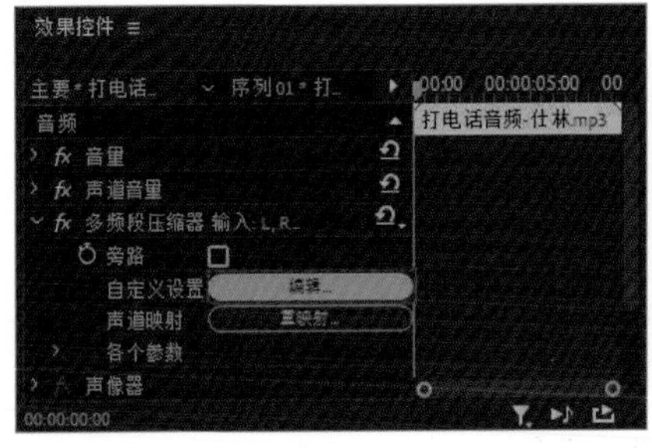

图6-27

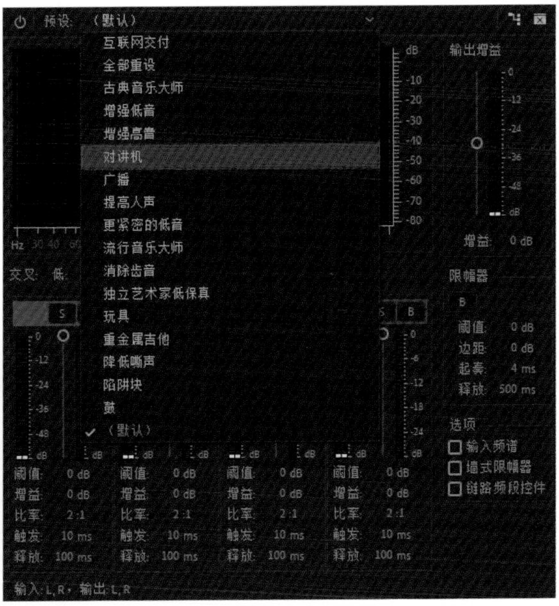

图6-28

方法2：

在菜单栏中执行【窗口】-【基本声音】命令，打开【基本声音】面板，此时单击【对话】按钮，如图6-29所示。

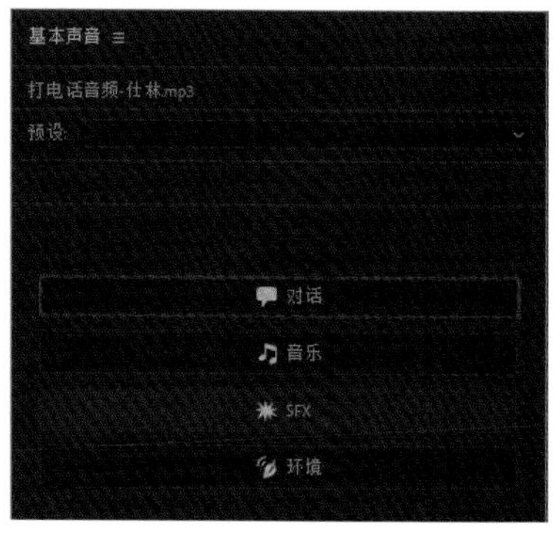

图 6-29

将【EQ】的【预设】改为【电话中】，根据不同的音色去调整【数量】的数值，以本节的音频素材为例，将【数量】的数值改为9，如图6-30所示。此时就实现了电话听筒音的效果。

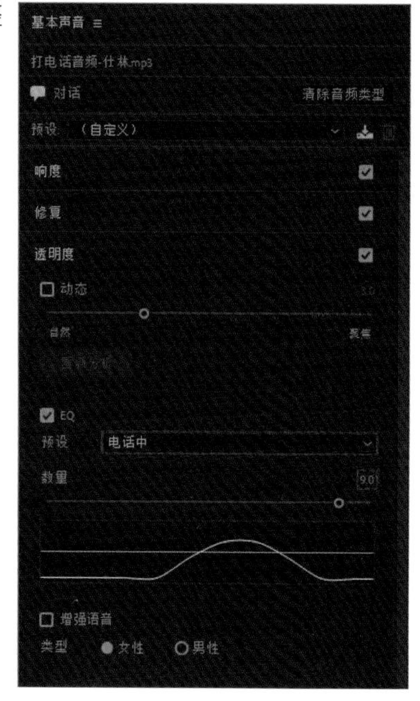

图 6-30

举一反三：模拟老磁带播放的声音

学会了模拟打电话时的听筒音效果，那如何模拟老磁带播放的声音呢？先来简单分析一下老磁带播放的特点：它有时候会伴随故障音效，播放起来不是很流畅。所以可以利用一些故障音效，将它们混合起来播放，也可以利用关键帧来控制音量的大小以模拟断断续续的感觉。

本节案例分别通过【多频段压缩器】和【基本声音】来实现电话听筒音的效果，除了【电话中】的预设，大家也可以试试其他预设。需要注意的是，每个人的音色是不一样的，添加完预设后还需要手动进行微调才能达到理想的效果。

6.5 实战四：给音频降噪

一个精美的视频，除了要有好的画面，还要有一个好的声音。好的声音应该是圆润、饱满的，如果做不到这两点至少也应该做到清晰。在录制音频的时候因为环境等原因，不可避免地会有一些杂音和底噪，那么该如何去除这些底噪呢？本节我们就来学习如何给音频降噪，如图6-31所示。

图6-31

01 新建一个项目，在【项目】面板的空白处双击，打开【导入】窗口，选中【02.素材文件】文件夹，单击【导入文件夹】按钮，将素材导入【项目】面板，如图6-32和图6-33所示。

图6-32

图6-33

02 单击【项目】面板中的【新建项】按钮，在弹出的下拉菜单中执行【序列】命令，打开【新建序列】窗口，单击【设置】选项卡，并将【编辑模式】改为【自定义】，对视频和音频的参数进行设置，最后单击【确定】按钮，新建序列，如图6-34所示。

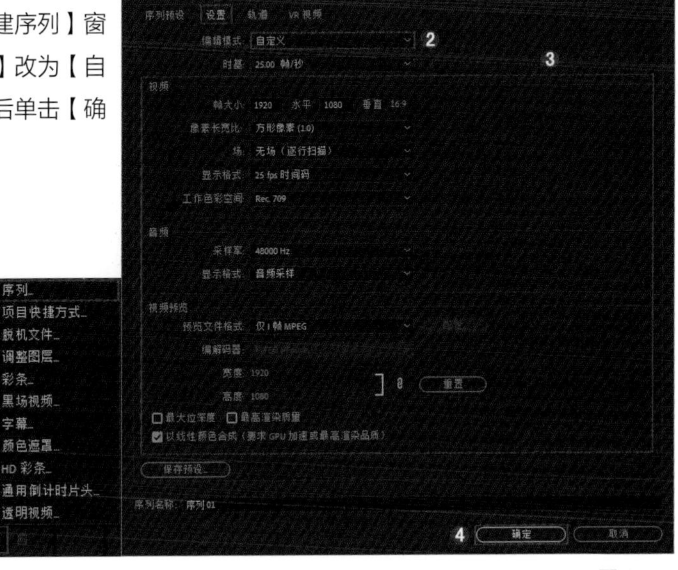

图6-34

03 将【项目】面板的视频素材和音频素材分别拖曳到【时间轴】的视频轨道和音频轨道上，如图6-35所示。

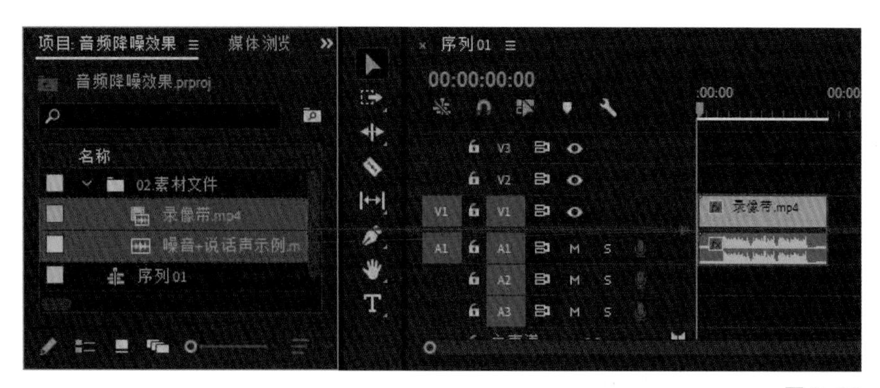

图 6-35

04 观察【A1】轨道上的音频，可以看到在开头和结尾没有说话的部分依然有音频的波形出现，说明是有底噪的，如图6-36所示。

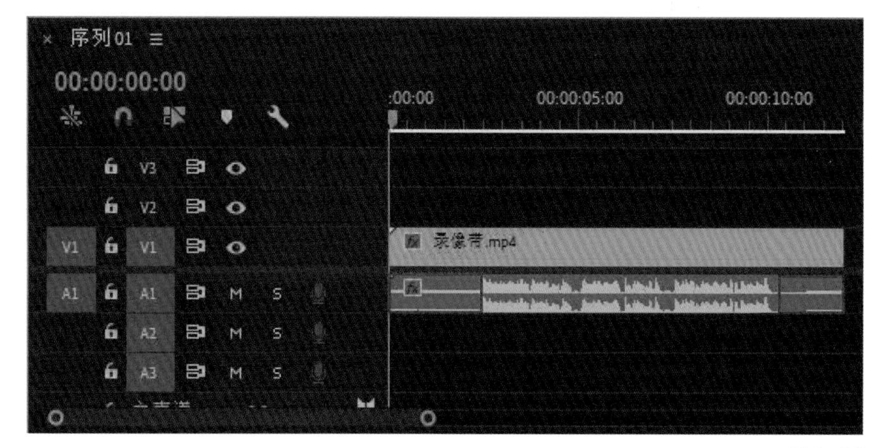

图 6-36

05 在【效果】面板中搜索【降噪】，并将它拖曳到【A1】轨道的音频上，如图6-37所示。

图 6-37

06 在【效果控件】面板中单击【编辑】按钮，如图6-38所示。打开【剪辑效果编辑器】窗口，根据音频底噪的大小，可以在【预设】里选择【强降噪】或者【弱降噪】。选择好预设后，即可为当前的音频进行降噪，如图6-39所示。

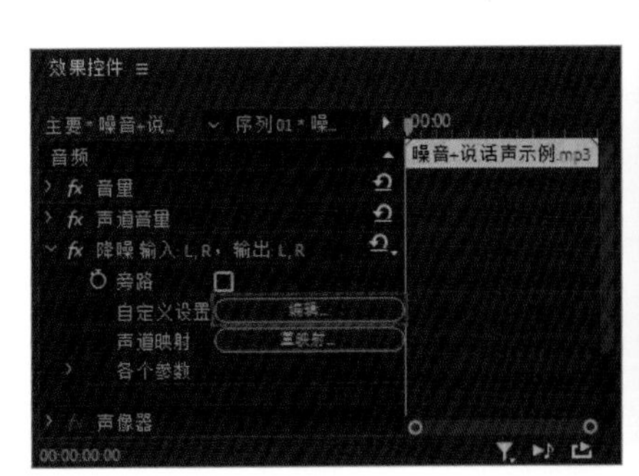

图 6-38

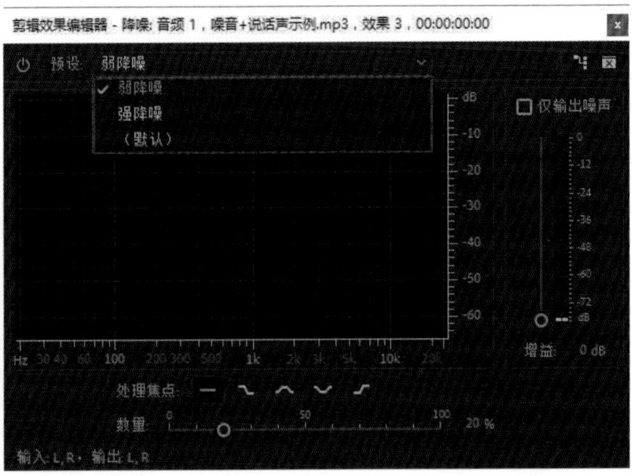

图 6-39

举一反三：添加环境噪声

学会了通过降噪让音频听起来更加清晰后，有时候在处理音频时，反而需要给它添加一些环境噪声，我们可以去网上找一些环境噪声，将二者并列播放。

利用Premiere自带的【降噪】效果就可以给音频去除杂音。因为录制设备、录制环境，以及每个人音色的不同，大家可以自行选择【弱降噪】或【强降噪】。实际操作需要大家自己去尝试，不过处理方法都是一样的。

遮罩

第7章

07

7.1 遮罩的简单使用

遮罩（mask）用于把画面的某一部分遮住，遮罩的部分为被保留的部分，会显示出来；而遮罩之外的就是挖走的部分，不会显示出来。遮罩的基本作用就是控制画面哪些部分显示，哪些部分不显示。

下面通过案例来演示遮罩的使用方法。

01 在菜单栏中执行【文件】-【新建】-【项目】命令，打开【新建项目】窗口，更改【名称】为【遮罩实战案例一】，单击【浏览】按钮设置保存路径，单击【确定】按钮，如图7-1和图7-2所示。

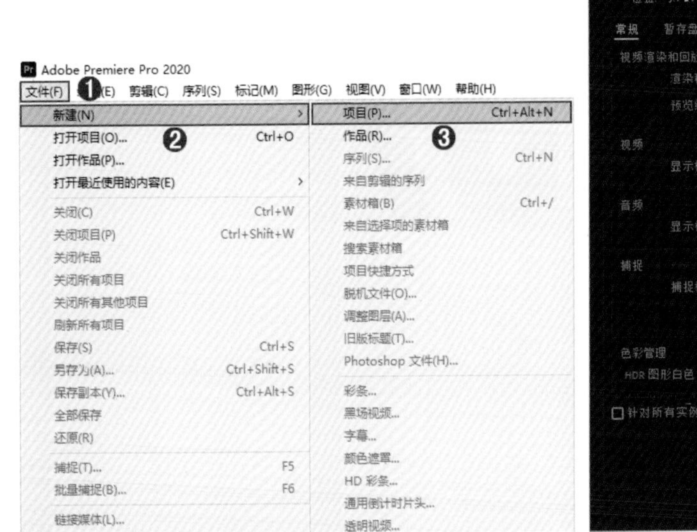

图 7-1

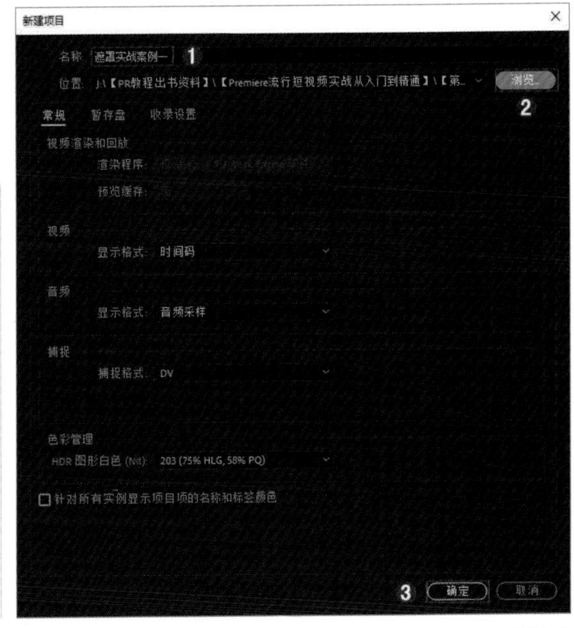

图7-2

02 在【项目】面板的空白处双击，打开【导入】窗口，选中【02.素材文件】文件夹，单击【导入文件夹】按钮，如图7-3所示，将素材导入【项目】面板。

图7-3

03 单击【项目】面板中的【新建项】按钮，在弹出的下拉菜单中执行【序列】命令，打开【新建序列】窗口，单击【设置】选项卡，并将【编辑模式】改为【自定义】，对视频和音频的参数进行设置，最后单击【确定】按钮，新建序列，如图7-4和图7-5所示。

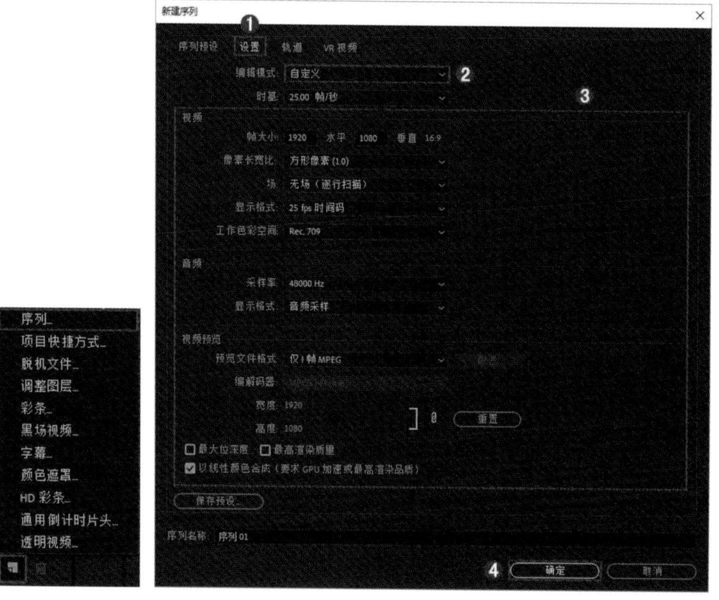

图7-4

图7-5

04 将【项目】面板的【芦苇.mp4】和【树叶.mp4】分别拖曳到【V1】和【V2】视频轨道上，如图7-6所示。此时【监视器】面板中的画面如图7-7所示。

看到只显示了【V2】轨道上的树叶素材，而【V1】轨道上的芦苇素材并没有被显示出来，这就说明视频轨道之间也是有层级关系的，上层的素材会盖住下层的素材，这也是运用遮罩的一个基本前提。

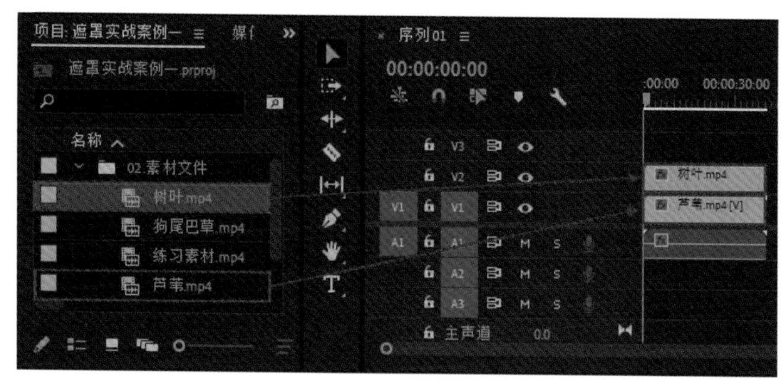

图7-6

图7-7

05 单击【V2】轨道上的【树叶.mp4】将它激活，然后在【效果控件】面板中单击【不透明度】下的【创建椭圆环形蒙版】按钮，此时可以发现【不透明度】下多了一个【蒙版（1）】，如图7-8所示。此时【监视器】面板中的画面如图7-9所示。

可以看到，给【V2】轨道上的树叶素材设置蒙版后，它只会显示被圈出来的椭圆形部分，而其他区域则被刚才没有显示的【V1】轨道上的芦苇素材填充了。

06 在【效果控件】面板中勾选【已反转】复选框，如图7-10所示。可以看到【监视器】面板中的画面与之前的情况完全反过来了，如图7-11所示。

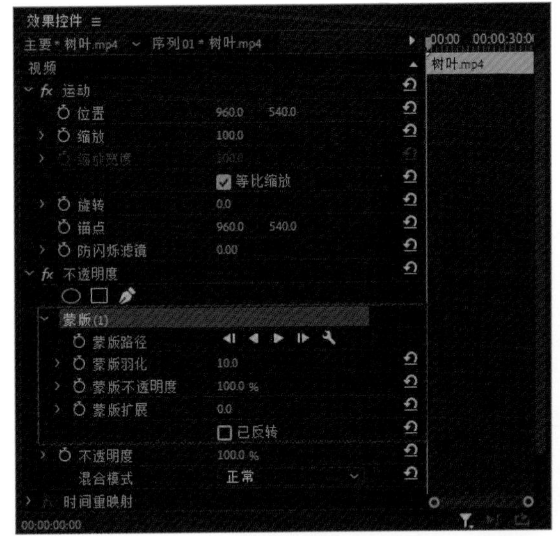

图7-8

图7-9

图7-10

图7-11

07 在【效果控件】面板中，蒙版参数也是可以调整的，例如我们把【蒙版羽化】的数值改为0，如图7-12所示。可以看到蒙版的边缘没有之前那么柔和了，如图7-13所示。

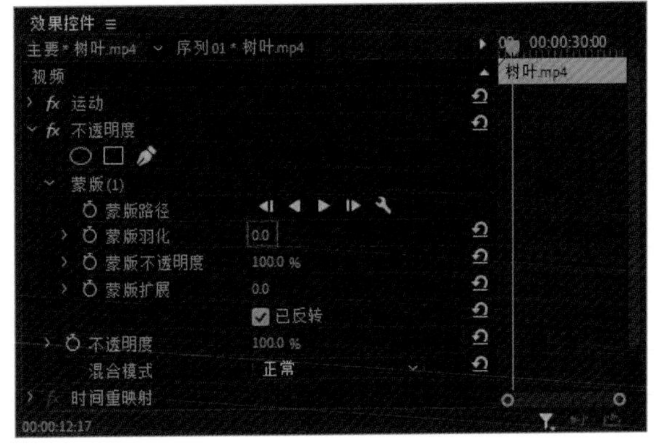

图7-12

图7-13

7.2 实战一：人走过后文字出现的效果

遮罩在短视频中应用得特别多，尤其是Vlog等视频，常用来做无缝转场，如常见的遮挡物转场等。接下来就通过实际案例来了解一下遮罩的应用。

01 将【项目】面板中的【练习素材.mp4】拖曳到【V1】视频轨道上，如图7-14所示。此时【监视器】面板中的画面如图7-15所示。

02 需要实现的效果是当视频中人物走过的时候，让文字标题显示出来。需要新建一个文字标题，单击【文字工具】按钮，在【监视器】面板的画面中输入文字并修改文字的字体、大小和位置，如图7-16所示。

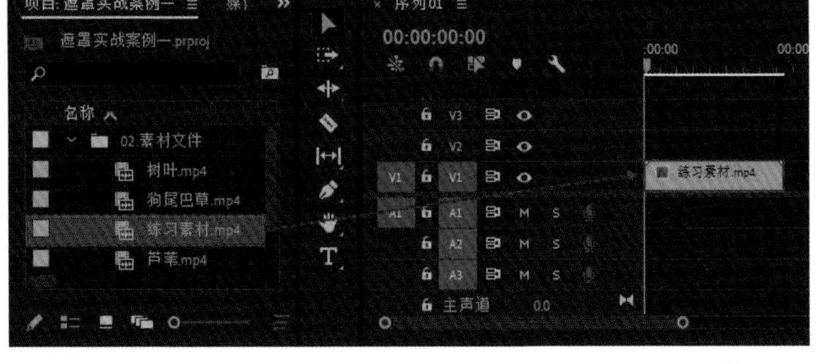

图7-14

图7-15

图7-16

03 单击【V2】轨道上的文字将其激活，然后在【效果控件】面板中单击【钢笔工具】按钮，在文字的末端单击绘制第一个点，再在文字的起始位置单击绘制第二个点。接着沿着背包的轮廓继续绘制遮罩，再单击刚才绘制的第一个点，即可使曲线闭合，如图7-17和图7-18所示。

图7-17

图7-18

04 在【效果控件】面板中勾选【已反转】复选框，如图7-19所示。可以看到【监视器】面板的画面中文字已经不显示了，如图7-20所示。

图7-19

图7-20

05 在【效果控件】面板中单击【蒙版路径】左侧的【切换动画】按钮，添加位置关键帧，如图7-21所示。每往后移动一帧，就将刚才绘制好的蒙版向前移动一点，让其贴合背包的轮廓，如图7-22所示。重复以上步骤，直至文字整个都显示出来，如图7-23所示。

图7-22

图7-21

图7-23

此时播放视频，可以看到文字依次从人身后出现，如图7-24所示。

图 7-24

举一反三：制作其他文字遮罩效果

本节案例主要就是利用遮罩，明白遮罩的使用方法之后，很多Vlog等视频的特效就能够理解了。另外也可以想想利用遮罩还能做出什么效果，例如汽车开过后文字出现的效果或者游轮等其他的物体离开后文字出现的效果，方法都是一样的。

7.3 实战二：Vlog 无缝遮罩转场效果

7.2节了解了遮罩的使用方法和应用场景，并通过案例进行了练习，本节就来学习Vlog无缝遮罩转场效果的制作方法，如图7-25所示。

图 7-25

图 7-25（续）

本案例也是通过绘制遮罩来控制素材显示的部分和不显示的部分，不显示的部分可以给它填充其他素材，这样就能做到两段素材的无缝衔接了。

这种无缝转场效果对素材也有一定的要求。绘制遮罩的部分必须要有一个遮挡物，如栏杆和大树等，而且这个遮挡物要能滑过整个屏幕，要有入画和出画的过程。

接下来结合案例来详细讲解一下。

01 新建一个项目，在【项目】面板的空白处双击，打开【导入】窗口，选中【02.素材文件】文件夹，如图7-26所示。单击【导入文件夹】按钮，将素材导入【项目】面板，如图7-27所示。

图 7-26

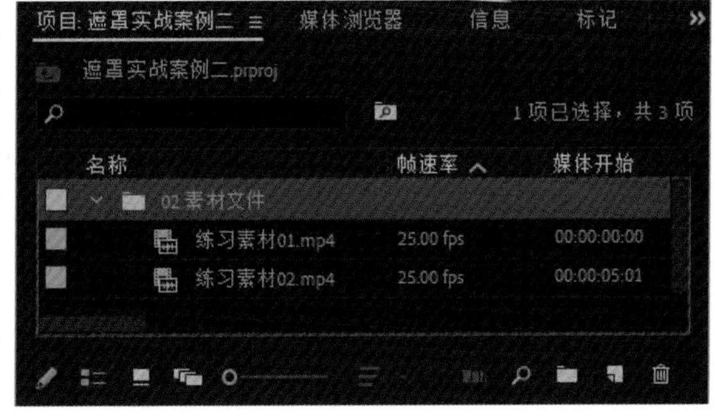

图 7-27

02 单击【项目】面板中的【新建项】按钮，在弹出的下拉菜单中执行【序列】命令，打开【新建序列】窗口，单击【设置】选项卡，并将【编辑模式】改为【自定义】，对视频和音频的参数进行设置，最后单击【确定】按钮，新建序列，如图7-28所示。

03 将【项目】面板中的【练习素材01.mp4】和【练习素材02.mp4】分别拖曳到【V2】和【V1】的视频轨道上，如图7-29所示。此时【监视器】面板中的画面如图7-30所示。

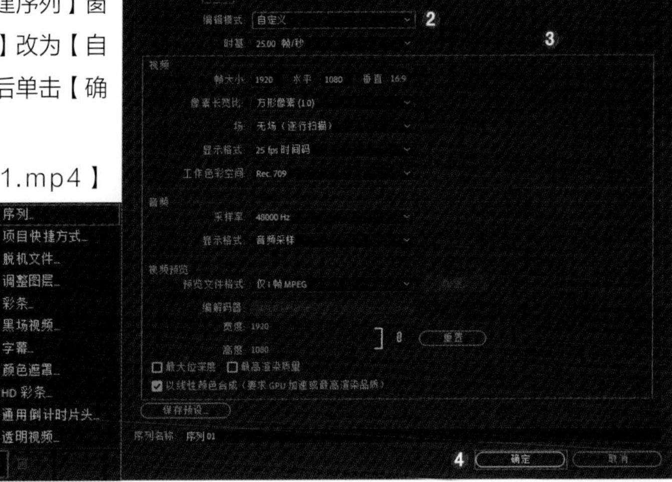

图 7-28

图7-29

图7-30

04 将时间线移动到2秒24帧的位置，这里是整个柱子要滑过屏幕的起始位置，然后将【练习素材02.mp4】往后拖曳，与时间线对齐，如图7-31所示。

05 在【监视器】面板的左下角，将缩放级别改为25%，然后开始绘制遮罩，如图7-32所示。

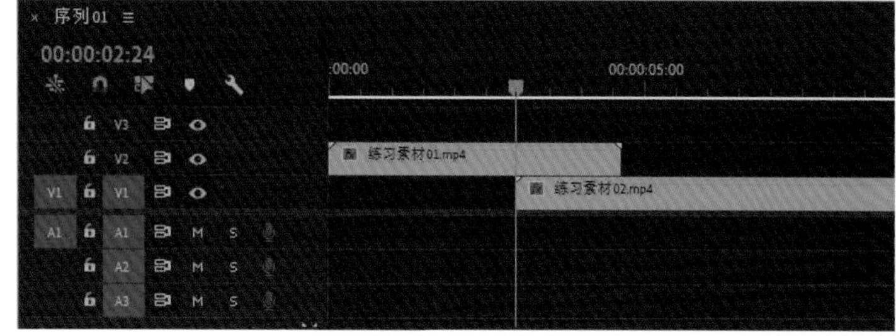

图7-31 图7-32

06 单击【V2】轨道上的练习素材将其激活，然后在【效果控件】面板中单击【钢笔工具】按钮，在【监视器】面板中绘制遮罩，如图7-33所示。接着在【效果控件】面板中勾选【已反转】复选框，如图7-34所示。

图7-33

图7-34

07 在【效果控件】面板中单击【蒙版路径】左侧的【切换动画】按钮，添加位置关键帧，如图7-35所示。接着每往后移动一帧，就将刚才绘制好的蒙版向前移动一点，注意让其贴合遮挡物柱子的轮廓，如图7-36和图7-37所示。重复以上步骤直至【V1】轨道上的素材全部显示出来，如图7-38所示。

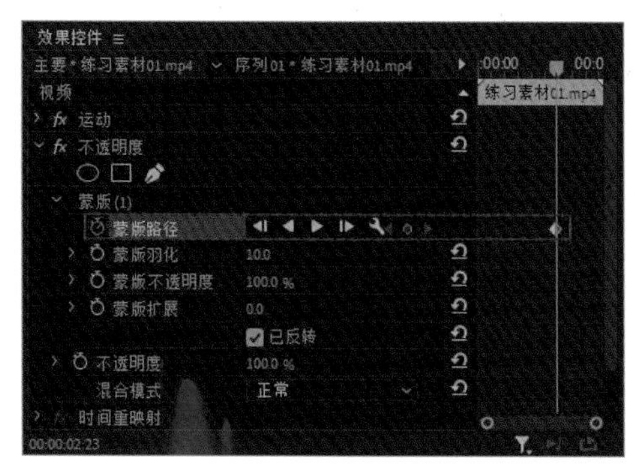

图7-35

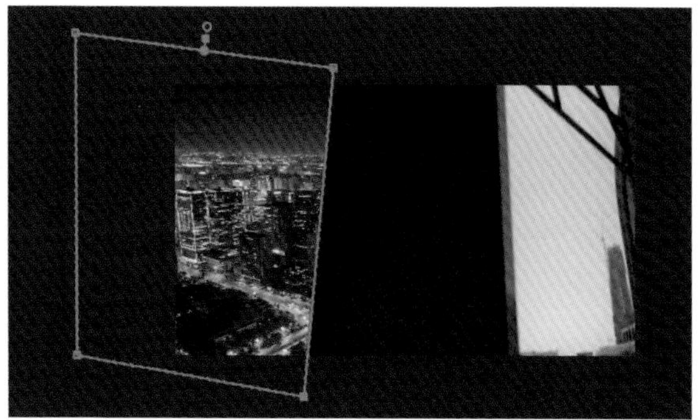

图7-36

图7-37

图7-38

08 此时播放视频就可以看到无缝转场效果了，当第一个画面的遮挡物滑过屏幕的时候，第二个画面就从它的后面出来，做到了两个画面的无缝衔接，如图7-39所示。

图7-39

举一反三：制作任意门效果

本案例用到的是遮罩抠像，使用钢笔工具画出一部分，然后使这部分变成透明的，这样就能让下一层轨道画面显示出来，形成无缝转场效果。这样的效果在Vlog、旅拍、快剪中经常用到。任意门的效果也可以使用这样的方法完成，只需要用钢笔工具将门的轮廓抠出来就好了。

第8章 08 抠像功能

8.1 抠像原理及绿幕和蓝幕的区别

在后期剪辑视频时，为了让视频看起来更加炫酷，会经常给视频添加一些特殊效果。绿幕抠图的后期特效也是一项增强视觉效果的技术，本节就来学习如何进行绿幕抠图，如图8-1所示。

图 8-1

抠像的主要原理是通过去掉画面中某一种特定的颜色，从而获得一个背景透明的视频，然后加入素材替换掉原来的背景。虚拟演播厅、电影特效和直播等都会用到抠像。

为什么一定是绿幕和蓝幕？

第一，采集图像的摄像机的三原色是红绿蓝，如图8-2所示，感光芯片也是遵循三原色原理，但是信号的采集是RGGB，也就是有两份绿色，所以摄像机对绿色是最敏感的。

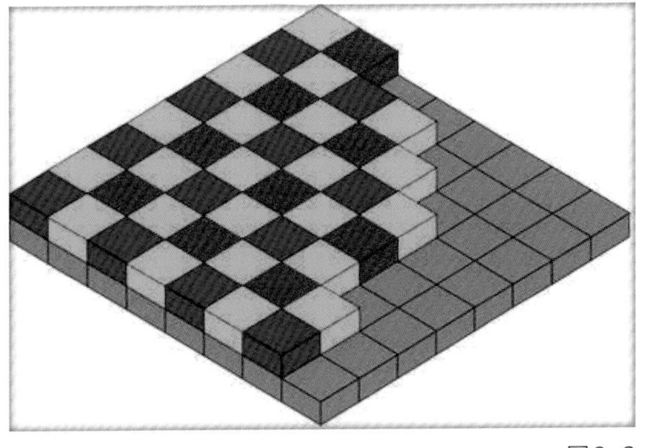

图8-2

第二，绿色和蓝色是人体肤色最少的颜色，它们与肤色的反差最大，一般人的肤色，尤其是亚洲人，多为暖色调（偏红或偏黄），因此如果是红幕的话，抠像时人体会受影响，蓝幕在亚洲应用得也比较广泛。因为欧洲很多人的眼睛是蓝色的，所以欧洲和好莱坞大多数是用绿幕。

以绿色或蓝色为背景，方便后期抠像时干净地去除背景色彩，同时不损害主体的色彩表现。

如果是我们自己拍摄绿幕素材的话，前期拍摄时的注意事项如下。

1.保证绿幕的平整性。务必保证绿幕的平整性，如果有褶皱，绿幕背景是很难被抠干净的。

2.保证光源照射的均匀性。如果照射到绿幕上的光线不是很均匀，会影响到后期抠像的效果。

3.保持人物与绿幕背景的距离。人物和绿幕千万不能贴得太紧，最好距离2米左右（但也要考虑实际的应用场景）。由于人物和衣服的边缘容易反射绿色光线（尤其是白色衣服会更明显），因此后期抠像容易把人物边缘也给抠掉。

4.服装切勿与背景颜色一致或相近。如果服装与背景颜色一致或相近，则容易抠掉人物。

8.2 实战一：巧用超级键抠除背景

本节用两个小案例来练习一下绿幕抠像，如图8-3所示。

图 8-3

8.2.1 抠除绿幕背景

01 新建一个项目，在【项目】面板的空白处双击，打开【导入】窗口，选中【02.素材文件】文件夹，单击【导入文件夹】按钮，将素材导入【项目】面板，如图8-4和图8-5所示。

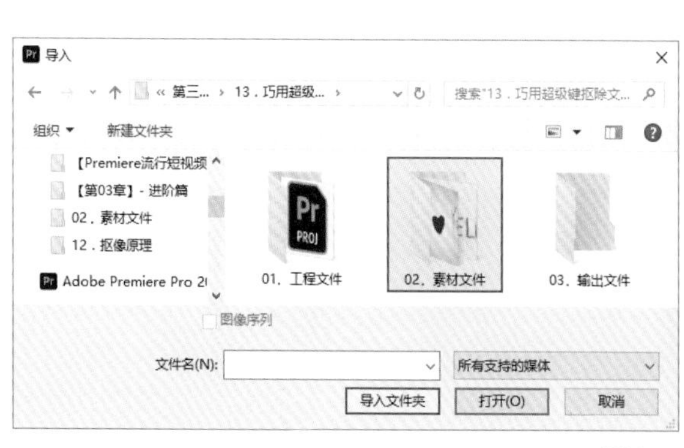

图 8-4

项目: 绿幕抠像案例一 ≡ 媒体浏览器 信息 标记

绿幕抠像案例一.prproj

1 项已选择，共 6 项

名称	帧速率	媒体开始
02.素材文件		
图片01.jpg		
图片02.jpg		
图片03.jpg		
星空背景.mp4	25.00 fps	00:00:00:00
太空宇航员.mp4	25.00 fps	00:00:00:00

图 8-5

02 单击【项目】面板中的【新建项】按钮，在弹出的下拉菜单中执行【序列】命令，打开【新建序列】窗口，单击【设置】选项卡，并将【编辑模式】改为【自定义】，对视频和音频的参数进行设置，最后单击【确定】按钮，新建序列，如图8-6所示。

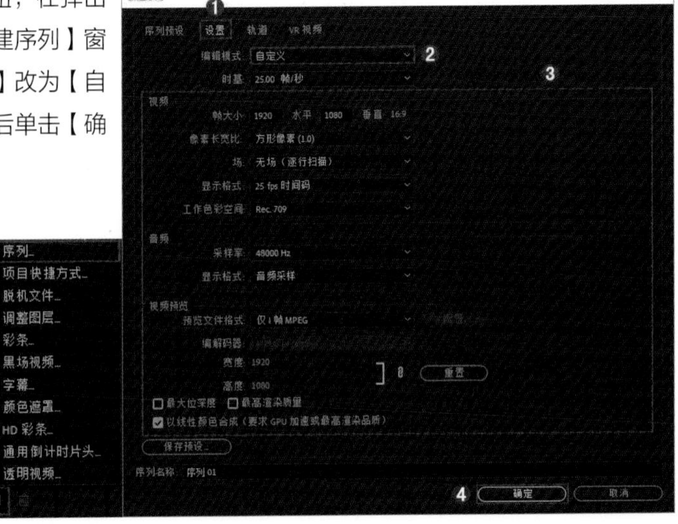

图8-6

03 将【项目】面板中的【太空宇航员.mp4】素材拖曳到【V1】视频轨道上，如图8-7所示。此时【监视器】面板中的画面如图8-8所示。可以看到宇航员未完全显示，单击选中轨道上的视频素材，再单击鼠标右键并执行【设为帧大小】命令，如图8-9所示。此时【监视器】面板中的画面就和序列大小一致了，如图8-10所示。

图8-7

图8-8

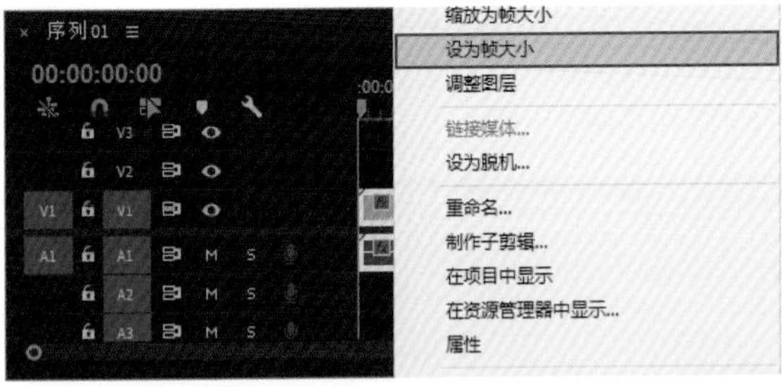

图8-9

图8-10

04 在【效果】面板中搜索【超级键】，并将其拖曳到【V1】轨道的视频上，如图8-11所示。接着在【效果控件】面板中单击【吸管工具】按钮，在【监视器】面板的画面中单击一下绿色的区域，如图8-12所示。可以看到画面中所有的绿色都变成了黑色，如图8-13所示。

图8-11

图 8-12

图 8-13

05 这里显示的黑色其实并不是真正的黑色，而是透明的，此时宇航员部分已经被抠出来了。将【项目】面板中的【星空背景.mp4】素材拖曳到【太空宇航员.mp4】下方，宇航员和星空背景就合在一起了，如图8-14和图8-15所示。

图 8-14

图8-15

8.2.2 抠除文字背景

通过8.2.1小节案例，我们已经会了基础的绿幕抠像，以后遇到背景是绿色的素材，或者自己用绿幕拍摄的素材时就可以用【超级键】将其抠除。同样，也可以用这个方法来抠除其他的纯色背景，如手写文字的背景。

01 将素材导入Premiere，在【项目】面板将【图片01.jpg】和【背景01.jpg】素材分别拖曳到【V2】和【V1】视频轨道上，如图8-16所示。此时【监视器】面板中的画面如图8-17所示，可以看到【图片01.jpg】已经盖住了下面的背景素材。

图8-16

图8-17

02 在【效果】面板中搜索【超级键】，并将其拖曳到【V2】轨道的【图片01.jpg】上，如图8-18所示。接着在【效果控件】面板中单击【吸管工具】按钮，在【监视器】面板中单击一下画面中黄色的区域，如图8-19所示。

画面中的黄色被抠掉了，同时下一层的背景也显示出来了，如图8-20所示。

图8-18

图 8-19

图 8-20

03 在【效果控件】面板中调整【图片01.jpg】的位置和大小，将【缩放】的数值改为50，如图8-21所示。此时可以看到该图片缩小了，但是并没有抠干净，如图8-22所示。

图8-21

图 8-22

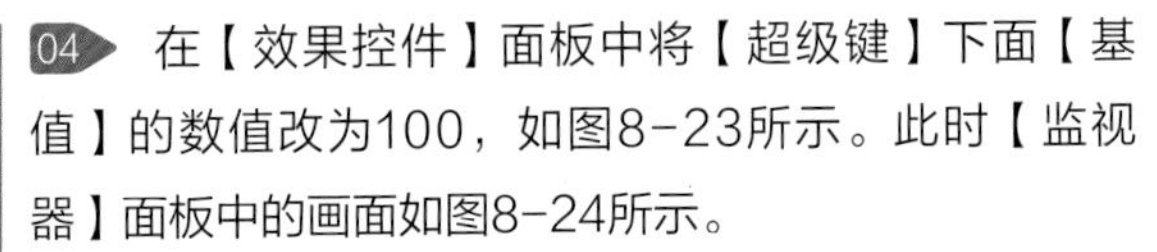

04 在【效果控件】面板中将【超级键】下面【基值】的数值改为100，如图8-23所示。此时【监视器】面板中的画面如图8-24所示。

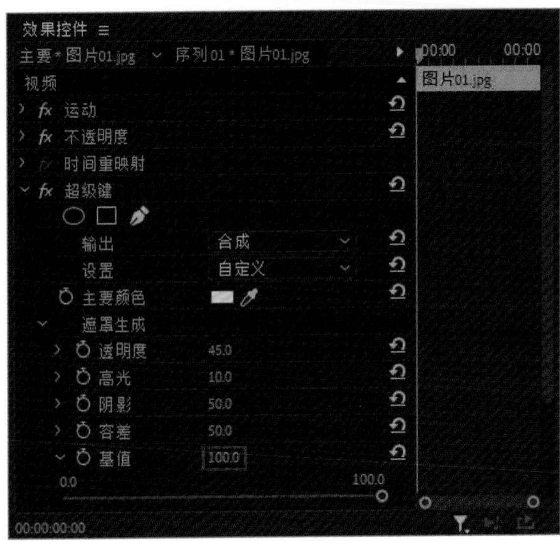

图 8-23

图 8-24

举一反三：抠除纯色人物背景

本案例使用的素材背景都是纯色的，这也是【超级键】这个效果对素材的要求，不管背景是绿色的还是其他颜色的，都需要颜色干净、单一，这样才能抠出来，如果颜色复杂就得不到好的效果了。

8.3 实战二：游戏倍镜抠图效果

本节来制作游戏中倍镜的效果，如图8-25所示。

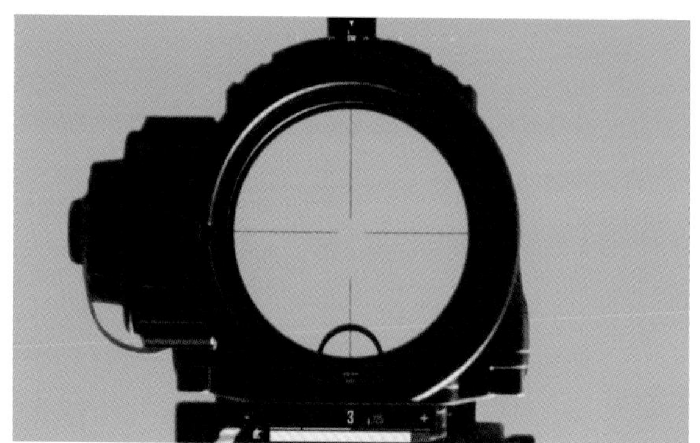

图 8-25

01 新建一个项目，在【项目】面板的空白处双击，打开【导入】窗口，选中【02.素材文件】文件夹，单击【导入文件夹】按钮，将素材导入【项目】面板，如图8-26和图8-27所示。

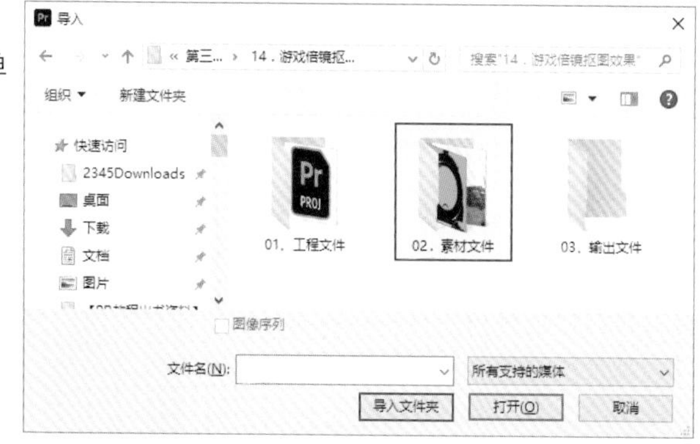

图 8-26

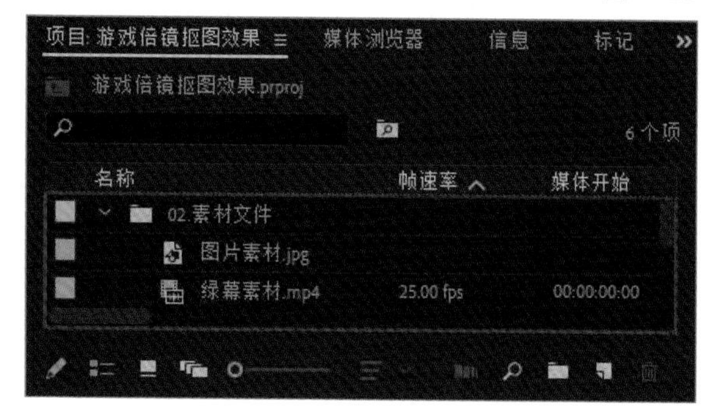

图 8-27

02 单击【项目】面板中的【新建项】按钮，在弹出的下拉菜单中执行【序列】命令，打开【新建序列】窗口，单击【设置】选项卡，并将【编辑模式】改为【自定义】，对视频和音频的参数进行设置，最后单击【确定】按钮，新建序列，如图8-28所示。

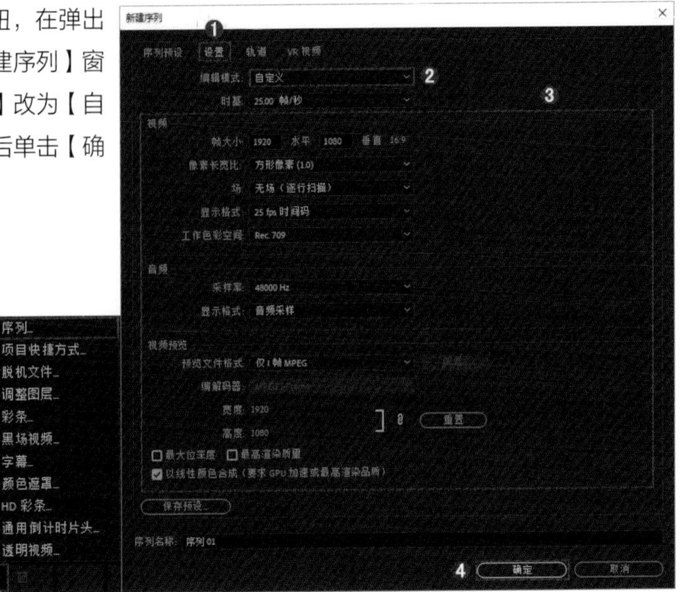

图 8-28

03 将【项目】面板中的【图片素材.jpg】和【绿幕素材.mp4】分别拖曳到【V1】和【V2】视频轨道上，如图8-29所示。此时【监视器】面板中的画面如图8-30所示。

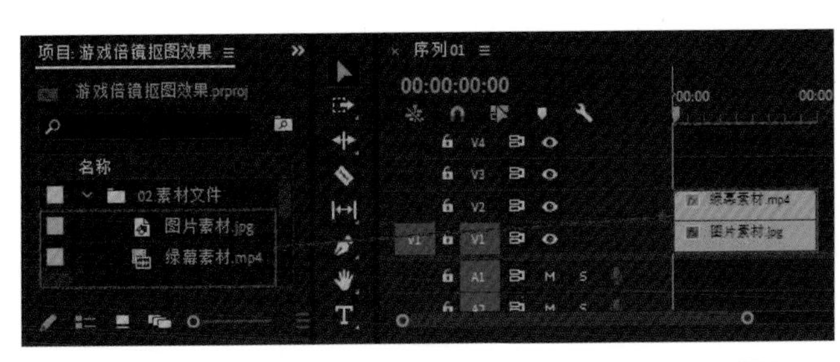

图 8-29

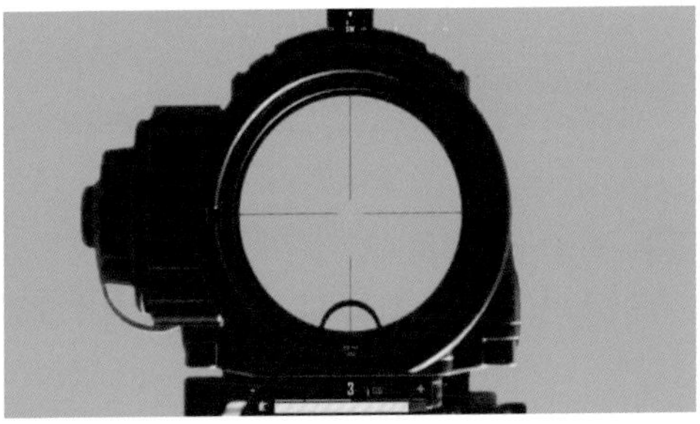

图 8-30

04 可以看到上层的绿幕素材遮住了下层的背景图片素材，这时就要用到之前的方法抠除绿幕。在【效果】面板中搜索【超级键】，并将其拖曳到【V2】轨道的【绿幕素材.mp4】上，如图8-31所示。

图 8-31

05 单击【V2】轨道上的【绿幕素材.mp4】将其激活，然后在【效果控件】面板中单击【吸管工具】按钮，在【监视器】面板的画面中单击绿色的区域，如图8-32所示。抠除绿幕后的效果如图8-33所示。

虽然现在已经将绿幕抠除了，但是现在这个场景是静态的，需要使用关键帧制作出动态效果。

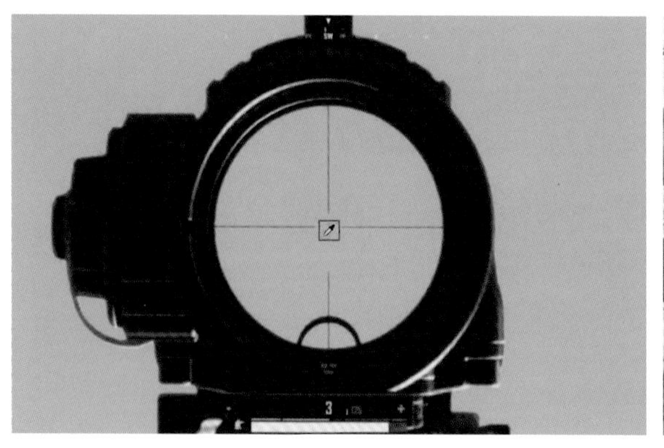

图 8-32

图 8-33

06 将时间线移动到画面第1帧的位置，单击【V2】轨道上的【绿幕素材.mp4】将其激活，然后在【效果控件】面板中单击【位置】前面的【切换动画】按钮，添加第1个关键帧；往后移动3帧，将【缩放】的参数改为108；再往后移动3帧，将【缩放】的参数改为103；再往后移动3帧，将【缩放】的参数改为109；再往后移动3帧，将【缩放】的参数改为100，如图8-34所示。此时就会有弹性的动画。

图 8-34

8.4 实战三：室内节目绿幕抠像

通过8.2节的实战案例，相信大家已经掌握了绿幕抠图的方法，案例中所用到的素材是计算机生成的纯色绿幕，使用【超级键】就可以一键抠除。而在抠像合成的时候经常要用到拍摄的素材，拍摄的素材有些可能光打得不是很匀称，或者绿幕有褶皱，这样很难一键抠除。本节就通过室内节目绿幕抠像案例，来学习一下更复杂的抠像，如图8-35所示。

图 8-35

图 8-35（续）

01 新建一个项目，在【项目】面板的空白处双击，打开【导入】窗口，选中【02.素材文件】文件夹，单击【导入文件夹】按钮，将素材导入【项目】面板，如图8-36和图8-37所示。

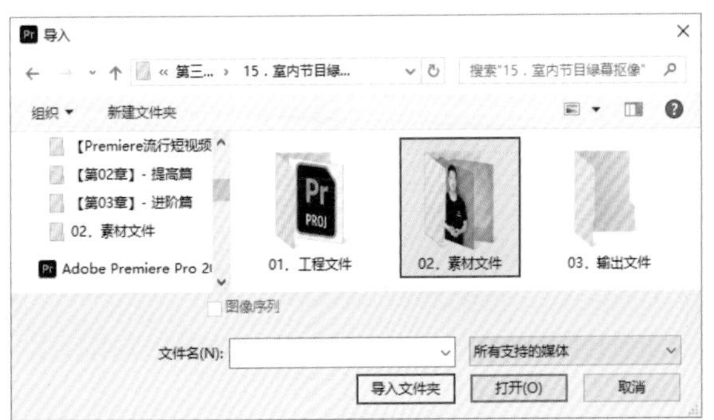

图 8-36

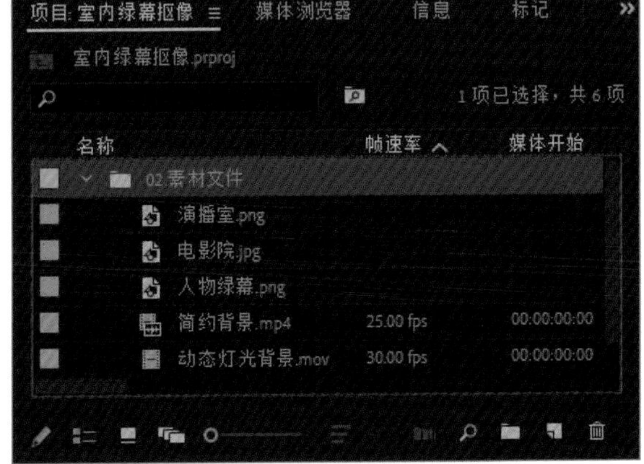

图 8-37

02 单击【项目】面板中的【新建项】按钮，在弹出的下拉菜单中执行【序列】命令，打开【新建序列】窗口中，单击【设置】选项卡，并将【编辑模式】改为【自定义】，对视频和音频的参数进行设置，最后单击【确定】按钮，新建序列，如图8-38所示。

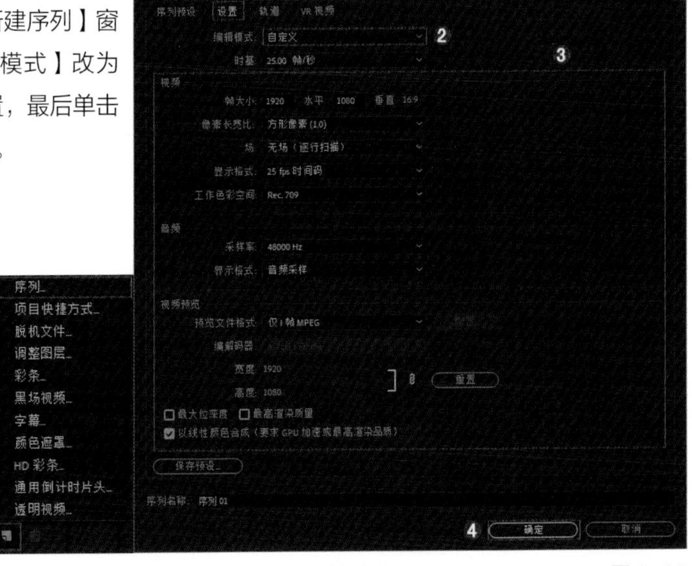

图 8-38

03 将【项目】面板中的图片素材和视频素材分别拖曳到【V2】和【V1】视频轨道上，如图8-39所示。此时【监视器】面板中的画面如图8-40所示。

图 8-39

图 8-40

04 在【效果】面板中搜索【超级键】，并将其拖曳到【V2】轨道的绿幕素材上，如图8-41所示。单击【V2】轨道上的绿幕素材将其激活，然后在【效果控件】面板中单击【吸管工具】按钮，在【监视器】面板的画面中单击绿色的区域，如图8-42所示。抠除绿幕后，效果如图8-43所示。

图 8-41

图 8-42

图 8-43

问一问：用【吸管工具】单击哪里最合适?

观察图 8-43，在使用【吸管工具】抠除绿幕背景后，人物的右侧还有一些阴影，这就是由光线从左侧打入，或者人物距离背景太近而造成的。

在抠除绿幕素材的时候，尽量单击人物周围的颜色，如图 8-44 所示。抠完后的效果如图 8-45 所示，可以很明显地看到两次【吸管工具】单击的位置不同，抠出来的效果也是不一样的。

图 8-44

图 8-45

尽管可以通过调整单击的位置来控制抠像的质量，但是还是没办法保证能达到最佳的效果，这个时候就需要在【效果控件】面板中去调整参数了。

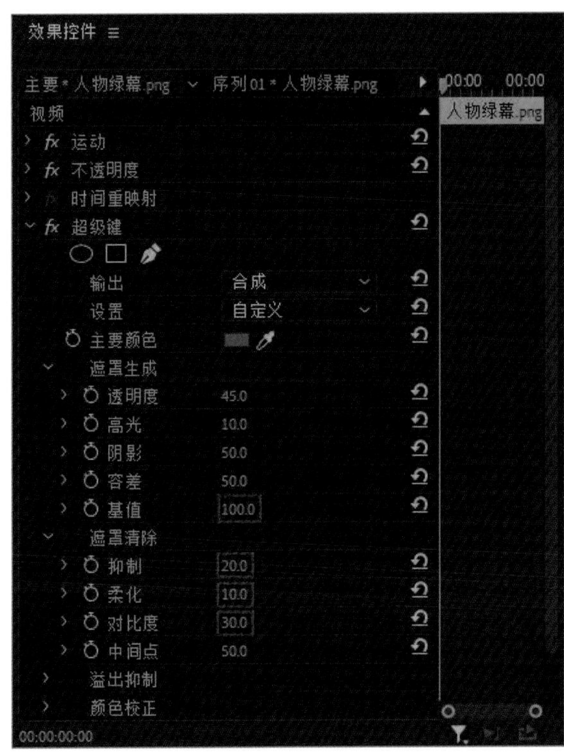

图 8-46

05 在【效果控件】面板中可以看到有很多参数可以调整，如【遮罩生成】和【遮罩清除】。拿本案例的画面来说，我们需要将【基值】改为100，【抑制】调整为20，【柔化】改为10，【对比度】改为30，如图8-46所示。此时【监视器】面板中的画面如图8-47所示。

图 8-47

06 人物抠像完成之后，就是做背景的合成了。选中全部素材后，右击并执行【嵌套】命令，如图8-48所示。在弹出的【嵌套序列名称】窗口中，将【名称】改为【人物抠像】，如图8-49所示。

图 8-48

图 8-49

07 在【项目】面板中将【演播室.png】拖曳到【V2】视频轨道上，如图8-50所示。此时【监视器】面板中的画面如图8-51所示。在【效果】面板中搜索【超级键】，并将其拖曳到【演播室.png】上，如图8-52所示。

图 8-50

图 8-51

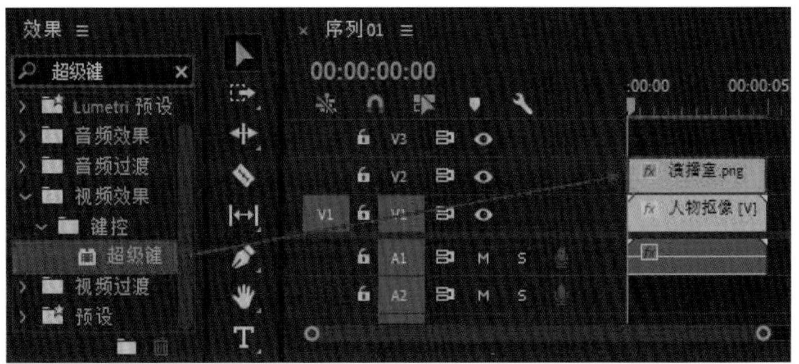

图 8-52

08 按照之前的方法将演播室屏幕绿色的部分抠除。在【效果控件】面板中单击【吸管工具】按钮，在【监视器】面板的画面中单击绿色的区域抠除绿幕，如图8-53所示。可以看到演播室绿色的屏幕已经被抠除，刚才合成的人物背景也已经显示出来了，但是明显可以看到人物太大了。在【效果控件】面板中取消勾选【等比缩放】复选框，然后将【位置】改为978、511，【缩放高度】改为23，【缩放宽度】改为34.8，如图8-54所示。此时【监视器】面板中的画面如图8-55所示。

图 8-53

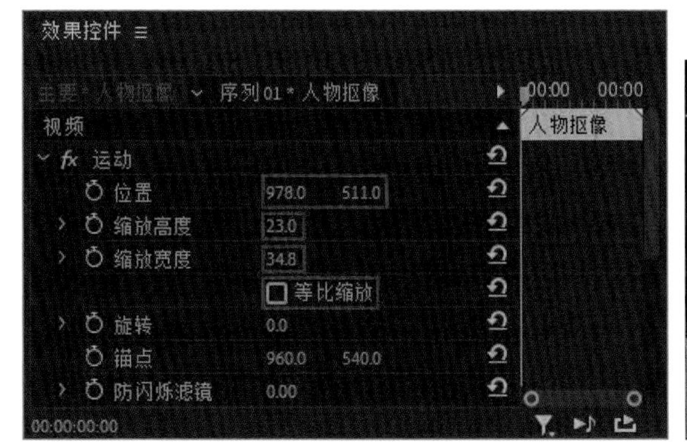

图 8-54

图 8-55

举一反三：自媒体节目抠像效果

如果是在家中或者工作室内录制视频，就可以用绿幕作为背景进行录制，后期再将它抠掉就可以随意替换背景了。不管是录制微课还是拍摄自媒体视频，都可以用这样的方法。

8.5 实战四：综艺节目花字包装技法

本节讲解综艺级的节目花字包装技法。把视频剪得生动有趣、引人入胜才是剪辑的关键。综艺节目中画面上常出现的花字就属于最简单的包装效果，本节来讲解两种花字包装的技法，如图8-56所示。

图 8-56

01 新建一个项目，在【项目】面板的空白处双击，打开【导入】窗口，选中【02.素材文件】文件夹，单击【导入文件夹】按钮，将素材导入【项目】面板，如图8-57和图8-58所示。

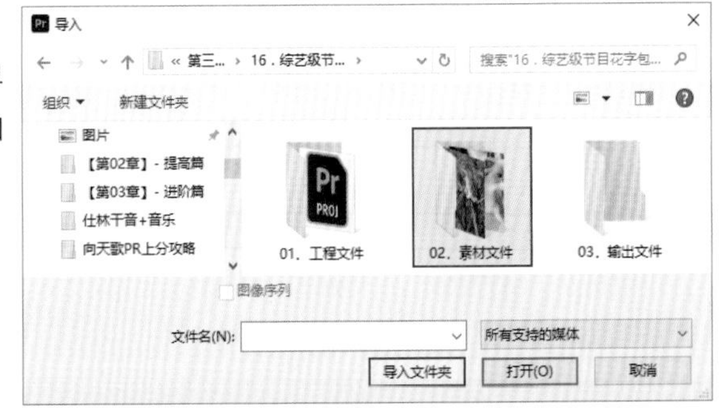

图 8-57

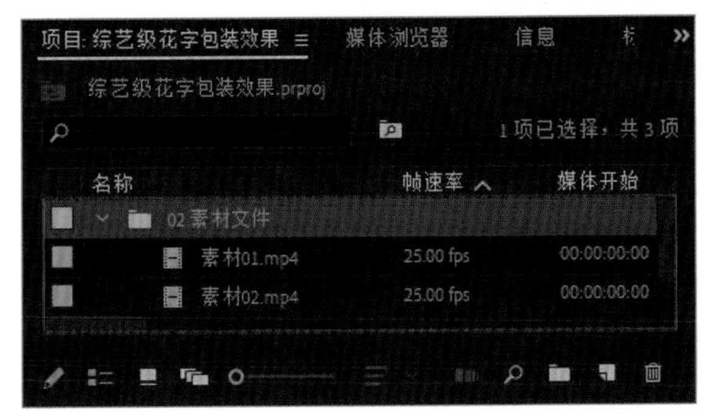

图 8-58

02 单击【项目】面板中的【新建项】按钮，在弹出的下拉菜单中执行【序列】命令，打开【新建序列】窗口中，单击【设置】选项卡，并将【编辑模式】改为【自定义】，对视频和音频的参数进行设置，最后单击【确定】按钮，新建序列，如图8-59所示。

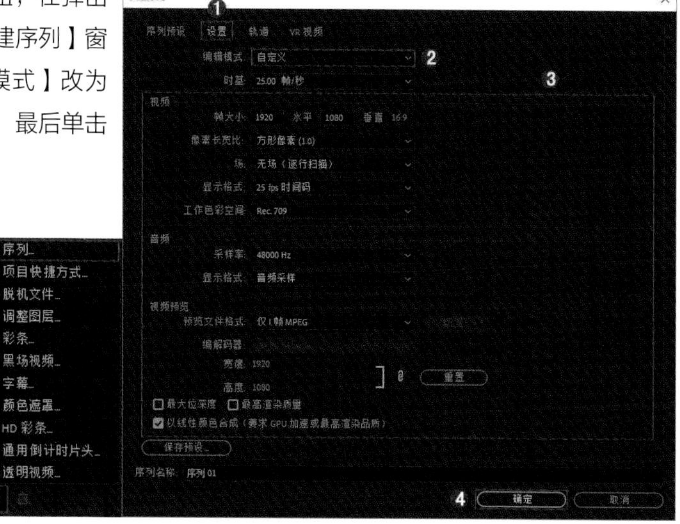

图 8-59

03 将【项目】面板中的【素材02.mp4】拖曳到【V1】轨道上，如图8-60所示。此时【监视器】面板中的画面如图8-61所示。

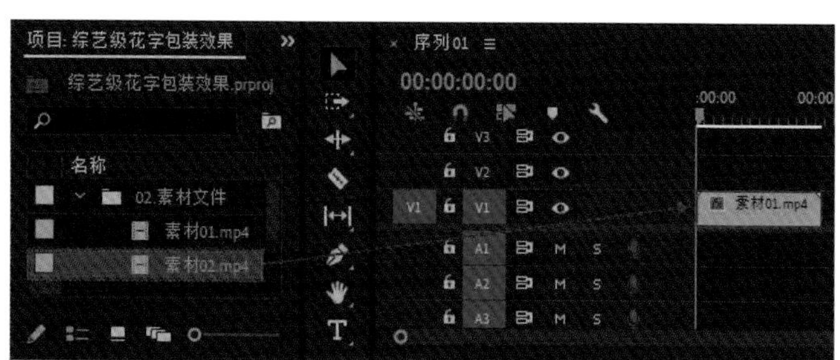

图 8-60

图 8-61

8.5.1 技法1——花字动画法

在添加花字的时候需要注意以下几点。

1. 适量即可，满屏花字会显得画面太乱反而不能突出重点，只在重要的地方做强调、提醒即可。
2. 美观好看，尤其注意要选择与画面内容匹配的色调和风格。
3. 花字动画，静态的文字缺少动感，需要给做好的花字加上合适的动画，让画面更加生动有趣。

01 在菜单栏执行【文件】-【新建】-【旧版标题】命令，如图8-62所示。打开【新建字幕】窗口，将【名称】改为【花字01】，单击【确定】按钮，如图8-63所示。

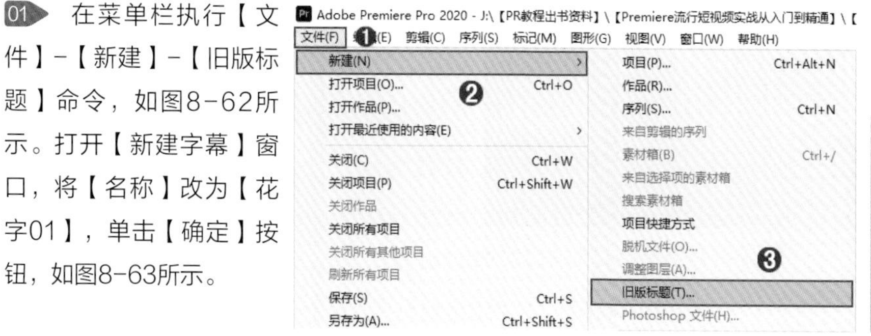

图 8-62

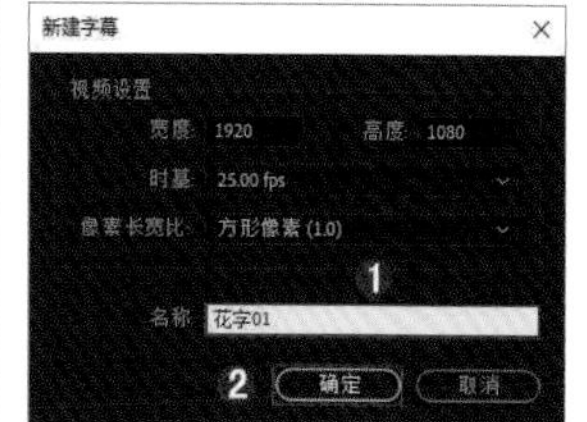

图 8-63

02 在【旧版标题属性】面板中单击【文字工具】按钮，在画面合适的位置输入文字，如图8-64所示。可以看到此时的文字出现了乱码，那是因为Premiere识别不了有些中文字体，在右侧【旧版标题属性】面板中更改一下文字的字体、大小、位置等参数，如图8-65所示。

图 8-64

图 8-65

03 继续调整文字的其他参数，在【描边】下面单击【外描边】右侧的【添加】按钮，给文字添加一个外描边，将【类型】改为【边缘】，【大小】改为20，【填充类型】改为【实底】，同时勾选【阴影】复选框，给文字添加阴影，并将【颜色】改为画面中的某一颜色，如改为黄色，将【不透明度】改为100%，【扩展】改为0，如图8-66所示。此时画面中的文字样式如图8-67所示。

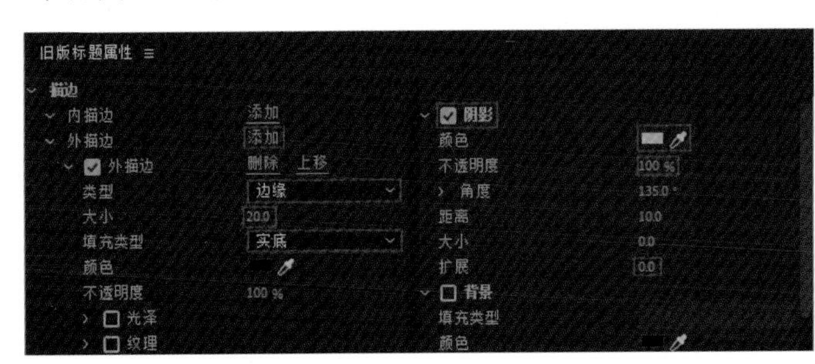

图 8-66

图 8-67

04 在做完以上修改后，关闭【旧版标题属性】面板，刚才新建好的花字就会出现在【项目】面板中，将其拖曳到【V2】视频轨道上，如图8-68所示。此时【监视器】面板中的画面如图8-69所示。

图 8-68

图 8-69

这样一个简单的花字就制作完成了，但是仅仅是静态的文字效果还不够，接下来需要给花字添加动画。

05 在【效果】面板中搜索【交叉缩放】，并将其拖曳到【花字01】素材上，如图8-70所示。此时播放花字就会有动画效果了，如图8-71所示。

图 8-70

图 8-71

问一问：如何储存花字样式?

图 8-72

如何将刚才制作好的花字样式存为模板呢？这样下次想用这个样式就可以直接调出来用。

双击时间轴上刚才建好的【花字 01】素材，在【旧版标题属性】面板中单击【旧版标题样式】右侧的按钮，执行【新建样式】命令，如图 8-72 所示。

打开【新建样式】窗口，更改【名称】，单击【确定】按钮，如图 8-73 所示。此时在【旧版标题样式】面板中就可以看到刚才保存的花字样式了，如图 8-74 所示。

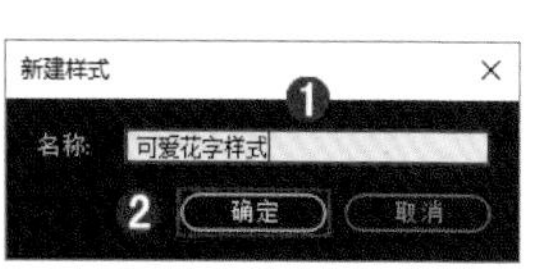

图 8-73

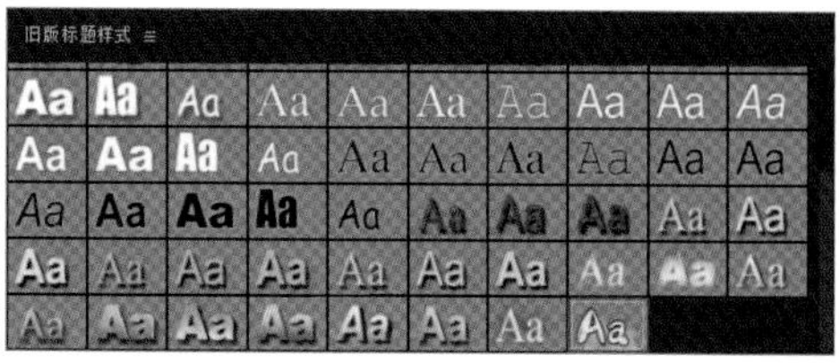

图 8-74

制作花字动画主要就是对字体、颜色和阴影等参数进行调整，虽然能实现的效果有限，不过一些简单的花字动画还是可以实现的，大家需要根据自己的需求制作。

8.5.2 技法2——图片花字法

花字还可以借鉴网上海量的图片素材，图片能比文字表达出更多的信息。可供我们使用的图片种类有很多，如表情包图片和GIF动图等。需要注意的是，最好使用带有透明通道的PNG格式的素材，这样将其放在视频中可以直接显示。

01 将【项目】面板中的动画素材拖曳到【V2】轨道上，如图8-75所示。此时【监视器】面板中的画面如图8-76所示。

图 8-75

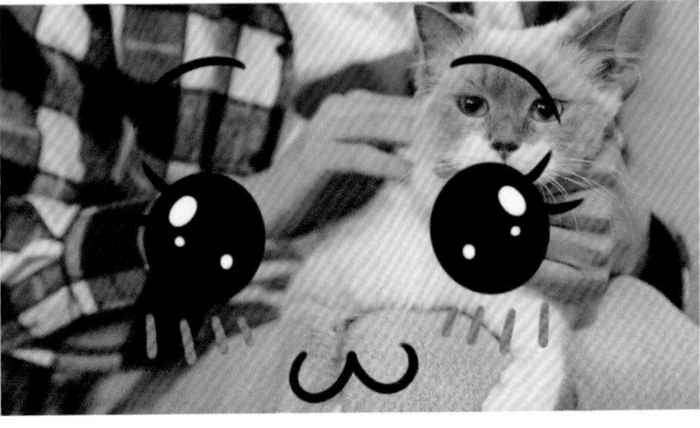
图 8-76

02 画面中的贴图素材比较大，在【效果控件】面板中调整其参数让它贴合在猫咪的脸上，将【位置】改为1391、350，【缩放】改为30，【旋转】改为5°，如图8-77所示。此时【监视器】面板中的画面如图8-78所示。

图 8-77

图 8-78

小结

本节案例我们介绍了两种方法来进行后期包装，分别是“花字动画法”和“图片花字法”。这两种方法中，一种是依靠软件本身的功能制作花字，但是效果比较少，也不容易出彩；另一种需要依靠素材，可以实现的效果很多。只要掌握了这两种方法，就可以实现不错的花字效果，自媒体视频和搞笑短剧等视频中经常应用花字效果。

第9章 09 必备调色技能

本章开始进入调色的环节，如果视频有一个很好看的色调，能极大地提高观众的观看欲望。我们常说的视频要有电影感，很大程度上是在说具有电影的色调。在图9-1中，都是比较经典的色调传达出了不同的故事情绪，这就是调色的强大之处。

图 9-1

颜色可以用来辅助叙事，即使是同一个场景，颜色和音效的变化也能够让观众产生不同的情绪。想要让色调具有电影感，还得从基础开始学。颜色的好看与否，与自己的主观感受和审美都有很大的关系。不过只要明白基本的原理，就可以根据自己的喜好去调出喜欢的色调了。

9.1 了解色彩基本构成原理

在学习调色之前，先要了解调色的基本原理，如果一味地去记某一风格的调色参数的话，只是知其然而不知其所以然，是没有用的。

如果想要看到颜色就必须要有光，有了光才有颜色。我们想象一下，在漆黑的屋子里是什么东西都看不见的。物理学的知识告诉我们，物体所显现的颜色是光反射后，通过人眼的接收在人脑的神经系统中形成的光谱的刺激值，所以我们要想看到色彩，就必须要有光。

光分为两种：自发光和反射光。自发光是指物体本身发射出的光，如太阳光、萤火虫发出的光等。反射光是指物体本身不会发光，而是反射出其他光源的光线，如月球本身是不发光的，只能靠反射太阳光我们才能看到它，又如桌子、衣服等。

有了光才有了颜色，那光有颜色吗?

白光穿过三棱镜可以被分解成红、橙、黄、绿、蓝、靛、紫7种颜色，如图9-2所示。

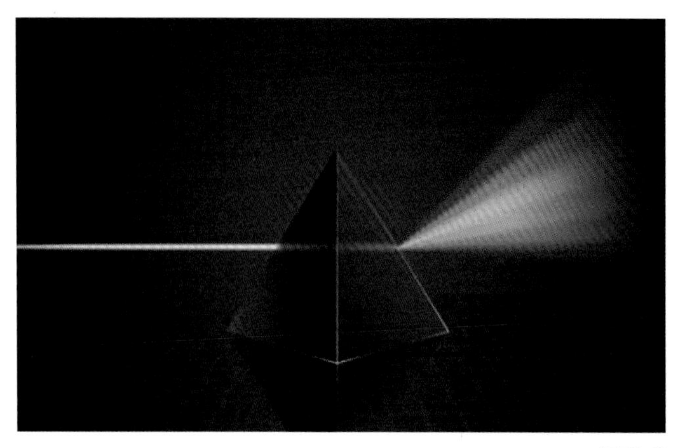

图 9-2

其中只有“红、绿、蓝”这3种颜色是没办法再继续分解的，它们被称作光学三原色（加法三原色）。电视机和计算机显示器用于显色的RGB色彩模型，就是基于三原色原理。在计算机显示器上，光的强度可以分为2的8次方，数值范围为0~255，数值越大就越亮。这3种颜色经过不同比例的混合，可以组合出许多不同的颜色，如图9-3所示。

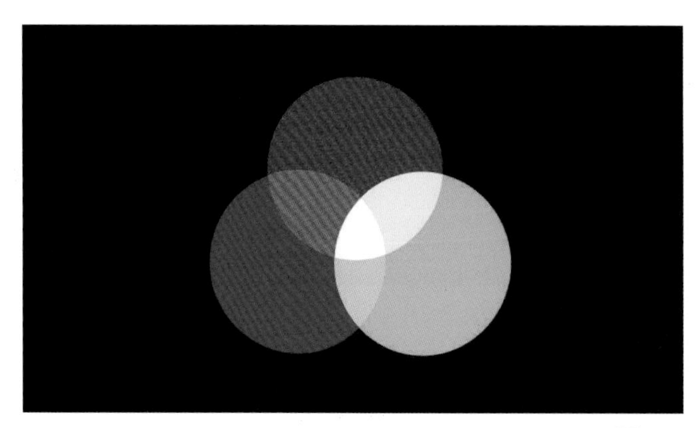

图 9-3

9.2 调色面板介绍

9.2.1 Lumetri范围面板

在菜单栏中执行【窗口】-【Lumetri范围】命令，如图9-4所示，即可打开【Lumetri范围】面板，如图9-5所示。

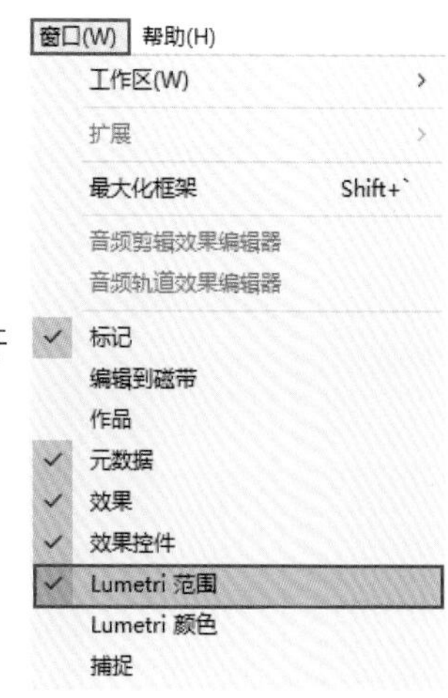

图 9-4

可以看到该面板由4个部分组成，分别是左上角的【波形（RGB）】、右上角的【分量（RGB）】、左下角的【直方图】和右下角的【矢量示波器YUV】，在该面板中右击即可弹出下拉菜单，如图9-6所示。

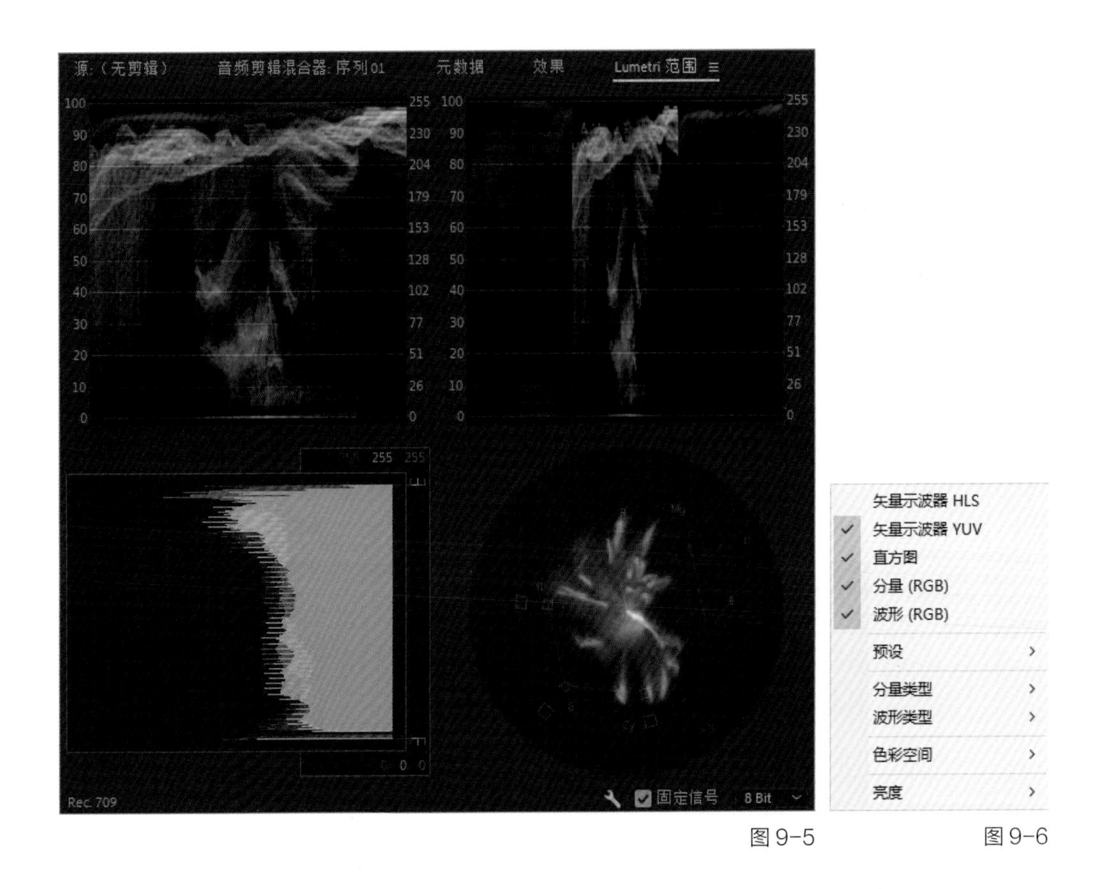

图9-5　　图9-6

9.2.2 Lumetri颜色面板

在菜单栏中执行【窗口】-【Lumetri颜色】命令，即可打开【Lumetri颜色】面板，此时我们可以看到该面板由【基本校正】【创意】【曲线】【色轮和匹配】【HSL辅助】【晕影】6个部分组成，如图9-7和图9-8所示。

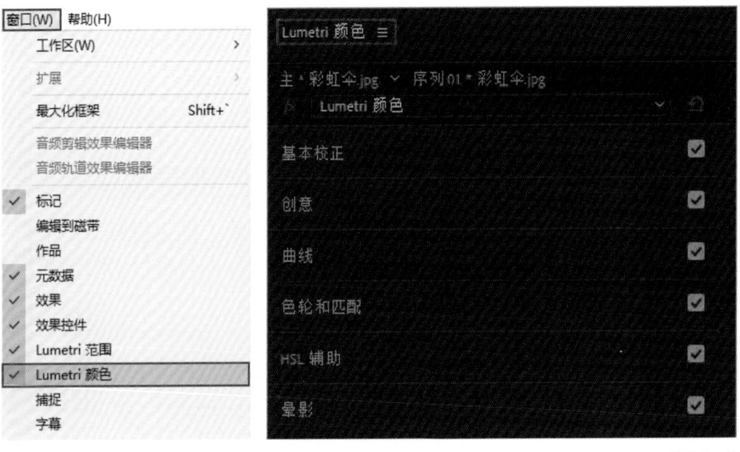

图9-7　　图9-8

9.3 还原白平衡

白平衡是描述显示器中红、绿、蓝三原色混合后的精确度的一项指标，通俗来说就是将画面中的白色准确还原成白色的程度。图9-9所示的书本纸张应该是白色的，但现在却泛黄，说明画面中的白平衡明显不对，需要进行白平衡校准。

图 9-9

这个时候需要用到【Lumetri颜色】面板中的【基本校正】的功能，在【基本校正】中单击【吸管工具】按钮，如图9-10所示。然后在【监视器】面板的画面中单击一下白色物体，如图9-11所示。

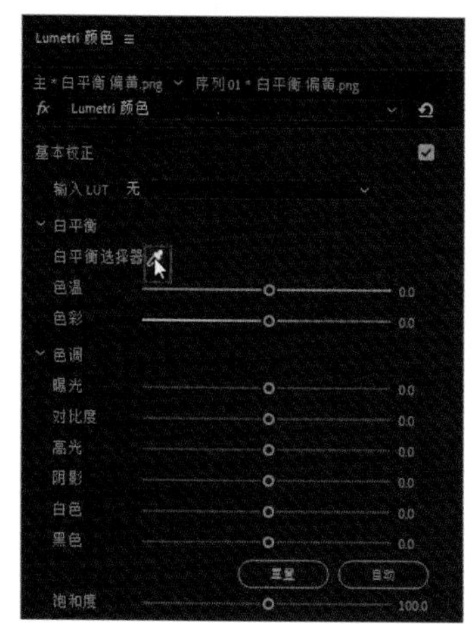

图 9-10

图 9-11

此时就会对刚才单击的白色进行颜色校准，如图9-12所示。

校准前

校准后

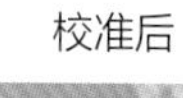

图 9-12

9.4 调整画面曝光

在了解如何调整画面曝光之前，先看一下下面3张图和它们对应的RGB分量图，如图9-13所示。

可以看到第一张图画面过亮，亮到有些字都看不清了，而它右边分量图也显示了该图片的RGB信息都集中在90以上，甚至最高到100了，这样的画面就是曝光过度。第三张图片画面过暗，【RGB分量图】中的画面信息都集中在10~20，很明显的曝光不足。只有第二张图片RGB分布合理，RGB信息集中分布在中间部分，这才是曝光合适的情况。

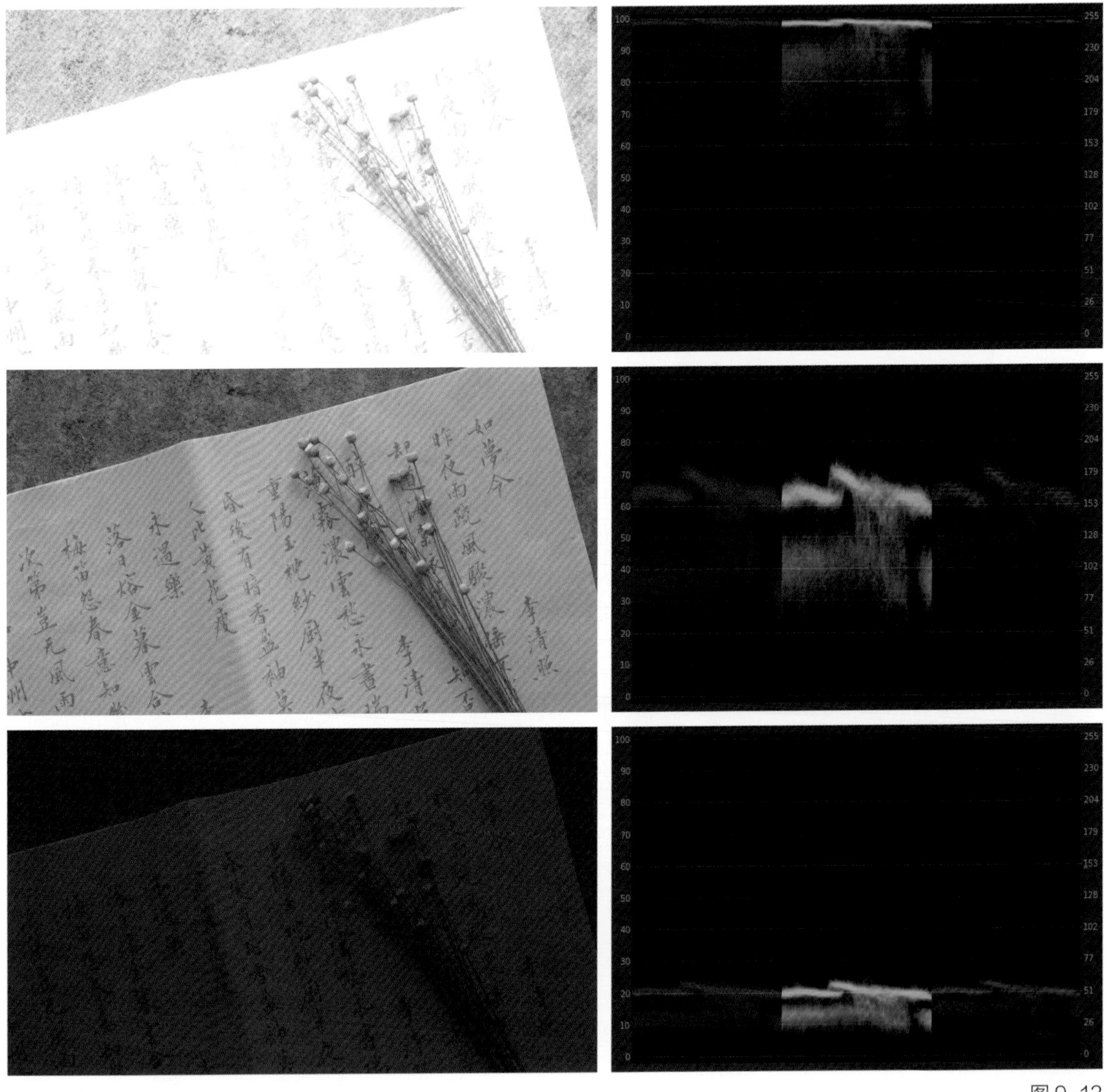

图 9-13

01 将【项目】面板中的图片素材拖曳到【V2】轨道上，如图9-14所示。此时【监视器】面板中的画面如图9-15所示。可以看到该画面整体偏暗，有一种灰蒙蒙的感觉，尤其是橘子的表面没有高光，对比度也比较低，此时需要提高曝光，恢复画面的正常颜色。

在菜单栏中执行【窗口】-【Lumetri范围】命令，即可调出该画面的RGB分量图，如图9-16所示。

图 9-14

图 9-15

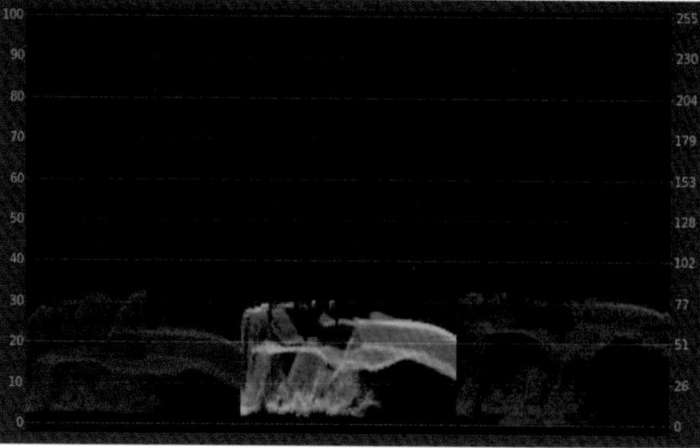

图 9-16

02 单击该素材，在【Lumetri颜色】面板中将【基本校正】中的【曝光】的数值改为4，增加一些曝光量，如图9-17所示。此时【监视器】面板中的画面如图9-18所示。该画面的RGB分量图如图9-19所示。画面的信息分布比较均匀合理，同时曝光也合适了，如图9-20所示。

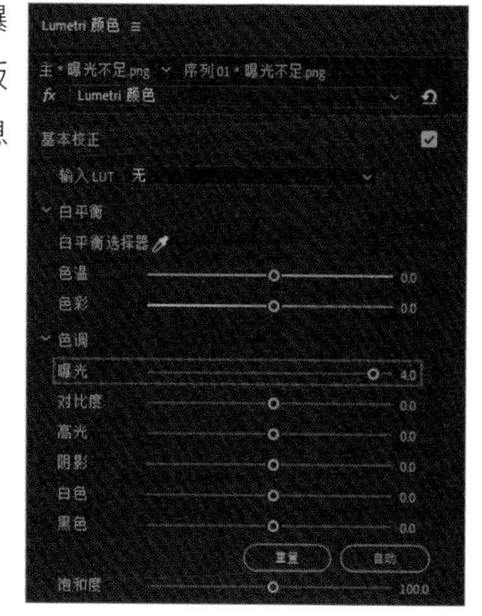

图 9-17

图 9-18

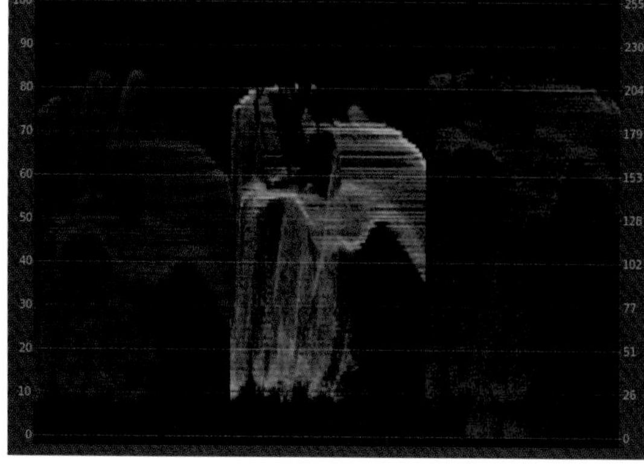

图 9-19

校准前

校准后

图9-20

9.5 复古港风调色法

要调出20世纪90年代复古港风色调的视频和照片，其调色思路主要是让视频或照片呈现偏复古的黄绿色调，添加锐化或颗粒来增加视频胶片质感，另外视频的亮度和对比度也要相对较低，如图9-21所示。

调整前

调整后

图9-21

想要拍摄出复古港风的效果，需要找到适合拍摄的环境。如果是展现环境，则要凸显高楼的高度与街道狭长的特点；如果是拍摄人物与环境的关系，那么纵横交错的马路与熙熙攘攘的人群，再加上一些复古的元素可达到很好的效果。

01 在菜单栏中执行【文件】-【新建】-【项目】命令，打开【新建项目】窗口，更改【名称】为【复古港风调色方法】，单击【浏览】按钮设置保存路径，单击【确定】按钮，如图9-22所示。

图9-22

02 在【项目】面板的空白处双击，打开【导入】窗口，选中【02.素材文件】文件夹，单击【导入文件夹】按钮，将素材导入【项目】面板，如图9-23和图9-24所示。

图9-23

图9-24

03 单击【项目】面板中的【新建项】按钮，在弹出的下拉菜单中执行【序列】命令，打开【新建序列】窗口，单击【设置】选项卡，并将【编辑模式】改为【自定义】，对视频和音频的参数进行设置，最后单击【确定】按钮，新建序列，如图9-25所示。

图9-25

04 将【项目】面板中的【调整前.png】拖曳到【V1】视频轨道上，如图9-26所示。

05 分析素材。在调色之前已经分析了复古港风的调色思路，那么现在来分析一下导入的这张照片，现在这张照片亮度比较高，对比度低，明暗分布不明显；另外画面中的洋红色居多，而复古港风的色调主要偏黄绿色调，可以先调整画面色温，让色调更偏绿色一点，再降低曝光和对比度，如图9-27所示。

图9-26

图9-27

06 在菜单栏执行【窗口】-【Lumetri颜色】命令，打开【Lumetri颜色】面板，如图9-28和图9-29所示。

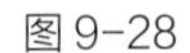

图9-28

图9-29

07 校正画面的色温，让其偏绿色和青色，在【基本校正】中将【色温】和【色彩】的小手柄分别往左边拖曳，将其数值分别为-17和-7.5。接着降低画面的曝光，将【曝光】的数值改为-1。为了让画面的对比度变高，还需要降低减少阴影和增加黑色，将【阴影】的数值改为-25，将【黑色】的数值改为20，如图9-30所示。

经过以上调整后，此时【监视器】面板中的画面如图9-31所示。

图9-31

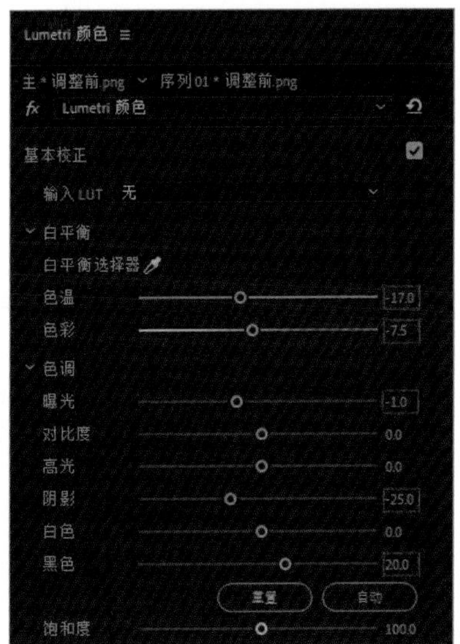

图9-30

08 可以看到画面偏蓝色，色调有点偏冷，接下来调整曲线。单击【RGB曲线】中蓝色的圆点，将蓝色的曲线往下拉一点，减少画面中的蓝色，如图9-32所示。

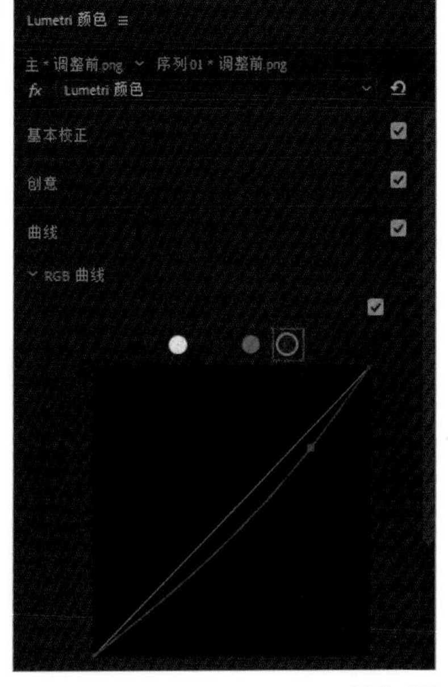

图9-32

经过以上步骤的调整后，整个画面就比较有复古港风的感觉了，如图9-33所示。

调整前

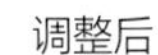

调整后

图9-33

9.6 日系小清新调色法

小清新风格的画面整体特别干净，元素简单，给人以简约美的感觉，整体色调也偏冷一点，有一点朦胧感，如图9-34所示。调色思路是给画面增加冷色，如蓝色。可以在拍摄时多注意规避杂乱的环境，如果避免不了就在后期处理时将多余的元素给弱化，让画面的整体给人一种特别干净的感觉，如图9-35所示。

图9-34

调整前

调整后

图9-35

01 新建一个项目，在【项目】面板的空白处双击，打开【导入】窗口，选中【02.素材文件】文件夹，单击【导入文件夹】按钮，将素材导入【项目】面板，如图9-36和图9-37所示。

图9-36

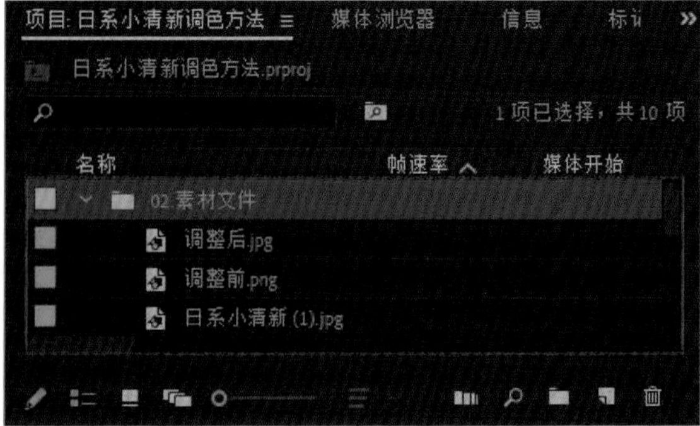

图9-37

02 单击【项目】面板中的【新建项】按钮，在弹出的下拉菜单中执行【序列】命令，打开【新建序列】窗口，单击【设置】选项卡，并将【编辑模式】改为【自定义】，对视频和音频的参数进行设置，最后单击【确定】按钮，新建序列，如图9-38所示。

图9-38

03 将【项目】面板中的【调整前.png】素材拖曳到【V1】视频轨道上，如图9-39所示。此时【监视器】面板中的画面如图9-40所示。

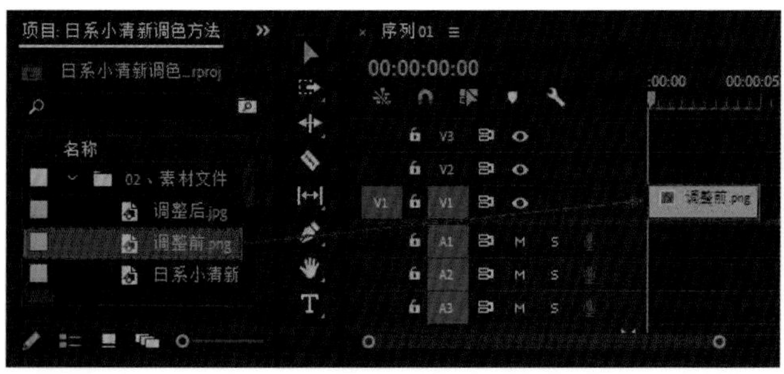

图9-39

图9-40

现在导入的这个素材对比度有点高，而小清新画面的对比度会低一些，调整画面就需要从对比度方面入手。对比度高的原因是画面暗部和亮部反差太大，那么提高暗部的亮度就可以降低对比度。

04 在【Lumetri颜色】面板中将【基本校正】中的【高光】和【阴影】的数值都改为100，另外再调整【黑色】的数值改为83，如图9-41所示。此时【监视器】面板中的画面如图9-42所示。

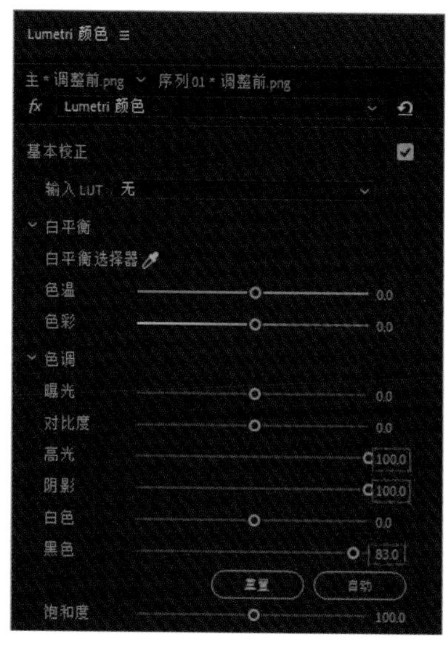

图9-41

图9-42

05 现在画面虽然变亮了，但是对比度还是有问题。在【RGB曲线】中单击白色的圆点，提高亮部并降低暗部，让白色曲线呈S形，如图9-43所示。此时【监视器】面板中的画面如图9-44所示。

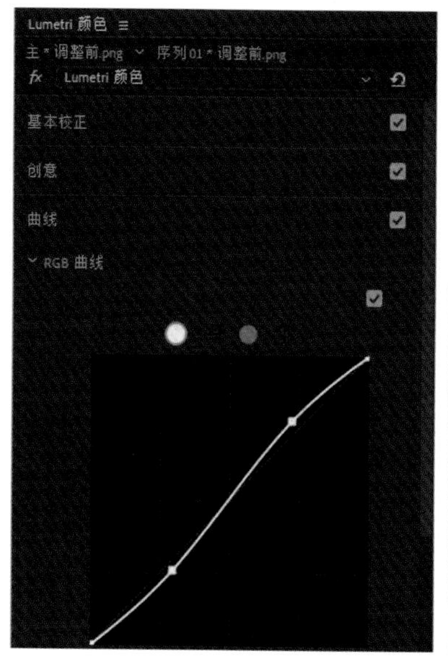

图9-43

图9-44

9.7 城市黑金色调调色法

黑金色调的画面中大部分区域只有两种颜色：黑色和金色。其中 “黑色”是主色调，但是不可能整个画面都是黑色，所以需要用金色进行点缀。

那么金色从何而来呢？对于拍摄的视频的画面来说，金色多源于城市的灯光，主要包括城市大楼、街道上的灯光等。要进行黑金色调的拍摄，就需要尽量拍摄城市的夜景、立交桥等灯光比较多的场景。

黑金色调的后期制作思路可以总结为：暖色色相全部往金色偏移，冷色饱和度全部降至灰黑，如图9-45所示。

调整前

调整后

图 9-45

01 新建一个项目，在【项目】面板的空白处双击，打开【导入】窗口，选中【02.素材文件】文件夹，单击【导入文件夹】按钮，将素材导入【项目】面板，如图9-46和图9-47所示。

图 9-46

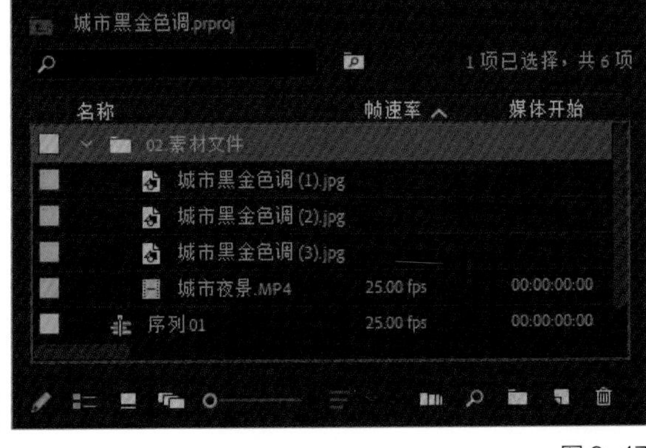

图 9-47

02 单击【项目】面板中的【新建项】按钮，在弹出的下拉菜单中执行【序列】命令，打开【新建序列】窗口，单击【设置】选项卡，并将【编辑模式】改为【自定义】，对视频和音频的参数进行设置，最后单击【确定】按钮，新建序列，如图9-48所示。

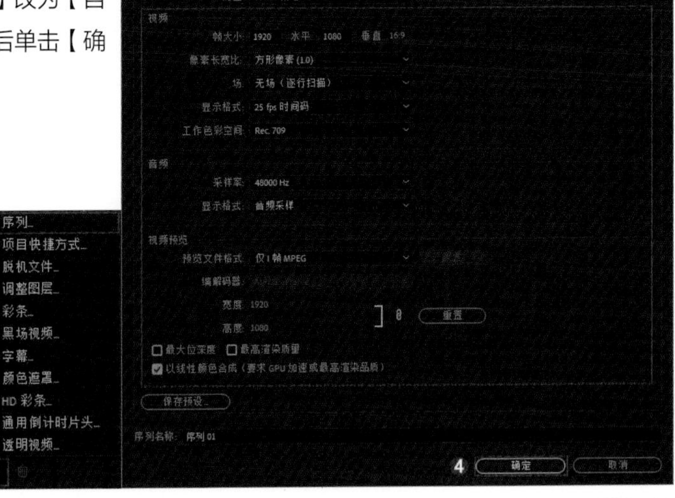

图 9-48

03 将【项目】面板中的【城市夜景.mp4】拖曳到【V1】视频轨道上，如图9-49所示。此时【监视器】面板中的画面如图9-50所示。

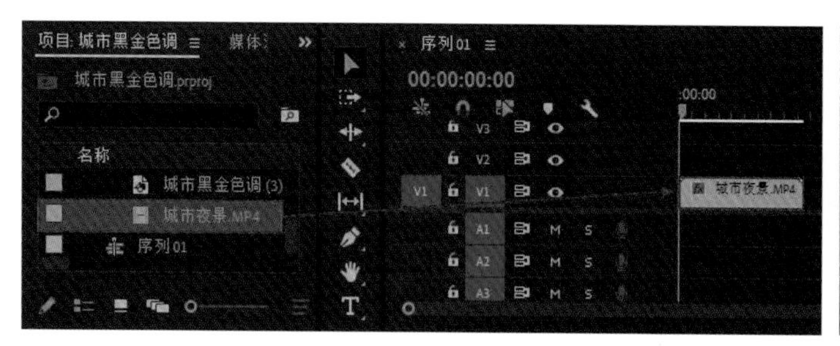

图 9-49

图 9-50

方法1：利用【保留颜色】效果

在【效果】面板中搜索【保留颜色】，并将其拖曳到【V1】轨道上，如图9-51所示。接着在【效果控件】面板中单击要保留的颜色右侧的【吸管工具】按钮，在画面中单击一下橙黄色的区域，如图9-52所示。

图 9-51

图 9-52

接着在【效果控件】面板中将【脱色量】的数值改到80%，【容差】的数值改为30%，【边缘柔和度】的数值改为20%，如图9-53所示。此时【监视器】面板中的画面如图9-54所示。

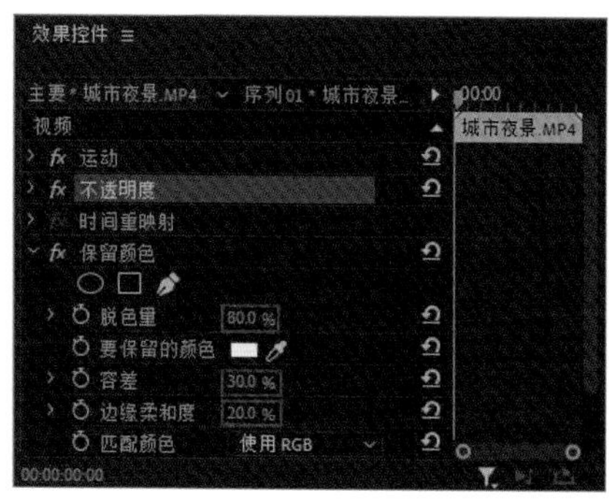

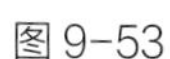

图 9-53

图 9-54

小贴士

不同版本的 Premiere，其效果的名称有差别，例如在 2020 和 CC2019 中的【保留颜色】，在 CC2018 中叫作【分色】。

方法2：利用【Lumetri颜色】面板

在【Lumetri颜色】面板中展开【曲线】中的【色相与饱和度曲线】，将橙黄色往上拖曳，其他颜色全部往下拉，只保留画面的橙黄色，如图9-55所示。此时【监视器】面板中的画面如图9-56所示。

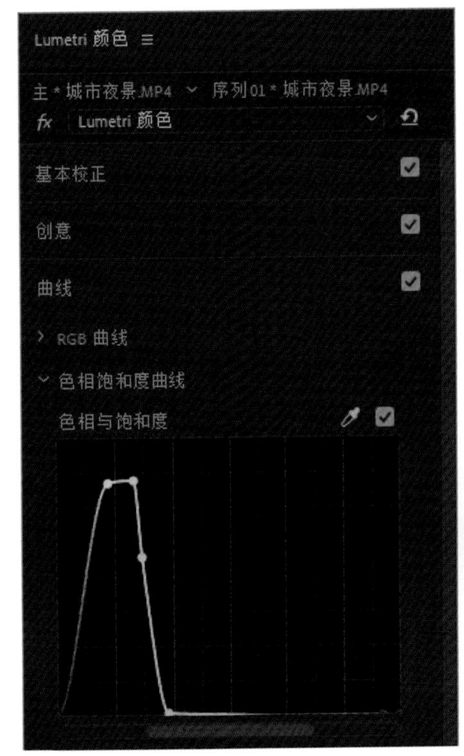

图 9-55

图 9-56

9.8 实现一键调色

前3个调色案例，主要依靠【Lumetri颜色】面板中的功能来做调整，但有时候面临的实际调色情况复杂，需要对每个画面做不同的处理，那有没有快速一键调色的方法呢？

本节介绍两种提高调色效率的方法。

01 新建一个项目，在【项目】面板的空白处双击，打开【导入】窗口，选中【02.素材文件】文件夹，单击【导入文件夹】按钮，将素材导入【项目】面板，如图9-57和图9-58所示。

图 9-57

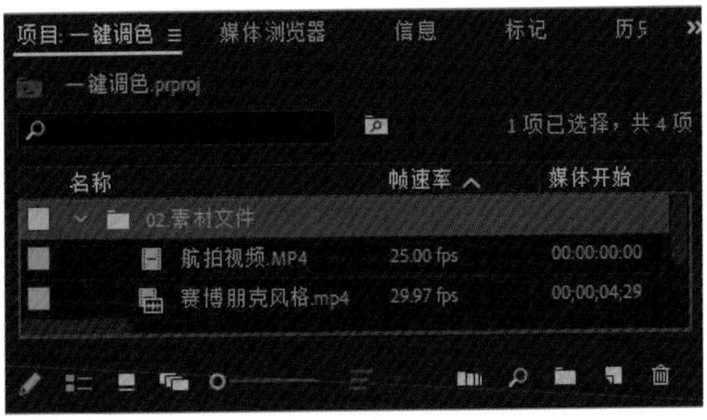

图 9-58

02 单击【项目】面板中的【新建项】按钮，在弹出的下拉菜单中执行【序列】命令，打开【新建序列】窗口，单击【设置】选项卡，并将【编辑模式】改为【自定义】，对视频和音频的参数进行设置，最后单击【确定】按钮，新建序列，如图9-59所示。

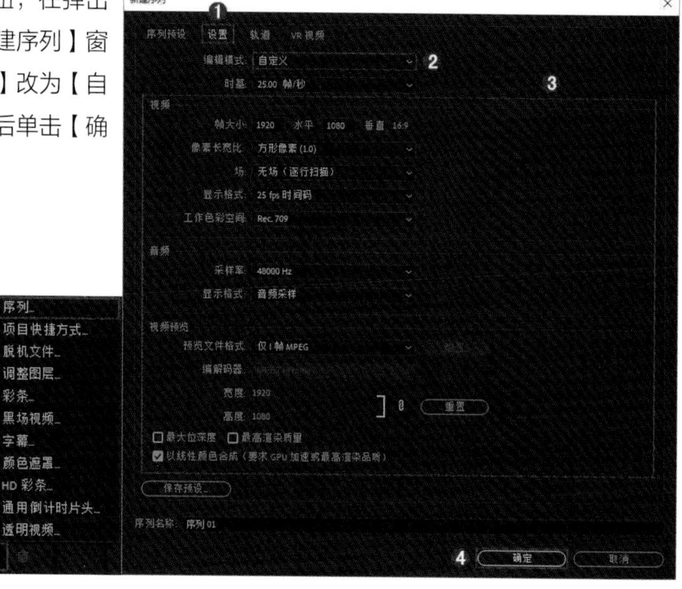

图 9-59

方法1：使用色轮和颜色匹配功能

03 将【项目】面板中的两段视频素材拖曳到【V1】视频轨道上，如图9-60所示。然后单击第一段视频素材将其激活，并在【Lumetri颜色】面板中单击【色轮和匹配】下面的【比较视图】按钮，如图9-61所示。

04 此时【监视器】面板中的画面会一分为二，左边显示的是参考画面，也就是想要调整出最终效果的画面，可以通过拖曳下面的滚轮来更换参考画面；右边显示的是当前画面，这是在当前时间线中选中的素材画面，如图9-62所示。

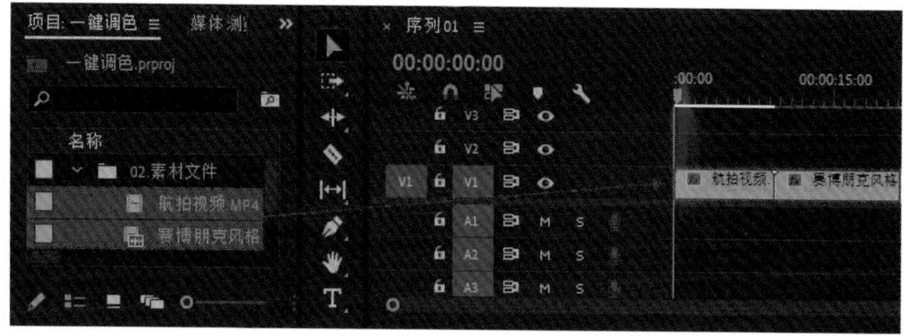

图 9-60

图 9-61

图 9-62

图 9-63

05 确定好参考画面后，在【Lumetri颜色】面板中单击【应用匹配】按钮，如图9-63所示。此时右边的画面就会根据左边的画面进行色调的自动匹配，【监视器】面板如图9-64所示。

图 9-64

06 除了可以这样进行并排对比之外，也可以单击【监视器】面板中的【垂直拆分】按钮，进行垂直方向上的对比，还可以拖动画面中间的分隔线进行对比画面宽度的设置，如图9-65所示。单击【水平拆分】按钮，对画面进行上下对比，如图9-66所示。

图 9-65

图 9-66

07 如果要想在【监视器】面板中恢复单一视图，该怎么做呢？只需要再次单击【Lumetri颜色】面板中的【比较视图】，监视器上就会只显示当前时间线选中的素材，如图9-67所示。

图 9-67

方法2：使用lut调色预设

lut其实是Lookup Table（查找表）的缩写。lut可以将一组RGB值输出为另一组RGB值，从而改变画面的曝光与色彩。通俗地讲，可以把lut理解为一个滤镜，利用它可以快速地调整视频的曝光与色彩。

01 在【时间轴】面板中选择航拍素材，然后在【Lumetri颜色】面板中找到【创意】下面的【Look】，单击其右侧的小三角，展开下拉列表，里面有很多自带的lut，如单击第一个自带的预设，如图9-68所示。此时时间轴上的素材就会加载刚才的预设，如图9-69所示。

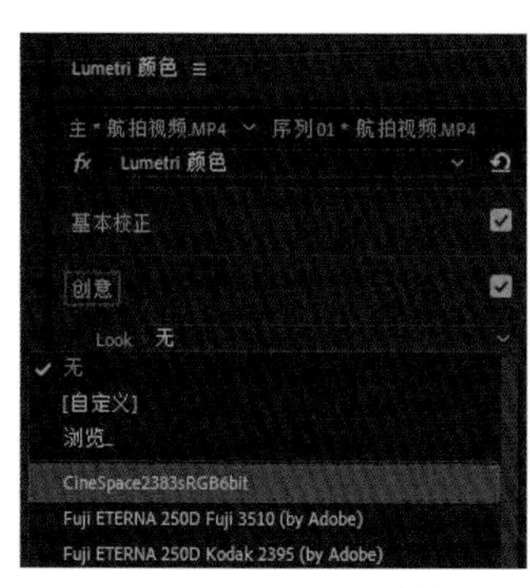

图 9-68

图 9-69

02 当然现在的画面看起来有些怪，这个预设的色彩显得太重。可以在【Lumetri颜色】面板去调整该预设的参数，如图9-70所示。

03 除了软件自带的lut，也可以导入自己的lut。在【Lumetri颜色】面板的【创意】下，单击【Look】右侧的小三角，展开下拉列表，单击【浏览】按钮，如图9-71所示。

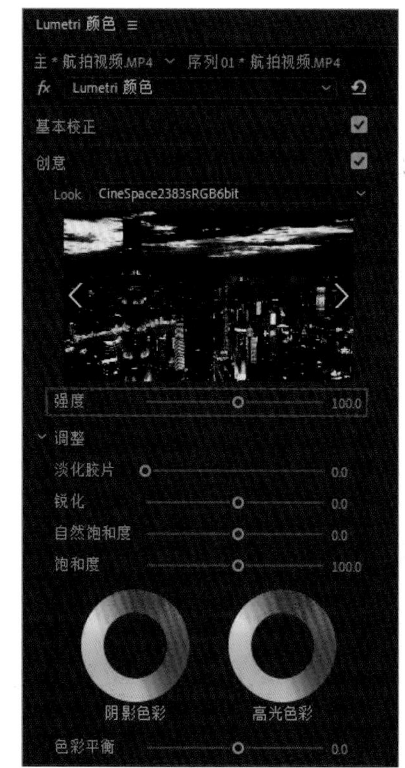

图 9-70

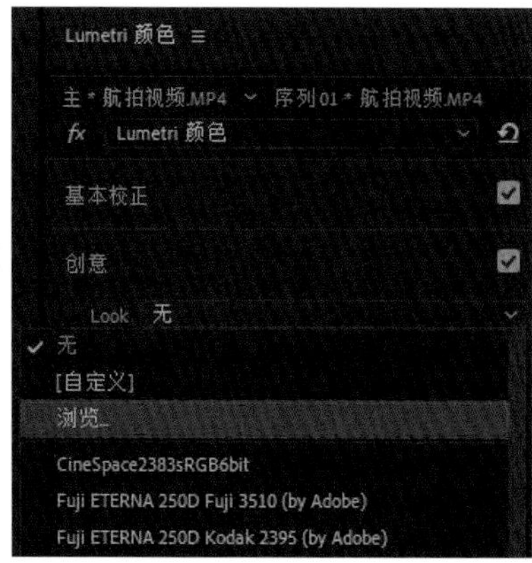

图 9-71

04 打开【选择Look或LUT】窗口，找到自己lut预设所在的位置，单击【打开】按钮，如图9-72所示。此时该lut就会加载到素材上了，效果如图9-73所示。

图 9-72

图 9-73

05 一个赛博朋克的效果就制作完成了。如果觉得效果太强烈了，可以对【强度】进行调整，在本案例中可以将【强度】改为50，如图9-74所示。此时lut在画面中的效果就会减弱，如图9-75所示。

图 9-74

图 9-75

小贴士

无论是使用【色轮和颜色匹配】，还是使用 lut 预设，都不能真正地做到“一键调色”。即使套用了 lut，也需要根据实际的画面做相应的调整。这两种方法只是用于提高我们的调色效率，注意不能过度依赖这些方法。

第10章

字幕与视频导出

10.1 字幕特效详解

字幕是视频中常见的元素之一，其不仅可以传递信息，还可以起到美化作品的作用。Premiere中的文字编辑功能非常强大，接下来通过几个实战案例来介绍Premiere的【字幕】面板及其在剪辑中的多种用法。

10.2 实战一：遮罩镂空字幕的制作

本节讲解制作文字镂空字幕效果的方法，如图10-1所示。

图10-1

01 新建一个项目，在【项目】面板的空白处双击，打开【导入】窗口，选中【02.素材文件】文件夹，单击【导入文件夹】按钮，如图10-2所示，将素材导入【项目】面板，如图10-3所示。

图10-2

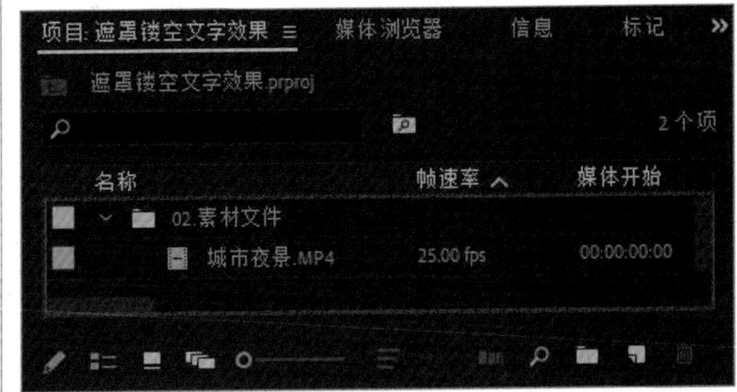

图10-3

02 单击【项目】面板中的【新建项】按钮，在弹出的下拉菜单中执行【序列】命令，打开【新建序列】窗口，单击【设置】选项卡，将【编辑模式】改为【自定义】，对视频和音频的参数进行设置，最后单击【确定】按钮，新建序列，如图10-4所示。

03 将【项目】面板中的视频素材拖曳到【V1】视频轨道上，如图10-5所示。此时【监视器】面板中的画面如图10-6所示。

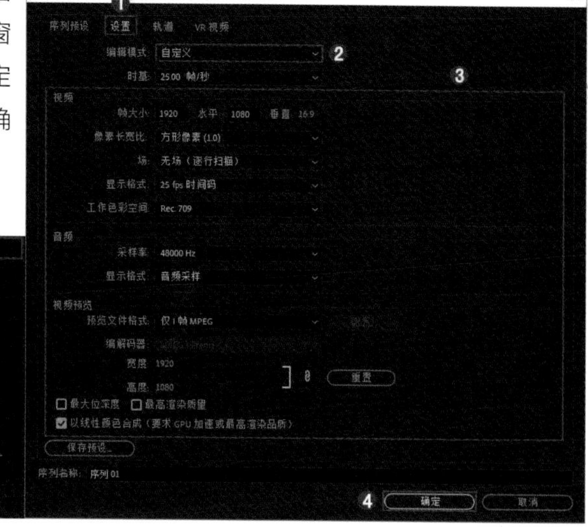

图 10-4

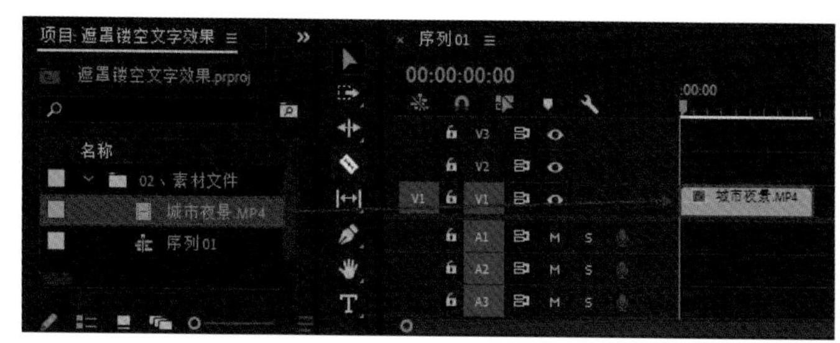

图 10-5

图 10-6

04 在菜单栏中执行【文件】-【新建】-【旧版标题】命令，如图10-7所示。打开【新建字幕】窗口，单击【确定】按钮，如图10-8所示。此时会打开【字幕】面板，如图10-9所示。

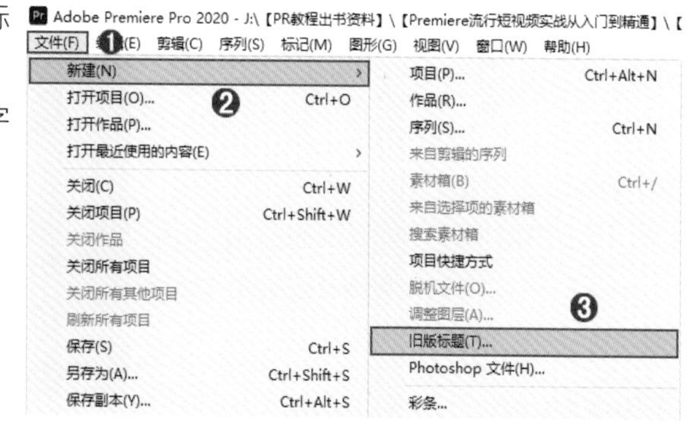

图 10-7

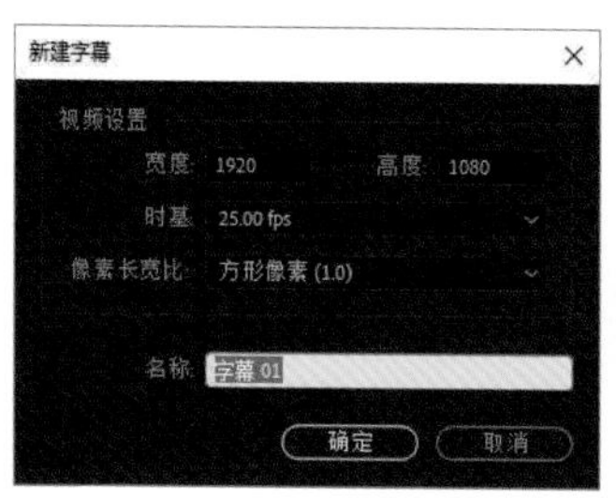

图 10-8

图 10-9

05 单击【文字工具】按钮，在【字幕】面板的画面中输入文字，并调整字体、大小和间距等，如图10-10所示。单击【滚动/游动】按钮，打开【滚动/游动选项】窗口，选中【向左游动】选项，单击【确定】按钮，如图10-11所示。

图 10-10

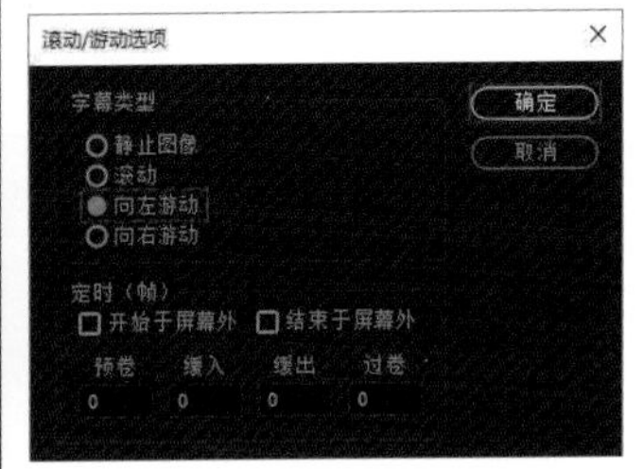

图 10-11

06 在【项目】面板中将新建好的【字幕01】拖曳到【V2】轨道上，如图10-12所示。此时【监视器】面板中的画面如图10-13所示。

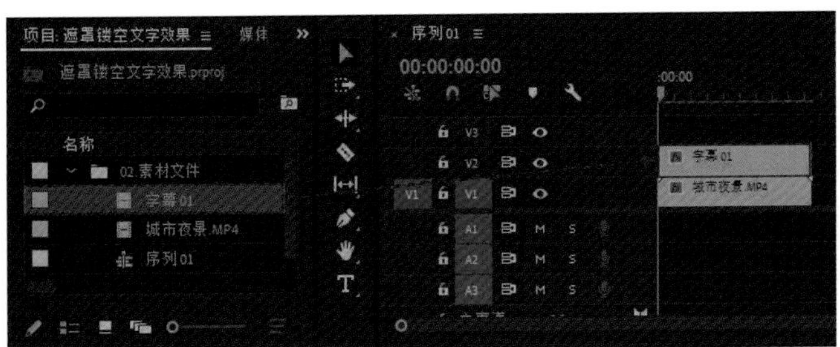

图 10-12

图 10-13

07 在【效果】面板中搜索【轨道遮罩键】，将它拖曳到【V1】视频轨道上，如图10-14所示。在【效果控件】面板中将【遮罩】设置为【视频2】，如图10-15所示。此时【监视器】面板中的画面如图10-16所示。这样一个游动的文字镂空效果就制作完成了。

图 10-14

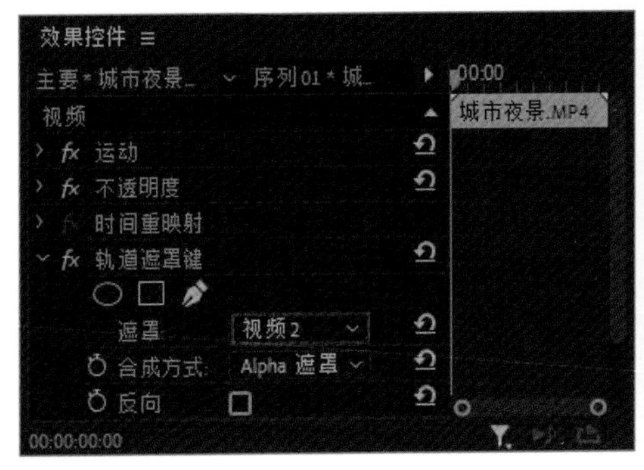

图 10-15

图 10-16

举一反三：用文字工具制作镂空字幕

换个方式制作文字遮罩效果，本实战中使用了【字幕】面板来完成制作，其实在实际的操作中有更快捷的方式，那就是用工具栏中的【文字工具】配合万能的【轨道遮罩键】。

10.3 实战二：电影感字幕的添加方法

在制作视频的时候，有时会要求有电影感，画面、声音、音效等可以营造电影感，字幕也是必不可少的。本节我们就来讲解为Vlog、短片、微电影等添加字幕的方法，如图10-17所示。

图 10-17

10.3.1 添加中文字幕

01 打开已经剪辑完成的短片项目，可以看到现在短片已经剪辑完成了，配音和音乐也已经添加好了，但是【监视器】面板中的画面并没有对应的字幕，如图10-18所示。

02 将时间线移动至配音第一句话刚开始的位置，单击工具栏中的【文字工具】按钮，在【监视器】面板的画面中单击一下，会出现一个红色的文本框。然后在文本框内输入对应的同期声文字，可以看到虽然有字幕出现，但是字体、大小、位置还需要调整，如图10-19所示。

图10-18　　图10-19

03 执行【窗口】-【基本图形】命令，打开【基本图形】面板，然后单击【编辑】选项卡，修改【文本】为【Alibaba PuHuiTi】，字体大小调整为40，再单击水平居中对齐按钮，使文字居中，如图10-20所示。此时【监视器】面板中的画面如图10-21所示。

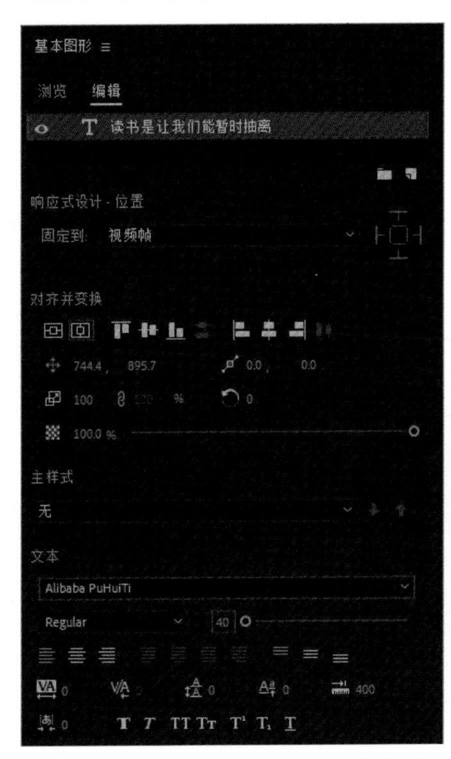

图10-20　　图10-21

04 选中第一个字幕，按住Alt键将其往后拖曳，复制一份，如图10-22所示。在【监视器】面板的画面中，修改刚才复制出来的文字为下一句对应的同期声文字，这样就能保证每一句字幕的格式都一致，如图10-23所示。按照以上的方法，完成所有字幕的添加。

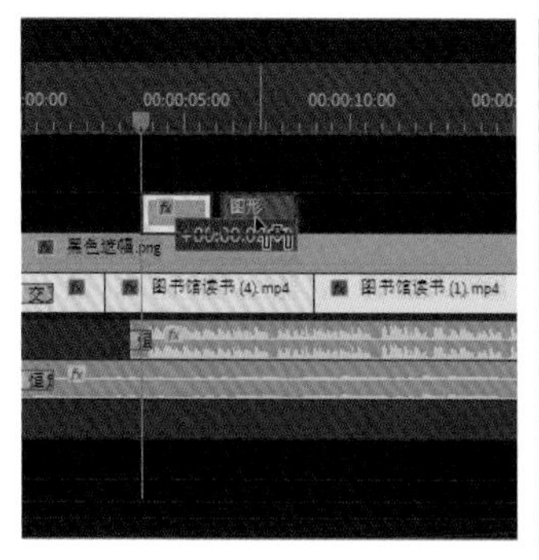

图 10-22

图 10-23

10.3.2 添加中英文双语字幕

我们按照上述方法即可为全片添加中文字幕，那么如何添加中英文双语字幕呢？回到第一句中文字幕的地方，单击工具栏中的【文字工具】按钮T，在【监视器】面板的画面中单击一下，然后在出现的红色文本框内输入中文对应的英文，并调整其字体、大小、位置即可，如图10-24所示。

图 10-24

10.3.3 快速批量添加字幕

利用【字幕】面板中的文字工具，可以为视频添加中英文双语字幕，但是存在一个问题：如果视频很长、台词量又很大的话，虽然也可以采用这种方法，但它不是最高效的。接下来就讲解如何快速批量地给视频添加字幕。

准备工作1：下载一款辅助软件Arctime。进入它的官网，如图10-25所示，然后单击【下载与安装】，根据你的计算机系统选择对应的版本下载即可，如图10-26所示。

准备工作2：将对应的视频字幕文稿以TXT文档的格式保存并断好句，如图10-27所示。

图 10-25

图 10-26

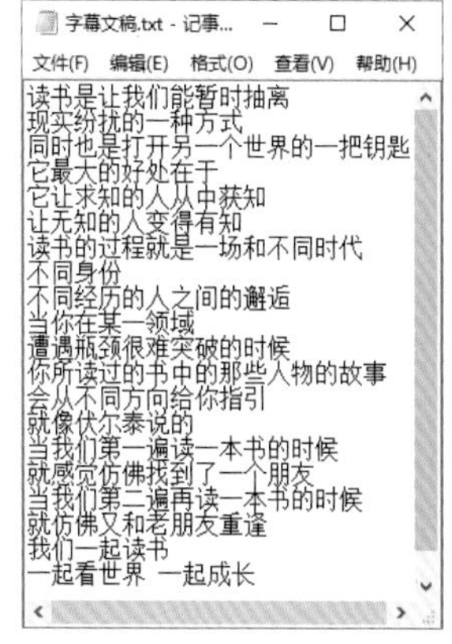

字幕文稿.txt - 记事...

文件(F) 编辑(E) 格式(O) 查看(V) 帮助(H)

读书是让我们能暂时抽离
现实纷扰的一种方式
同时也是打开另一个世界的一把钥匙
它最大的好处在于
它让求知的人从中获知
让无知的人变得有知
读书的过程就是一场和不同时代
不同身份
不同经历的人之间的邂逅
当你在某一领域
遭遇瓶颈很难突破的时候
你所读过的书中的那些人物的故事
会从不同方向给你指引
就像伏尔泰说的
当我们第一遍读一本书的时候
就感觉仿佛找到了一个朋友
当我们第二遍再读一本书的时候
就仿佛又和老朋友重逢
我们一起读书
一起看世界 一起成长

图 10-27

01 启动Arctime，此时可以看到它的主界面，将没有加字幕的视频素材直接拖曳到它的预览窗口，如图10-28所示。可以看到预览窗口中会出现视频的画面，下面的时间轴会出现音频波形，如图10-29所示。

02 在菜单栏中执行【文件】-【导入纯文本】命令，如图10-30所示。

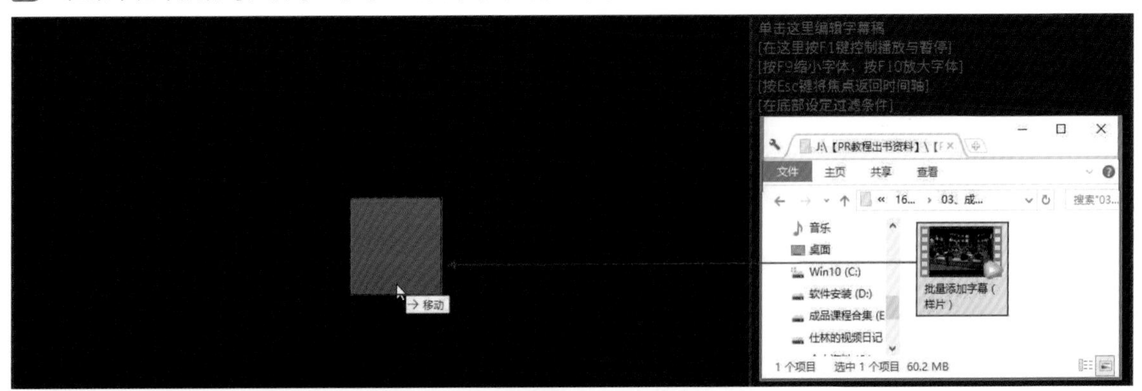

图 10-28

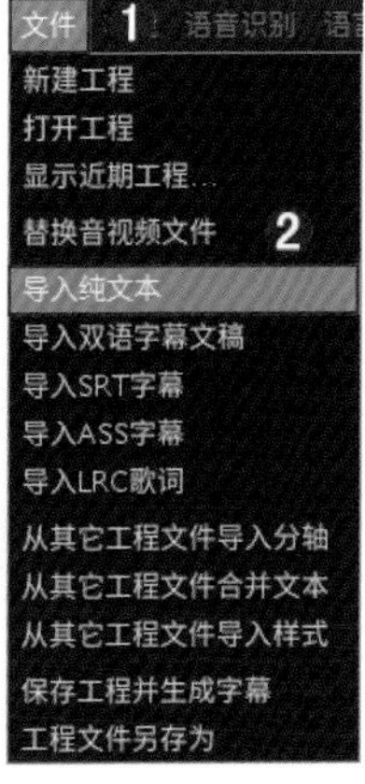

图 10-29　　图 10-30

03 在弹出的窗口中选择之前准备好的【字幕文稿.txt】，单击【打开】按钮，如图10-31所示。此时会弹出预览窗口，检查无误后单击【继续】按钮，如图10-32所示。

图 10-31　　图 10-32

04 此时可以看到，字幕文稿已经被导入Arctime软件界面的右侧，如图10-33所示。接着单击【快速拖曳创建】按钮，此时拖曳时间线就可以看到，第一行的字幕追随在时间线上，并随着时间线的移动而移动，如图10-34所示。

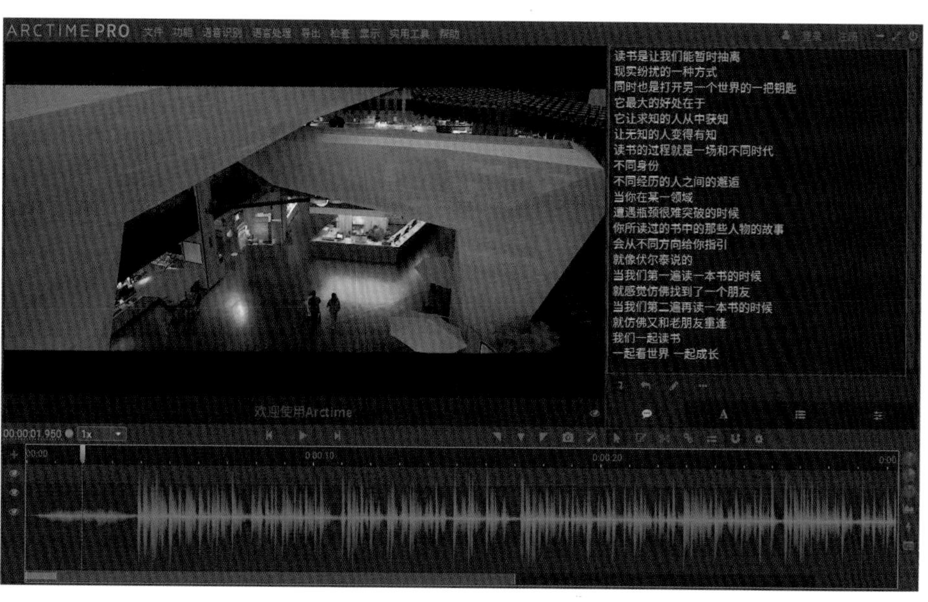

图 10-33

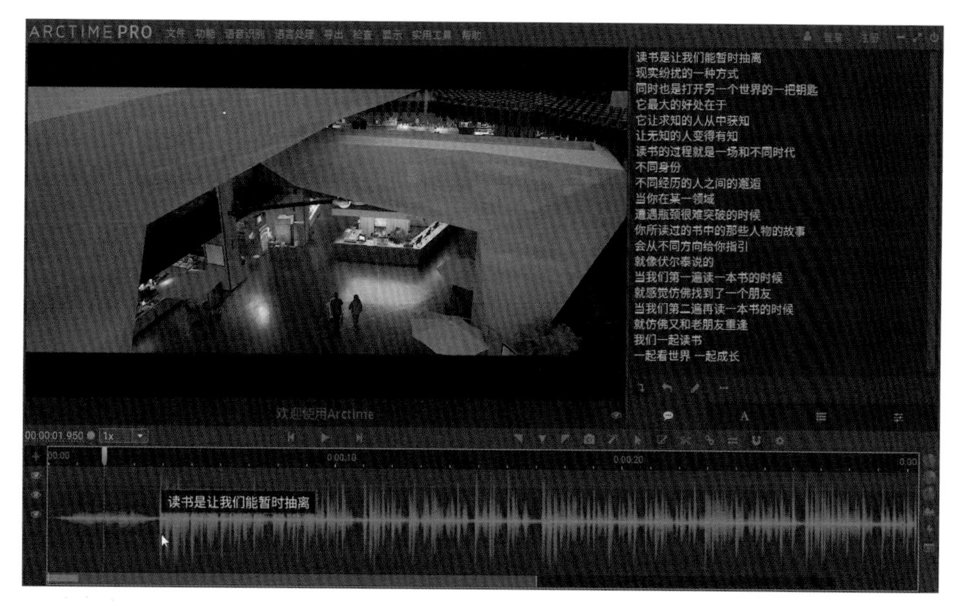

图 10-34

05 单击【播放/暂停】按钮，随着视频的播放，按住鼠标左键不动，在台词出现的地方直接拖动时间线，字幕文字此时追随在时间线上，如图10-35所示，字幕也会被添加到时间轴上，如图10-36所示。继续播放，时间线上的字幕文字会自动换成下一句，如此就可以将所有字幕添加到视频中了，如图10-37所示。

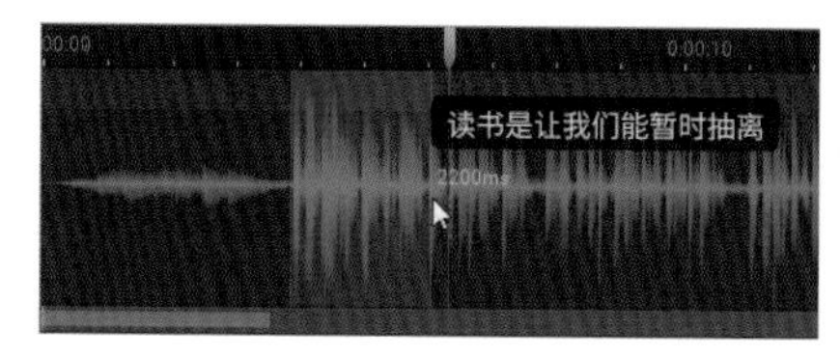

图 10-35

图 10-36

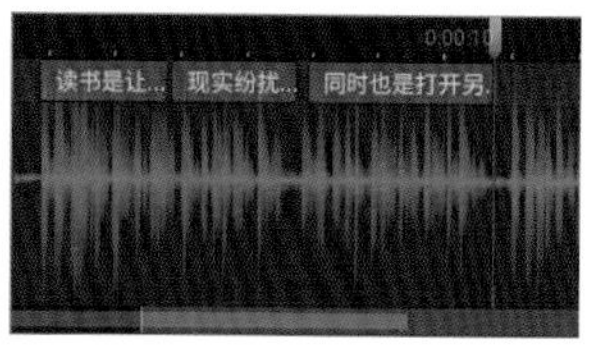

图 10-37

? 问一问：如何调整字幕持续时间？

在视频播放的时候，我们在拖曳时间线的过程中，可能会出现字幕出现的时间与台词出现的时间不同的情况，此时只需要将时间线移至字幕的末尾，就会出现图标，可以任意拖曳它，延长或者缩短字幕出现的时间，如图 10–38 所示。

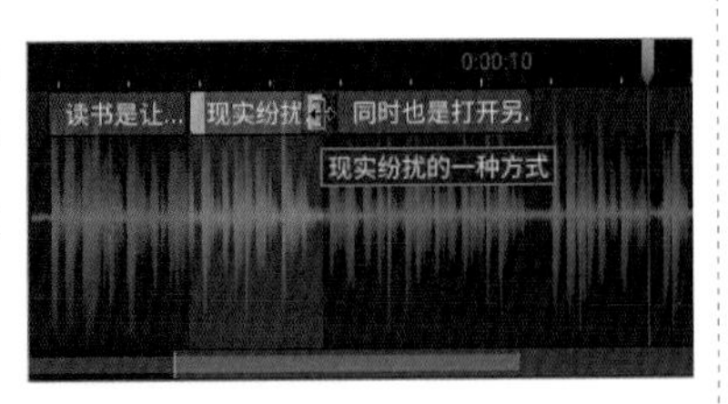

图 10–38

如何修改错误的字幕？

在做准备工作的时候，我们准备了 TXT 格式的文本，但如果文本中有错别字，这样添加的字幕就会出错，那么该如何进行修改呢？

只需要双击想要修改的字幕，在它下面的文本框中进行修改，修改完成后单击【提交修改】按钮即可，如图 10–39 所示。

图 10–39

如何修改字体样式？

系统自动为视频添加字幕时，字体等参数都是默认的样式，如果想修改该怎么办呢？

单击【样式管理】按钮，打开【样式管理】面板，根据视频尺寸的大小选择和它匹配的字幕大小，如图 10–40 所示。如选择 1920×1080 的尺寸，直接双击即可打开【字幕样式编辑】窗口，可以在里面修改字幕的字体、字号、间距等，如图 10–41 所示。

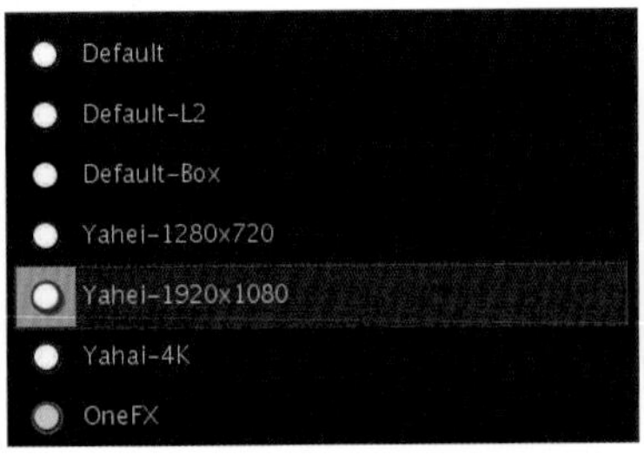

Default
Default-L2
Default-Box
Yahei-1280x720
Yahei-1920x1080
Yahai-4K
OneFX

图 10–40

图 10–41

06 以上全部修改满意后，在菜单栏执行【导出】-【快速压制视频（标准MP4）】命令，如图10-42所示。打开【输出视频快速设置】窗口，根据需求设置画质大小，单击【开始转码】按钮，如图10-43所示。

图 10-42

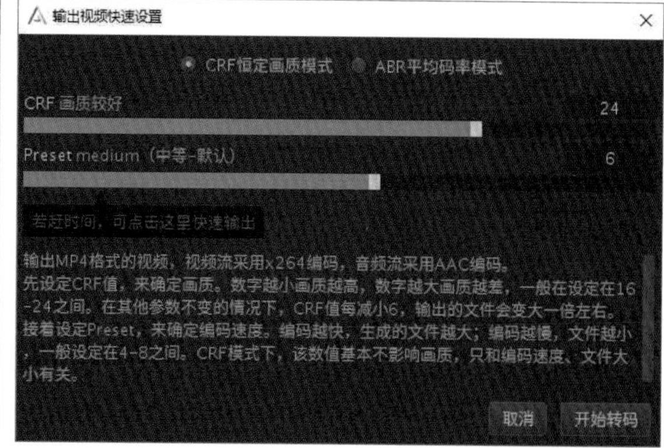

图 10-43

07 此时会出现字幕压制中的进度条，如图10-44所示。等待压制完成后，播放视频即可看到视频下方已经添加好了中文字幕，如图10-45所示。

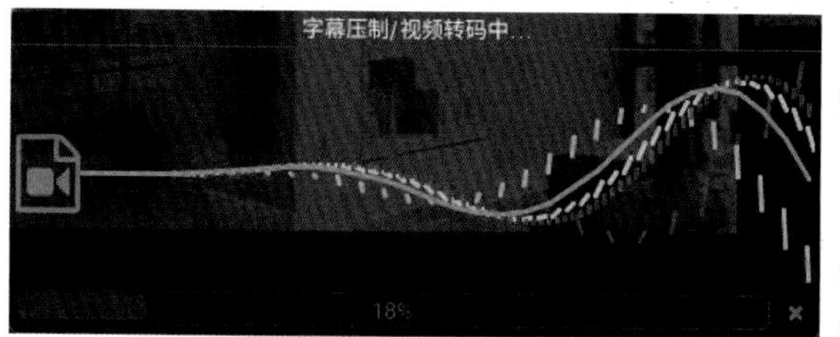

图 10-44

图 10-45

举一反三：制作片尾滚动字幕

本案例中制作的是静态字幕，那么如何制作动态字幕呢？如电影中常见的片尾滚动字幕，制作方法也很简单，只需要在【字幕】面板中选择游动字幕就可以了。

10.4 视频导出详解

本节讲解如何导出视频。进行视频导出的时候，该怎么选择参数以便导出清晰的视频呢？应根据不同的输出目的选择不同的输出格式，例如想要输出的文件比较小，只需要将比特率的参数调小即可；如果想输出竖版的视频，只需要更改序列设置即可。

10.4.1 导出界面

打开一个已将剪辑完成的项目，在菜单栏中执行【文件】-【导出】-【媒体】命令，如图10-46所示。打开【导出设置】窗口，如图10-47所示。

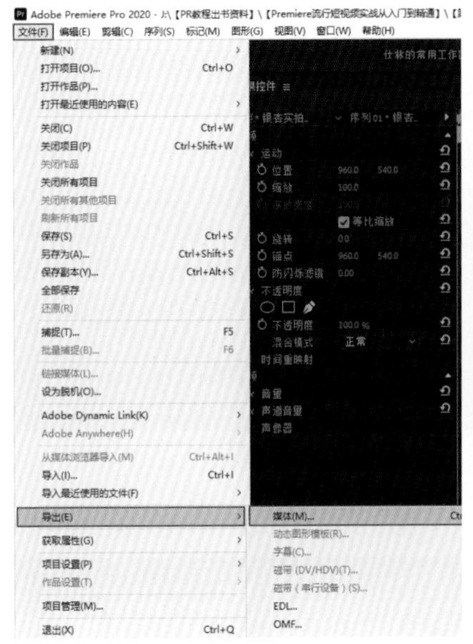

图10-46

图10-47

小贴士

除了在菜单栏执行【文件】-【导出】-【媒体】命令可以打开【导出设置】窗口外，在输入法为英文状态时，按 Ctrl+M 组合键，也可以直接打开【导出设置】窗口。

10.4.2 常见的视频封装格式

在【导出设置】窗口中对视频的封装格式进行设置。展开【格式】的下拉列表，如图10-48所示。可以看到有很多格式供我们选择，一般最常用的格式是H.264，也就是MP4格式。

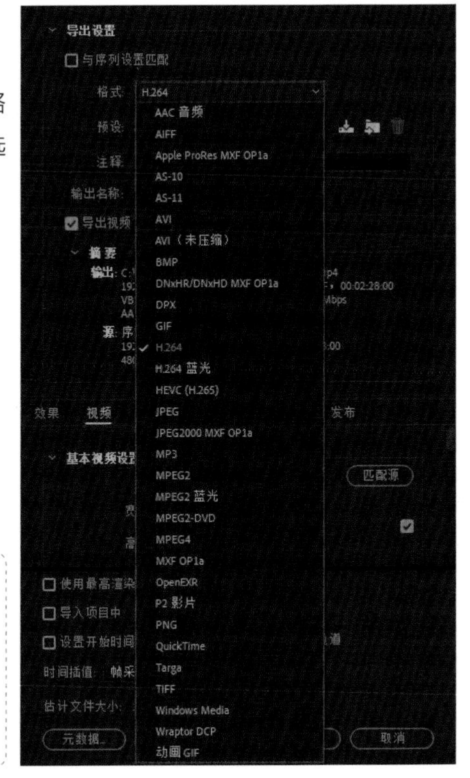

图10-48

问一问：什么是封装格式？

通俗地说，封装格式就是视频文件的扩展名。可以把格式理解成一个抽屉，这个抽屉可以装进我们视频的所有信息。等到播放的时候，软件会打开这个抽屉，用正确的方式来播放视频。常见的封装格式有 MOV、FLV、AVI、MP4 等。

10.4.3 导出QuickTime透明格式

01 在【项目】面板中将练习素材拖曳到【时间轴】面板中，如图10-49所示。此时【监视器】面板中的画面如图10-50所示。

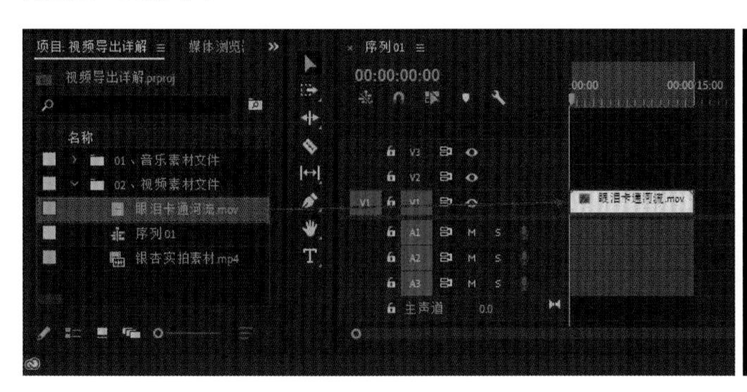

图 10-49

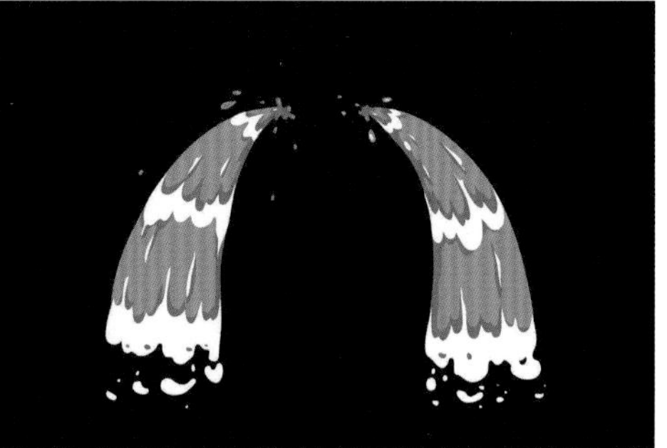

图 10-50

02 按Ctrl+M组合键，打开【导出设置】窗口，将【格式】改为【QuickTime】，将【预设】改为【Apple ProRes 4444（带Alpha通道）】，然后更改输出名称与输出位置，单击【导出】按钮，如图10-51所示。

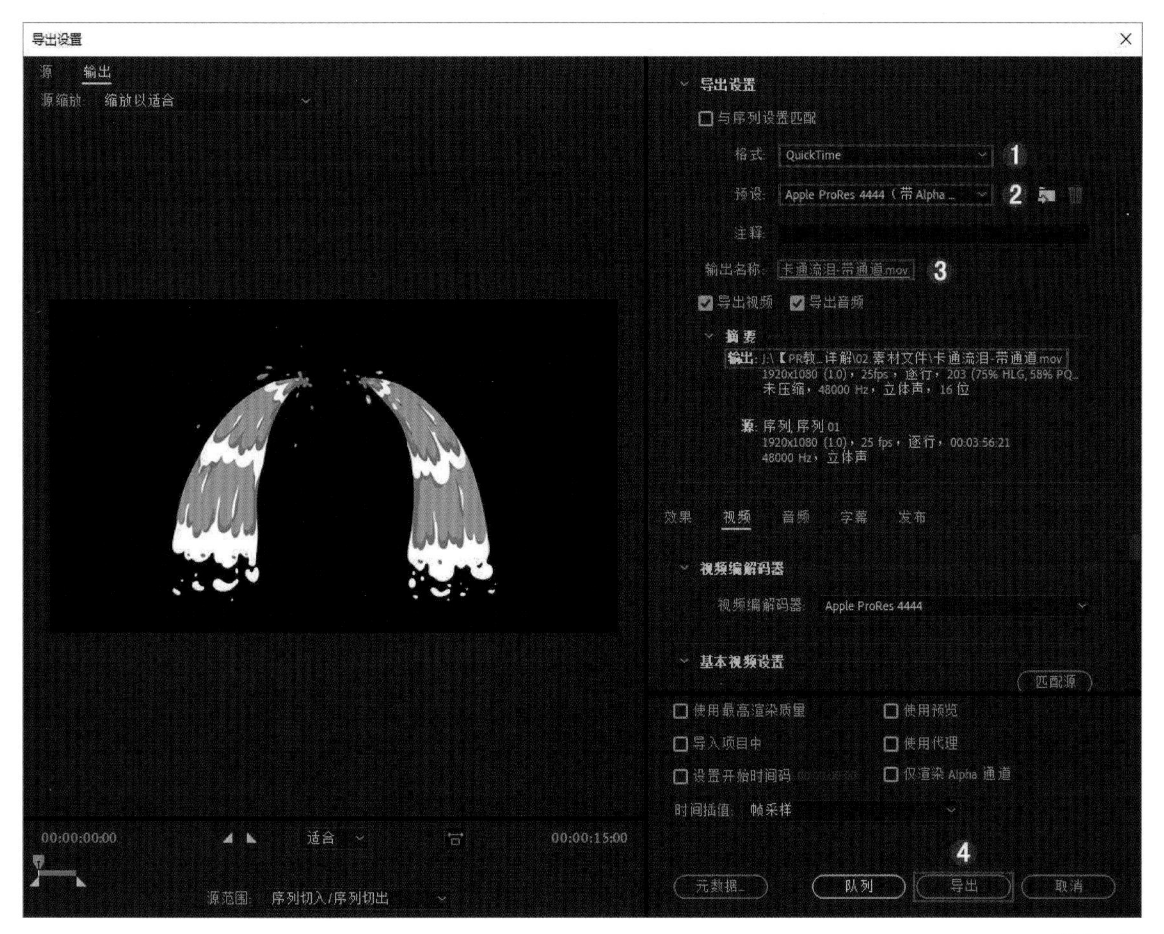

图 10-51

03 此时在打开的窗口中会显示渲染的进度条，如图10-52所示，待其渲染完成后，可以在上一步设置的存储位置中找到【卡通流泪-带通道】文件，如图10-53所示。

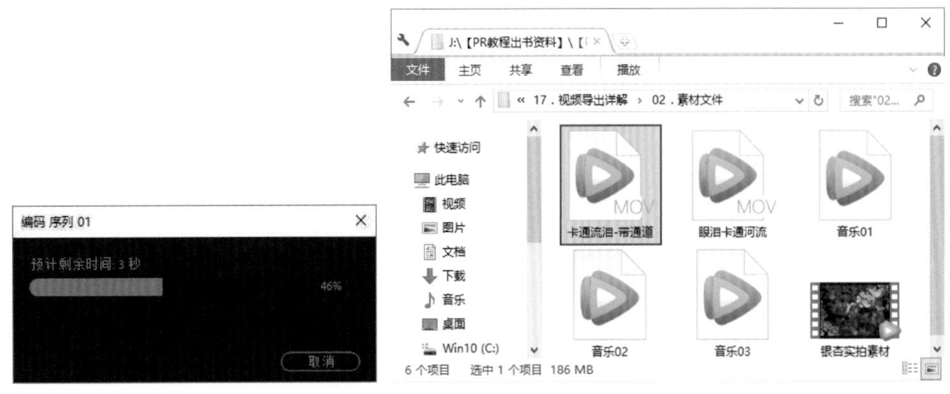

图 10-52

图 10-53

10.4.4 导出GIF动画格式

01 在【项目】面板中将素材拖曳到【时间轴】面板中，如图10-54所示。此时【监视器】面板中的画面如图10-55所示。

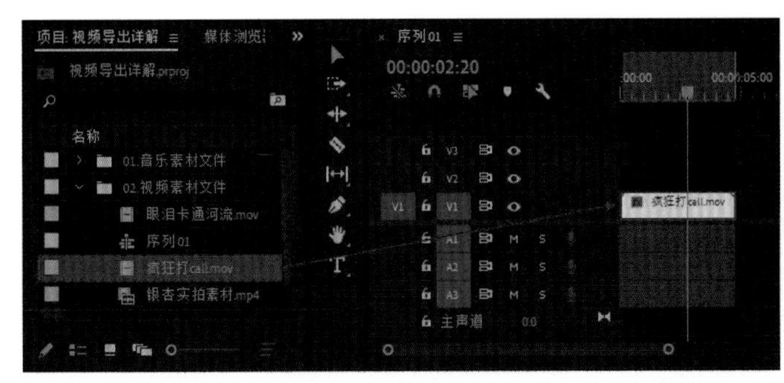

图 10-54

图 10-55

02 在【时间轴】面板中标记好需要导出的片段，如图10-56所示。按Ctrl+M组合键，打开【导出设置】窗口，将【格式】改为【动画GIF】，将【预设】改为【自定义】，更改一下输出名称与输出位置，将【帧速率】改为10，单击【导出】按钮，如图10-57所示。

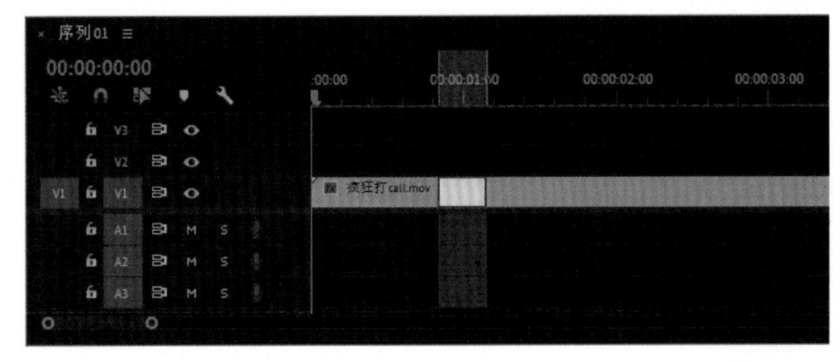

图 10-56

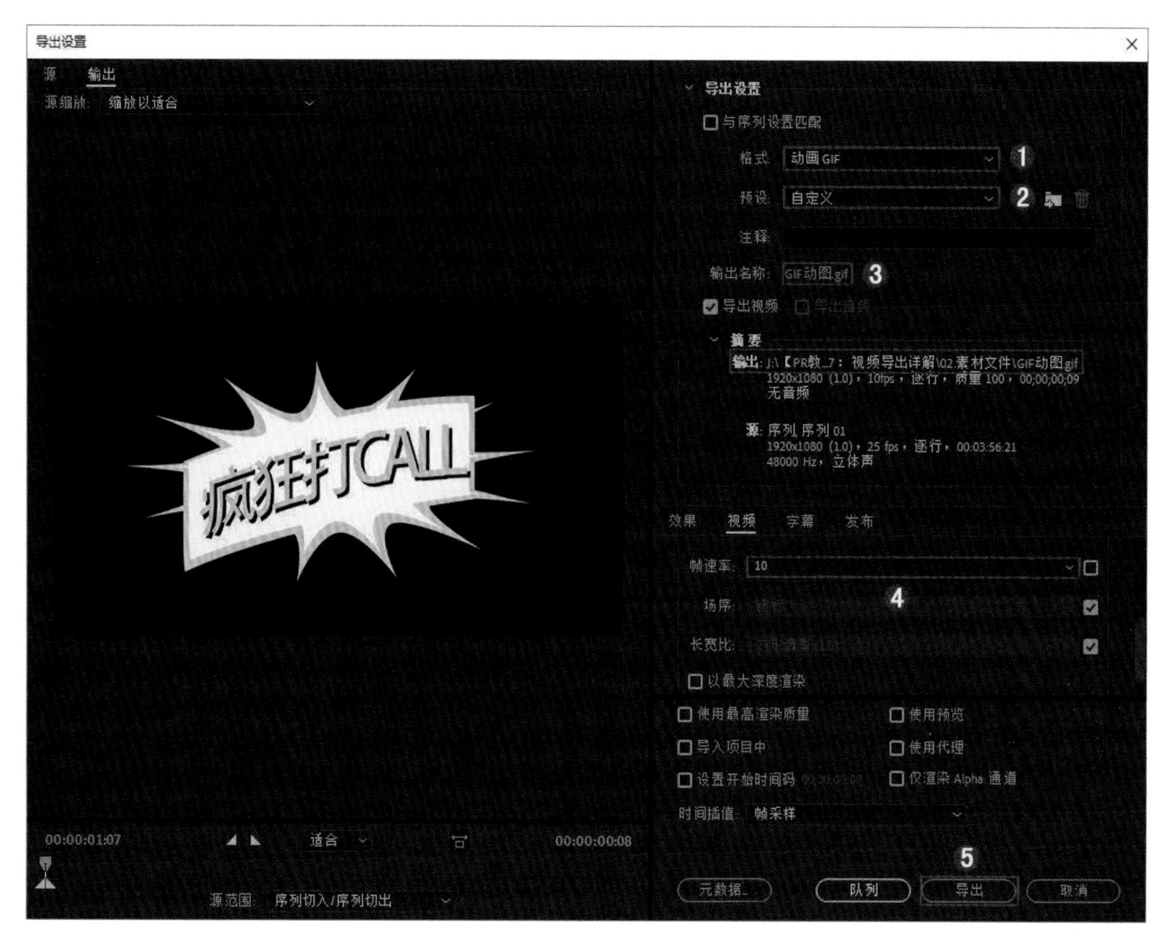

图 10-57

03 等待其渲染完成后，可以在设置的存储位置中找到【GIF动图】文件，如图10-58所示。

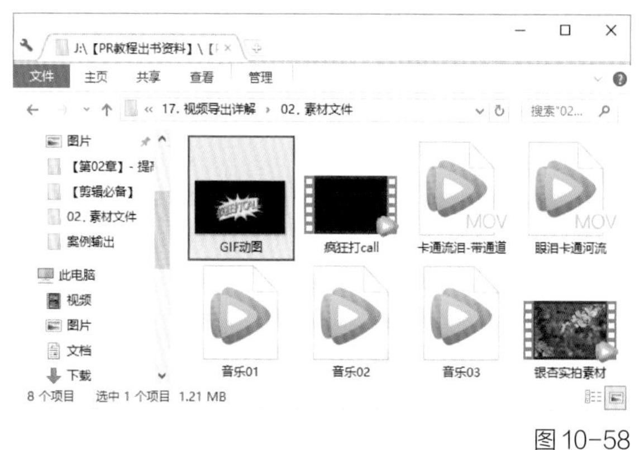

图 10-58

10.4.5 导出MP3音频格式

01 打开一个已经剪辑完成的项目。按Ctrl+M组合键，打开【导出设置】窗口，将【格式】改为【MP3】，将【预设】改为【MP3 128 kbps】，再更改一下输出位置和输出名称，单击【导出】按钮，如图10-59所示。

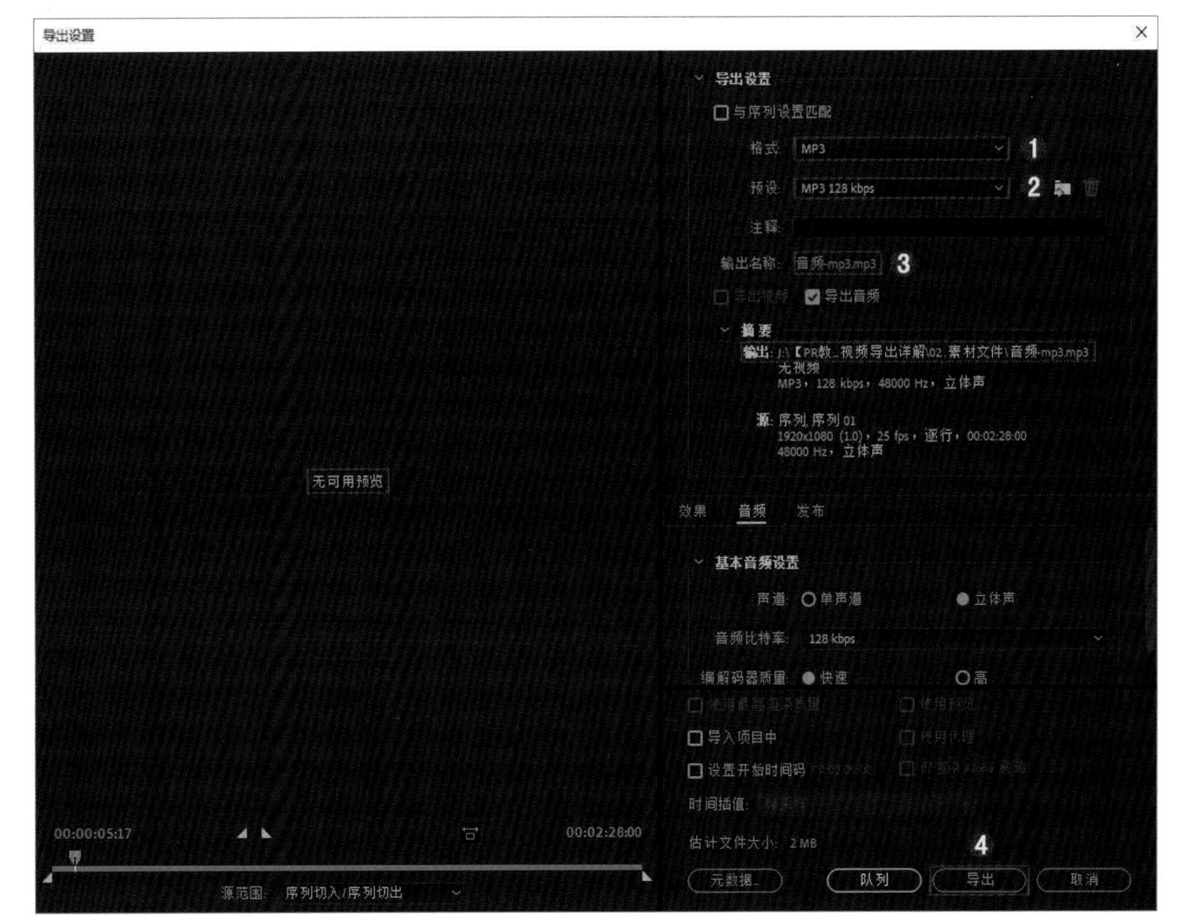

图 10-59

小贴士

因为导出的是 MP3 格式，所以【导出设置】窗口的左边没有画面，显示为【无可用预览】。

02 等待渲染完成后，可以在上一步设置的输出路径中找到【音频-mp3】文件，如图10-60所示。

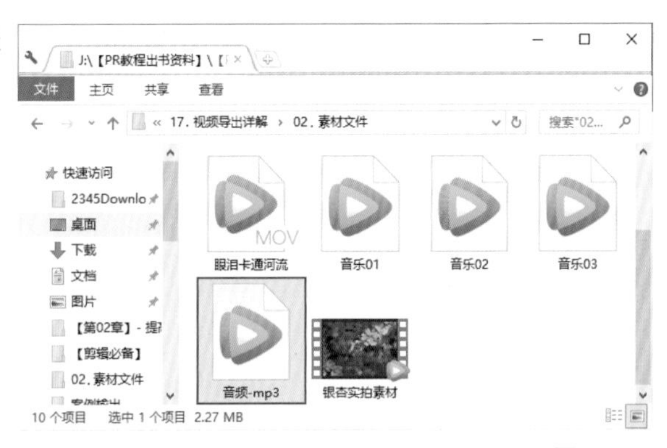

图 10-60

经过前面的粗剪、精剪、栏目包装，我们的视频已经剪辑完成了，现在到了输出的时候了。

那么在【导出设置】窗口中如何设置参数才能够让视频在各网络平台更加清晰、流畅地播放，并满足不同平台的要求？这些平台包括腾讯视频、今日头条、哔哩哔哩等长视频平台，如图10-61所示；以及抖音、快手、微视等短视频平台，如图10-62所示。

9:16 竖版——上传抖音、快手等短视频平台

16:9 横版——上传微博、哔哩哔哩等长视频平台

它最大的好处在于

图 10-61

图 10-62

10.4.6 导出横版视频

01 打开工程文件，然后打开之前保存的项目文件。

02 设置入点和出点。将时间线放在要导出的视频的起点位置，然后单击【监视器】面板中的【标记入点】按钮，此时【时间轴】面板中的画面如图10-63所示。

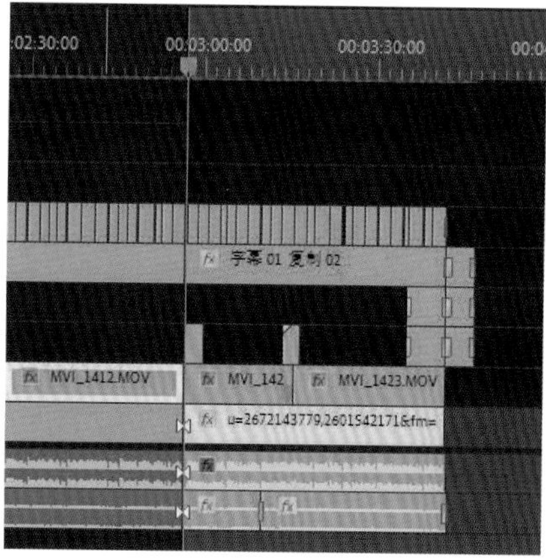

图 10-63

03 将时间线放在要导出的视频的末尾位置，如图10-64所示，然后单击【监视器】面板中的【标记出点】按钮，此时【时间轴】面板中的画面如图10-65所示。

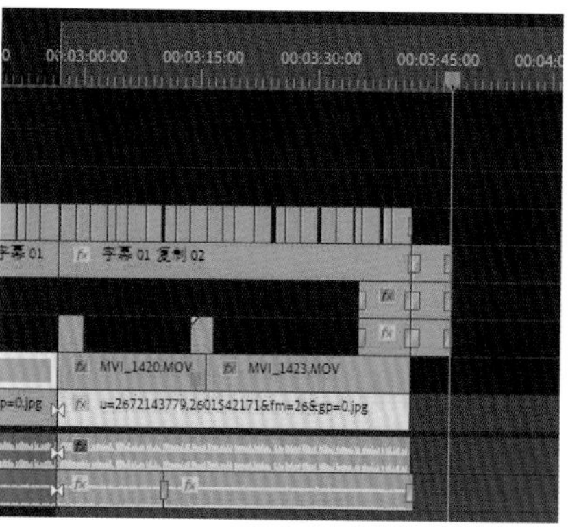

图 10-64

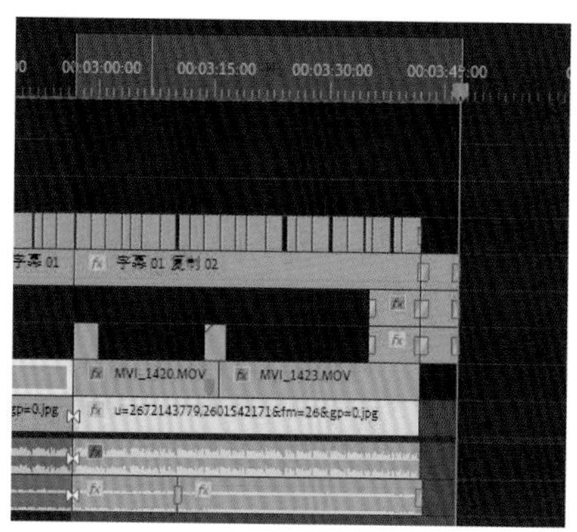

图 10-65

04 此时【时间轴】面板中入点和出点之间的片段就是要导出的内容，被选中的片段颜色会相对亮一些，如图10-66所示。

图 10-66

小贴士

除了手动标记入点和出点外，还可以使用快捷键标记入点和出点，当我们把时间线放在【标记入点】按钮上时，它的下方会出现“标记入点(I)”的字样，其中括号里面的“I”就是它的快捷键；同理将时间线放到【标记出点】按钮时，它的下方会出现“标记出点（O）”的字样，其中括号里面的“O”就是它的快捷键，如图10-67所示。只需要确定好入点和出点，在输入法为英文状态时，按I键和O键即可快速标记入点和出点。

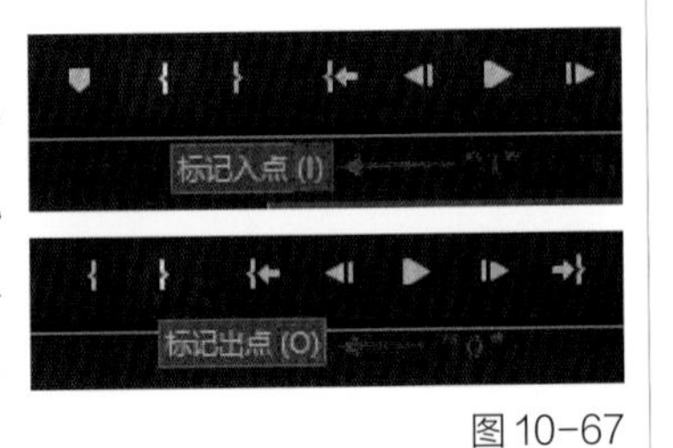

图 10-67

05 在菜单栏中执行【文件】-【导出】-【媒体】命令，调出【导出设置】窗口，如图10-68和图10-69所示。

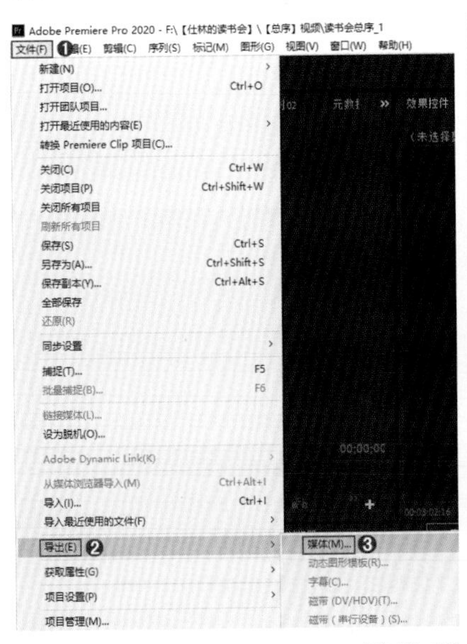

图 10-68

图 10-69

06 设置导出参数。设置【格式】为【H.264】，如图10-70所示。

图 10-70

07 单击【输出名称】右侧的蓝色序列名称，打开【另存为】窗口，接着选择保存位置。以保存到桌面为例，单击【桌面】，在【文件名】文本框中输入名称，如“人物采访”，然后单击【保存】按钮，如图10-71所示。

08 拖曳右边的滑块往下滑动，如图10-72所示，找到【比特率设置】，将【比特率编码】改为【VBR，1次】，【目标比特率】改为10，【最大比特率】改为12，如图10-73所示。

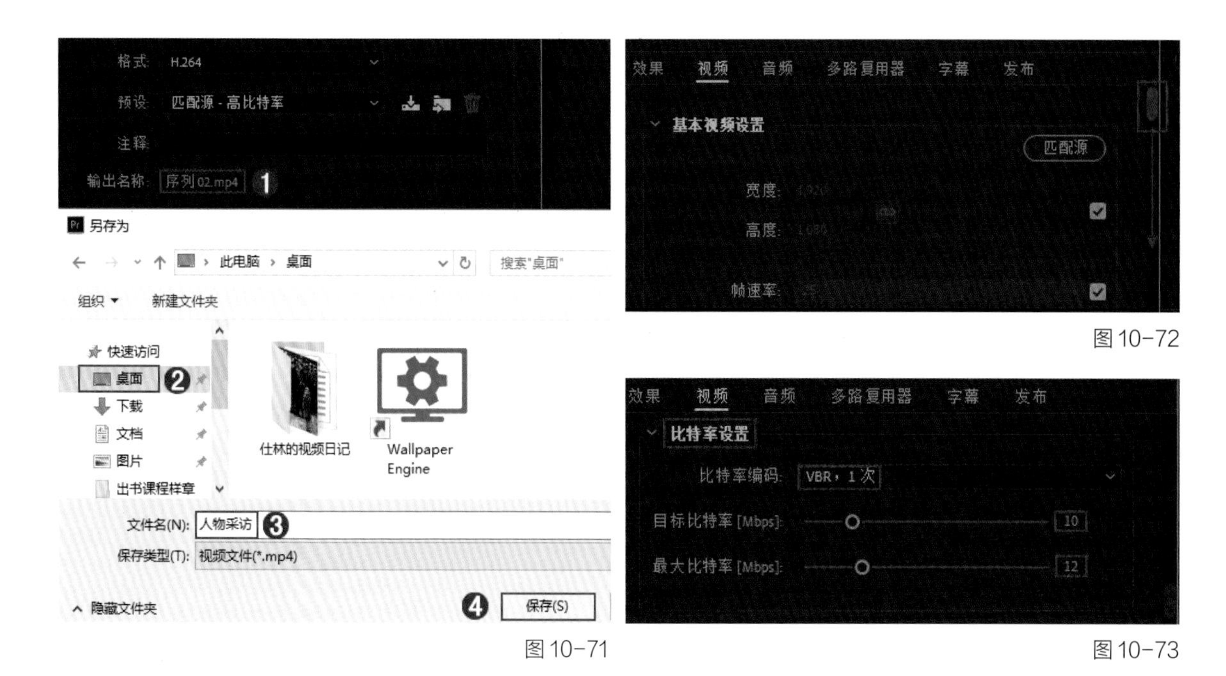

图 10-71

图 10-72

图 10-73

课外拓展

比特率又称“二进制位速率”，俗称“码率”，表示单位时间内传送比特的数目，用于衡量数字信息的传送速度，常写作 bit/s。比特率越高，单位时间传送的数据量（位数）越大。

VBR 与 CBR 的区别：VBR 是动态码率，CBR 是静态码率。动态码率指根据画面的复杂程度来分配码率，画面颜色复杂，就会分配更多码流，保留更多细节，画面简单，则会少分配一些。静态码率的码流是固定的，颜色复杂的画面会缺失一些细节，所以建议使用 VBR。

09 单击【导出】按钮就可以导出视频了，如图 10-74。

图 10-74

10.4.7 导出竖版视频

1. 方法 1

01 在菜单栏执行【序列】-【序列设置】命令，如图10-75所示，打开【序列设置】窗口，如图10-76所示。

02 将【帧大小】由1920×1080改为1080×1920，这样画面就由原来的16：9的横屏变为9：16的竖屏了，如图10-77和图10-78所示，单击【确定】按钮，此时会打开图10-79所示的【删除此序列的所有预览】窗口。

图 10-75

图 10-77

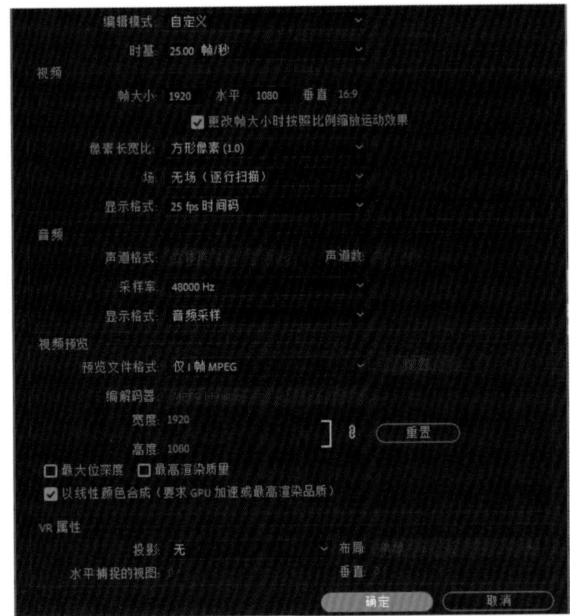

图 10-76

图 10-78

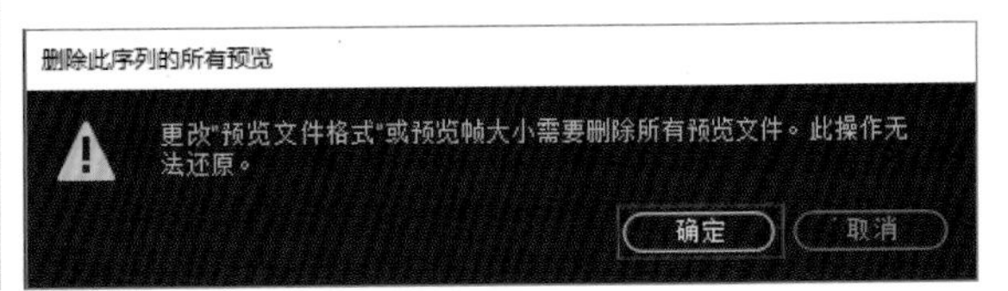

图 10-79

03 单击【确定】按钮，此时【监视器】面板中的画面如图10-80所示，视频为9：16的竖屏模式，此时的画面比例就适合上传抖音、快手等短视频平台。

04 可以在视频上下两条黑边上添加文字。

在工具栏中单击【文字工具】按钮，然后在【监视器】面板的画面中单击一下，会出现一个红色的文本框，直接在里面输入文字即可，如输入“人物采访（一）”的字样，如图10-81所示。

图 10-80

图 10-81

05 在【基本图形】面板中找到【文本】并选择字体，此时【监视器】面板中的画面如图10-82所示，下半部分的黑色部分可以在上传短视频平台的时候，配上文案效果，如图10-83所示。

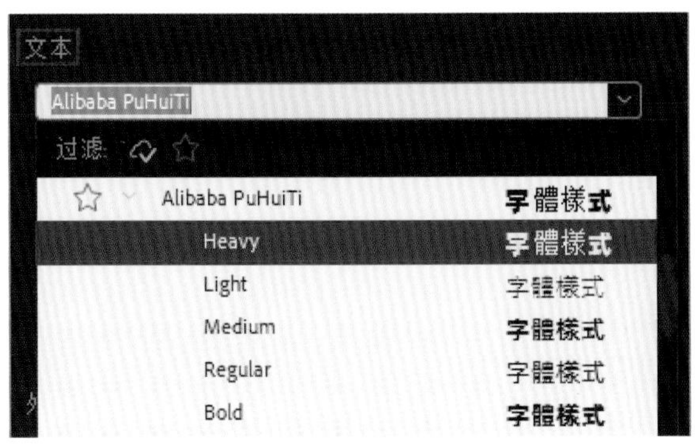

图 10-82

图 10-83

2. 方法二

01 对于16：9的横版视频，在菜单栏执行【序列】-【自动重构序列】命令，如图10-84和图10-85所示。

图 10-84

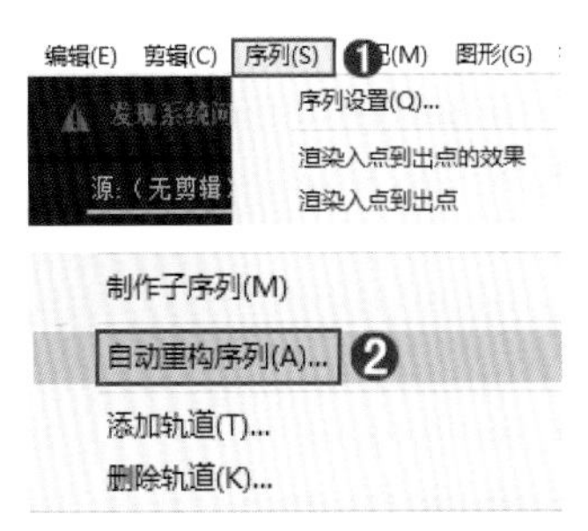

图 10-85

02 打开图10-86所示的【自动重构序列】窗口，将【长宽比】设置为【垂直9：16】，再单击【创建】按钮，如图10-87和图10-88所示。等待软件分析完毕，画面如图10-89所示。

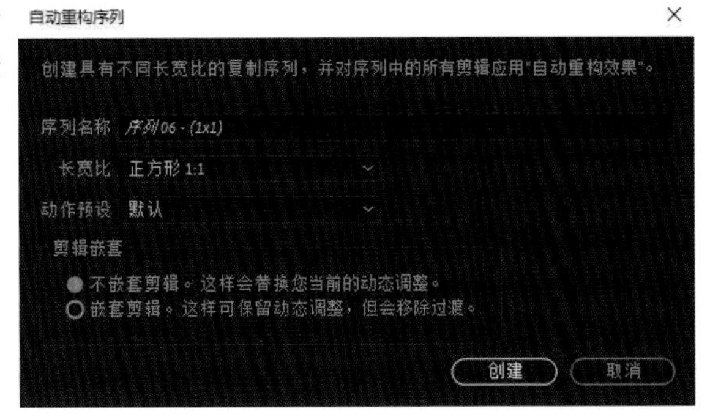

图 10-86

序列名称 序列06 - (1x1)
长宽比 正方形 1:1
正方形 1:1
垂直 4:5
垂直 9:16
水平 16:9
自定义
动作预设
剪辑嵌套

图 10-87

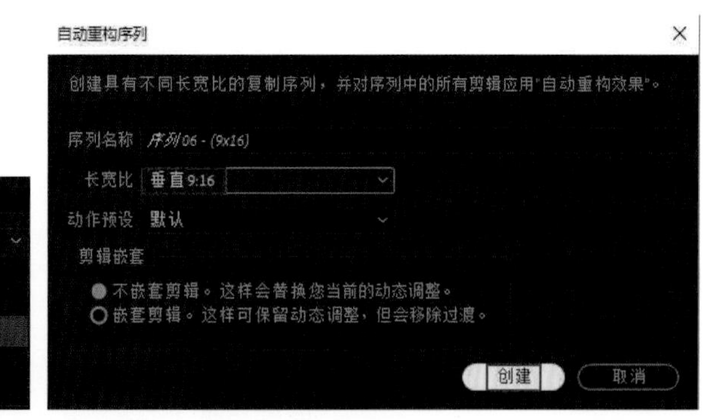

图 10-88

图 10-89

第11章 完整实战实操

11.1 创作人物采访类视频

人物采访类视频是一种常见的视频形式，包括传统的人物采访类电视节目，如《鲁豫有约》《杨澜访谈录》，以及由最开始的电视节目演化来的人物采访谈话类小品《小崔说事》等。后来由于互联网短视频的流行，又出现了人物采访类短视频、街访类短视频，如拜托啦学妹、歪果仁研究协会这类自媒体的短视频和一些人物出镜讲解的知识类短视频等，甚至一些故事片、纪录片、宣传片中也会插入一些采访对象的镜头。

人物采访类视频不仅可以单独作为一种视频形式，而且可以与其他视频形式相结合，只要结合得恰当合理即可。

11.1.1 前期构思和拍摄要点

1. 准备采访大纲

采访大纲

采访主题	（此处为大主题下的本次【采访主题】）	
采访对象	（采访对象可以为一人或多人）	
采访时间	（与多方协调确定最终时间）	
采访地点	（注意提前踩点）	
采访备注	（有无特殊要求等）	
采访问题	【对象A】 问题1: 问题2: 问题3: 以此类推	【对象B】 问题1: 问题2: 问题3: 以此类推

在采访之前一定要充分了解采访对象和自己的情况，做到心中有数。根据自己片子的类型和用途，我们可以大致确定我们的采访方向。例如，我们拍摄的是《板栗之乡》纪录片，采访的是一位很有经验的板栗种植者，那么就可以大致围绕种植经验、经济收益、环境优势等方向去设计问题。

在与采访对象交流的过程中，也要去了解采访对象的经历，如在哪儿上的学、别人对他的印象等。尽量去挖掘一些有趣、有料、有意义的故事，通过对采访对象的了解，整理出观点和方向。然后就可以开始设计问题了，问题应环环相扣，要挖掘出有深度的东西。重复以上步骤来不断地修正我们的采访大纲。

2. 确定采访地点，了解采访现场的环境

根据采访主题和对象，要提前去采访场地进行踩点，了解采访现场的环境，是在专业的摄影棚内还是在日常生活工作场所，又或者是在街头？光照环境如何？是否需要补光？是现场实拍还是需要搭绿幕做后期抠像处理？这些问题都要做到心中有数，在开拍前必须仔细考量。

无论是布景还是对现有的环境进行改造，都需要注意以下几点。

（1）光线充足。利用自然光充足的地方，如靠近窗户的位置。光线不够就要用补光灯等设备。

（2）布景简约、素雅。简单来说就是背景尽量简洁，不要太复杂，背景颜色和采访对象出镜衣服的颜色也要统一，尽量不要超过3种颜色。

（3）画面有层次感。也就是要有前景、中景、背景之分，尽量加强画面的纵深感，前景可以摆一盆花或者与采访主题相关的小物件等，例如采访的是陶笛匠人，就可以放一个陶笛；采访的是影评人，就可以摆放一本书或者放映机等相关的元素。这些元素不仅可以丰富画面而且还可以突出主题、身份。

一个合适的采访环境的例子如图11-1所示。

图 11-1

3. 确定机位和角度

在确定了采访大纲和环境后，下面就要确定机位了。人物采访一般要设置2到3个机位来配合进行拍摄，如图11-2所示。如果只是单机位进行拍摄，也不是不可以，只不过相对3机位会少了一些“趣味性”，后期不连续的画面衔接起来会有破绽，也没有多余的景别和角度来切换。有了第二个机位的参与就丰富了画面的角度和景别，更方便剪辑，视觉感受也不会过于呆板无趣。如果有第三个机位的话，那就更好了，可以用它拍一些其他创意镜头来作为后期的剪辑素材。

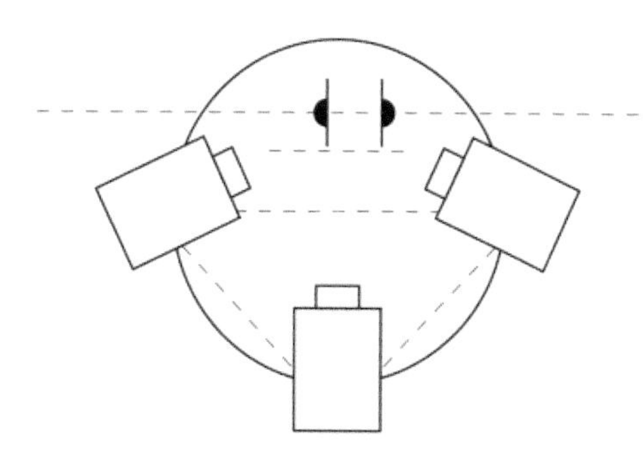

图 11-2

- 主机位：主机位负责拍摄人物正面，但要避免被采访者直面镜头，配合灯光会让采访对象的脸部更有立体感。景别一般取中近景或近景即可。
- 副机位：副机位用来拍摄被采访对象的近景或特写镜头，角度也要与主机位区分开。目的是避免单一角度的画面时间过长，否则观众在观看时很容易产生疲惫感。
- 游机：游机机动性较强，是用于防止画面沉闷的重要机位。可以用它来捕捉采访对象的细微动作和面部表情，所以景别一般为大特写。如捕捉人物的眼神、手势等突出人物性格的局部特写；拍摄人物的衣着、手表等暗示身份的信息。当然也可以拍摄一些与主题、人物相关的小道具或装饰物等。

4. 人物上镜要点

所有准备工作做好之后，如果开拍之前采访对象愿意，我们可以进行一到两次的预拍。这样既能让采访对象做好准备，避免紧张；也能够让摄像师对机位、角度、曝光等进行微调，检查设备运行是否正常，然后再正式开始进入采访拍摄流程。

但是，即使进行了预拍演练，一般采访对象在镜头面前难免会有紧张和不自然的表现。如看镜、有小动作等，这些都是正常现象，不要表现出急切、不耐烦的情绪，反而要给采访对象安慰和信心。例如当采访对象表现不错时可以微微点头表示认可，用这些小方法来保证整个采访过程自然流畅。因为，摄像机背后的工作人员都不应该是一个冷冰冰的拍摄机器。

◆ 要点一：状态轻松自然。在采访时尽量让采访对象处于放松状态，保持微笑，采访者在问问题时也要具有亲和力，不要急于完成采访大纲上的任务，而是要以正常聊天交流的方式去沟通。

◆ 要点二：不要看镜头。在采访时一般由于紧张，采访对象都会看镜头，这样就打破了“第四堵墙”，会让观众有种跳跃感。

◆ 要点三：不要过于追求“完美”。这里的完美指的是不一定要让采访对象对答如流，当然如果话语流畅是最好的，但有时候适当停顿反而是真实的表现，在不影响语义的情况下没必要再拍一遍。

小贴士

第四堵墙，是一个戏剧术语，是指舞台中虚构的“墙”。一般现实中的话剧舞台有“左、右、后”三面墙，而面向观众的那一面被称为不存在的墙，也就是“第四堵墙”。它的作用是将舞台上的演员与观众隔开，使演员忘记观众的存在。

以下是“声画同步”小技巧。

我们经常会在一些电影花絮里看到这样的场景：工作人员在镜头前举起拍板，并将上方的黑白色或彩虹色的长条拿起并拍下，发出清脆的“啪”一声，如图 11-3 所示。这就是打板。

打板是为了声画同步，方便剪辑师后期无缝接合声音画面。为了将声画同步，选择一个时间点是非常重要的，这就需要在影片中找到一个声音非常清晰的时刻进行同步。

图 11-3

那这跟采访有什么关系呢？采访采用的是多机位拍摄，我们在后期剪辑的时候也需要同步两台摄像机的声音和画面，使拍摄的两个画面同步。在开机的时候“打板”就可以作为一个同步的参考，如果没有打板器的话，可以拍一下手或者制造一个清晰的声音，方便后期找到这一时间点。

11.1.2 后期剪辑包装技巧

多机位及其应用场景

多机位是区别于单一机位的一种拍摄形式，它使用两台或两台以上摄像机，对同一场面同时做多角度的拍摄，常用于电视节目、大型晚会节目、电影、电视、情景剧、微电影、宣传片等拍摄，特点就是多机位同时记录，方便现场实时切换镜头或者后期剪辑切换不同机位和角度。

“机位”是影视创作者对摄像机拍摄位置的称呼。在电影中正是通过多机位的变化、调度来进行叙事的，如图11-4所示。

（1）摄像机就是眼睛。在多机位的情况下每一个机位放置的位置决定了我们从一个什么样的角度看到影片故事的发展。这才有了俯视、平时、仰视等不同视角，从而也带出了这些视角背后的意义。

（2）机位就是构图和景别。每一个机位拍摄的画面，由于位置、角度的不同，会产生不同的画面效果和构图效果，所以才会有“远、全、中、近、特”不同的景别。

（3）机位就是场面调度。每一个机位的变化，都体现了导演在空间上想以怎样的方式去叙事，是快节奏的多机位连续切换还是单一机位的长镜头等。

全景

特写

图 11-4

11.1.3 多机位剪辑技巧实操

01 在菜单栏中执行【文件】-【新建】-【项目】命名，打开【新建项目】的窗口，更改【名称】为【多机位剪辑案例】，单击【浏览】按钮设置保存路径，单击【确定】按钮，如图11-5所示。

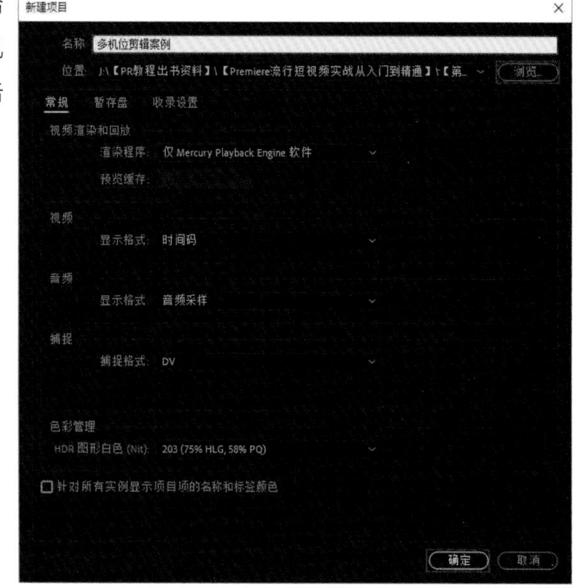

图 11-5

02 在【项目】面板的空白处双击，打开【导入】窗口，选中【02.素材文件】文件夹，单击【导入文件夹】按钮，将素材导入【项目】面板，如图11-6和图11-7所示。

图 11-6

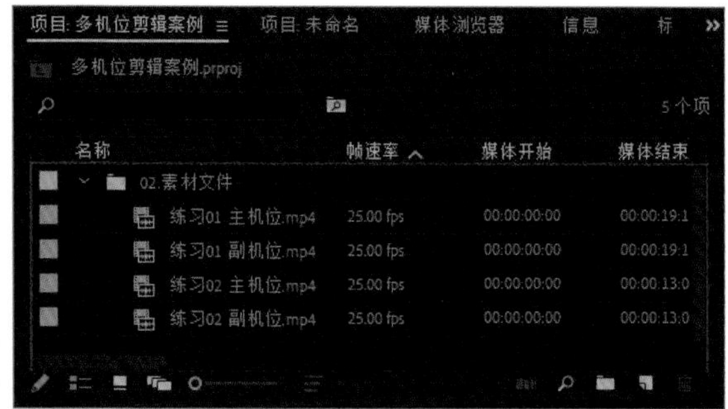

图 11-7

03 单击【项目】面板中的【新建项】按钮，在弹出的下拉菜单中执行【序列】命令，打开【新建序列】的窗口，单击【设置】选项卡，并将【编辑模式】改为【自定义】，对视频和音频的参数进行设置，最后单击【确定】按钮，新建序列，如图11-8所示。

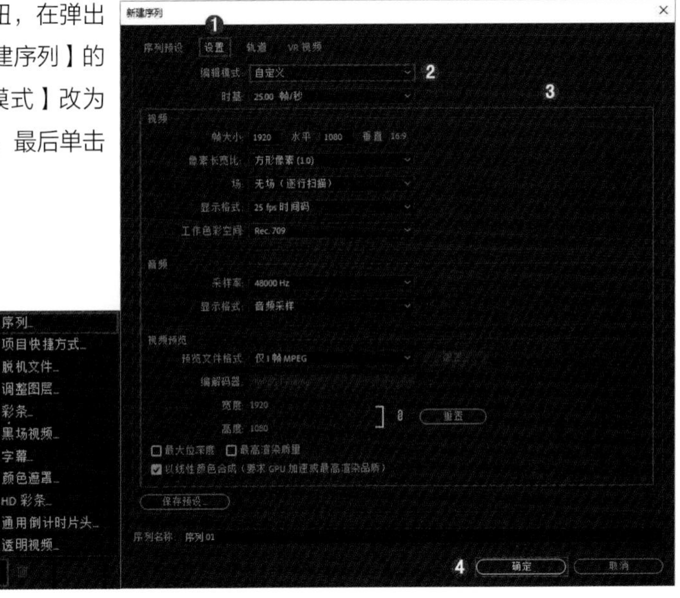

图 11-8

方法1：使用虚拟导播台切换多机位

01 在【项目】面板中同时选中【练习01 主机位.mp4】和【练习02 副机位.mp4】素材后，右击，在下拉菜单中执行【创建多机位源序列】命令，如图11-9所示。打开【创建多机位源序列】窗口，将【同步点】改为【音频】，其他保持默认即可，最后单击【确定】按钮，如图11-10所示。

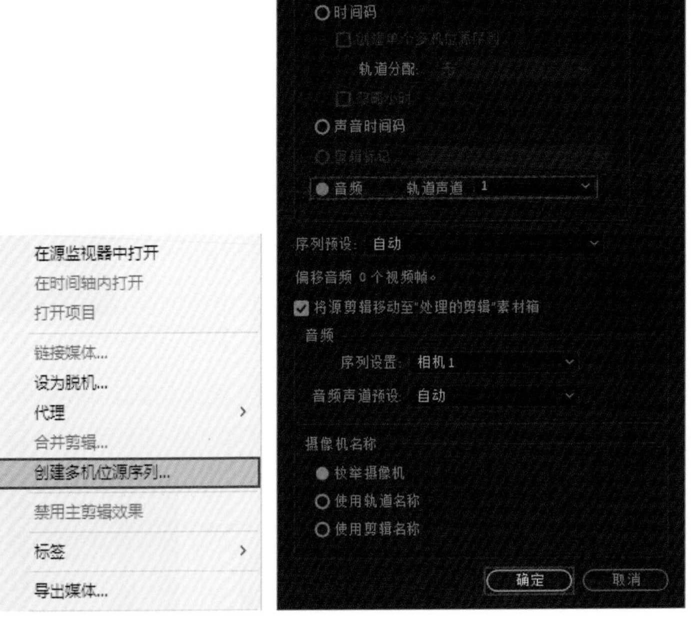

图 11-9　　图 11-10

02 此时【项目】面板中会多出来一个【处理的剪辑】文件夹，把刚才的两个视频素材放入其中；还会多出一个序列，如图11-11所示。注意，这个序列的图标▮跟其他新建的序列图标是不一样的。然后将软件自己新建的序列拖曳到【时间轴】面板中，如图11-12所示。

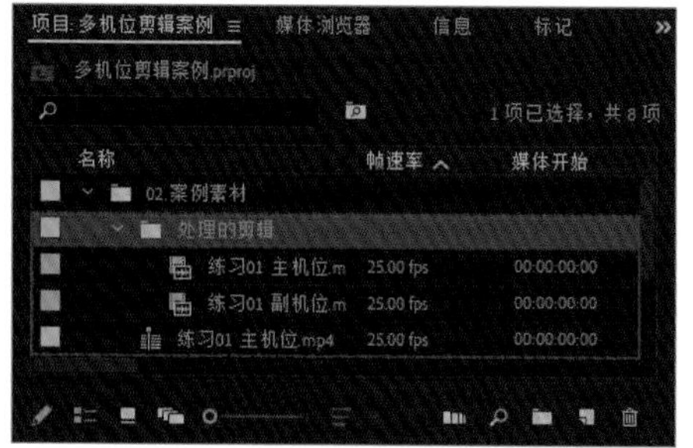

图 11-11

图 11-12

现在可以看到，【时间轴】面板中只有一条视频轨道和一条音频轨道，但刚才明明选中了两个视频素材。

03 此时按住Ctrl键双击素材，就可看到软件已经自动将两段素材的音频对齐了，并且将它们分别放置在【V1】和【V2】轨道上了，软件会默认保留【A1】轨道上的音频，将其他轨道上的声音静音（静音就是将“M”点亮），如图11-13所示。

04 在【监视器】面板中单击右下角的【按钮编辑器】按钮，打开【按钮编辑器】面板，然后将【切换多机位视图】按钮和【多机位录制开/关】按钮拖曳到下方蓝色线区域内，如图11-14所示。

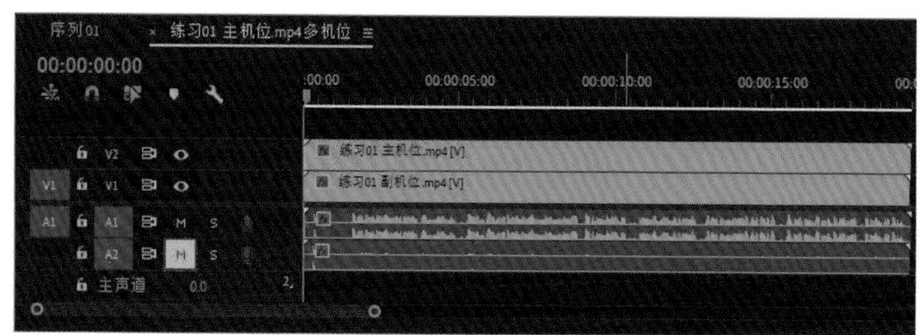

图 11-13

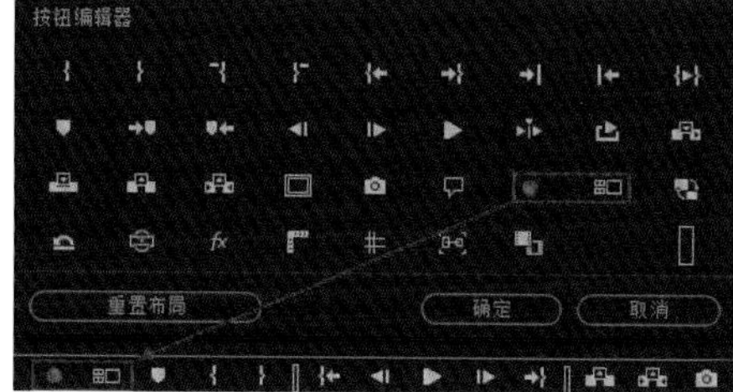

图 11-14

05 在【监视器】面板中单击【切换多机位视图】按钮，此时【监视器】面板如图11-15所示。可以看到该面板被一分为二了，左边两个小一点的画面分别显示的是主、副机位的视角，右边画面显示的是当前选中的画面，也就是左侧黄色框内的画面。

图 11-15

06 单击【多机位录制开/关】按钮，播放视频，在需要的切机位的地方，直接单击左边的画面即可，单击后被选中要切换的画面的外面会有一个红色的框，如图11-16所示。时间轴上的素材会自动被切开，如图11-17所示。

图 11-16

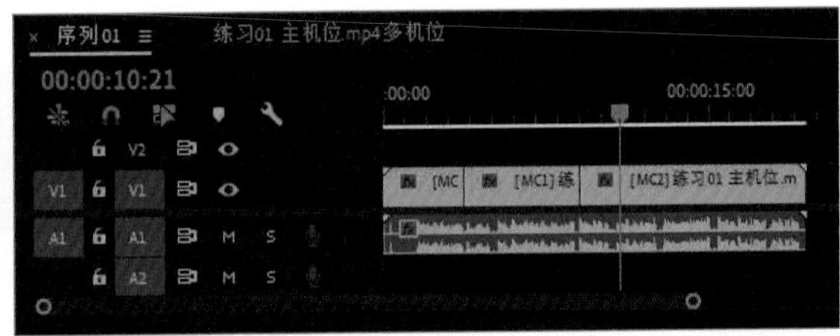

图 11-17

07 按照想要的效果切换完毕后，按住鼠标左键框选所有的素材，如图11-18所示。然后右击，执行【多机位】-【拼合】命令，如图11-19所示。此时时间轴上的嵌套序列就会变成已经切换好的素材文件了，如图11-20所示。

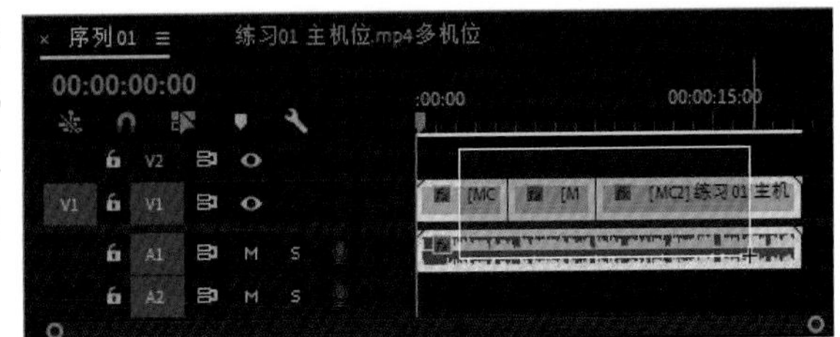

图 11-18

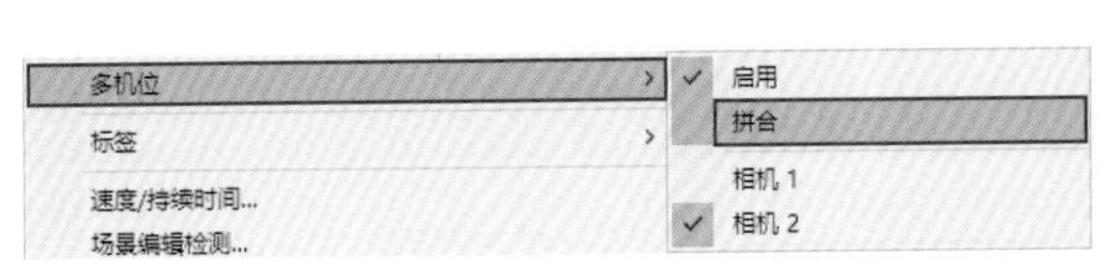

图 11-19

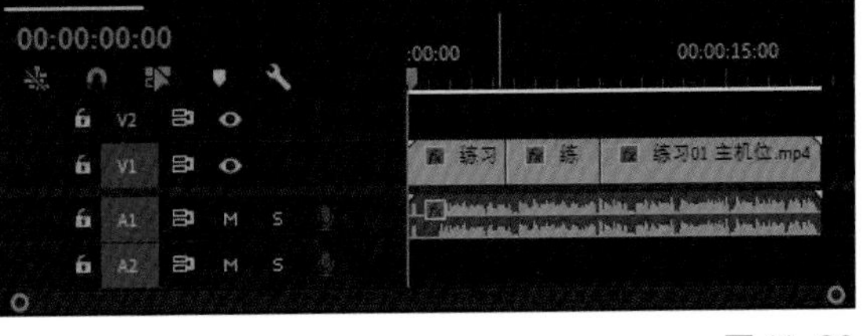

图 11-20

问一问

如何快速切换机位？

刚才切换机位使用的方法是通过鼠标单击画面来实现的，其实也可使用键盘上主键盘区的数字键来实现，1 对应的就是从左往右的第一个画面，依次类推。需要切换哪个画面，只需要按下相对应的数字键即可，就像是虚拟的导播台。

画面切错了如何替换？

无论是鼠标单击，还是使用数字键来切换，不可避免会有切错的时候，例如该给全景的位置切成了近景，那该如何替换错误的画面呢？首先选中需要替换的某个片段，如图 11-21 所示。然后可以在【监视器】面板

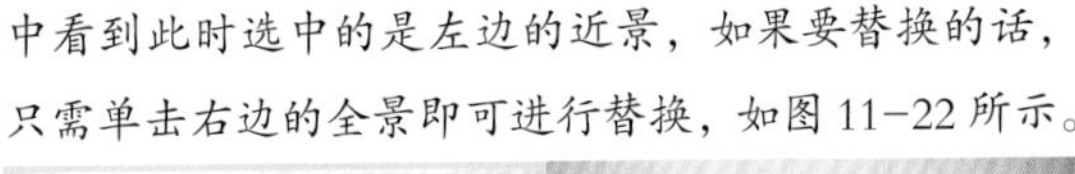
中看到此时选中的是左边的近景，如果要替换的话，只需单击右边的全景即可进行替换，如图 11-22 所示。

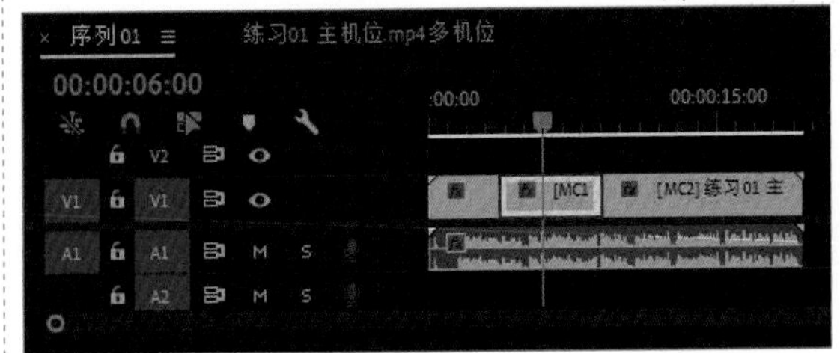

图 11-21

图 11-22

如何更改切换时间?

如果两个画面之间的切换时间不对，切早了或者切晚了该如何修改呢? 在图 11-23 中，我们想在时间线的位置进行画面切换，但画面却是在后面才切换的。这个时候在工具栏中单击【滚动编辑工具】按钮，如图 11-24 所示。然后将鼠标指针放在两段素材的切点位置，进行左右的拖曳，就可以更改两个画面的切换时间了，如图 11-25 所示。

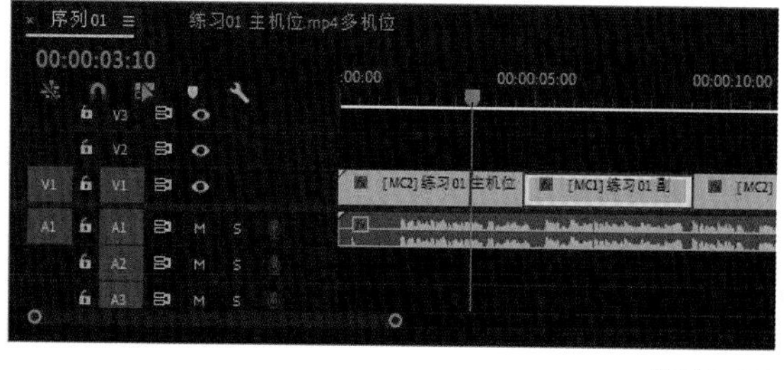

图 11-23

波纹编辑工具 (B)
滚动编辑工具 (N)
比率拉伸工具 (R)

图 11-24

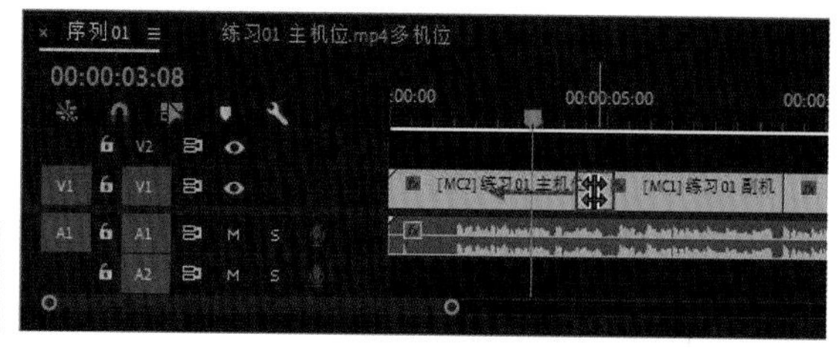

图 11-25

方法2：手动切换多机位

01 将【项目】面板中的【练习01 主机位.mp4】和【练习02 副机位.mp4】分别拖曳到【V1】和【V2】轨道上，如图11-26所示。此时【监视器】面板中的画面如图11-27所示。

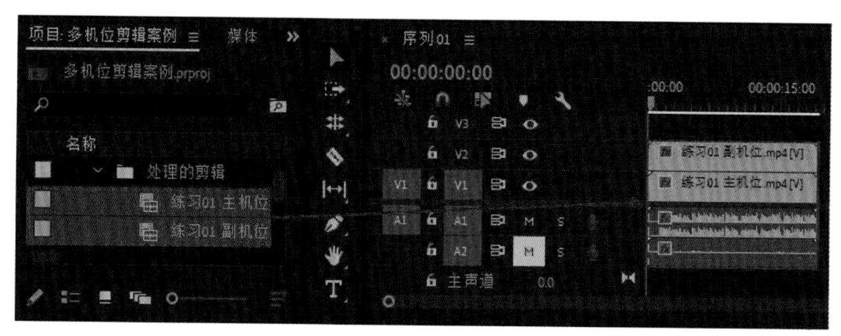

图 11-26

图 11-27

02 按住鼠标左键框选轨道上的所有素材，如图11-28所示，右击并执行【同步】命令，如图11-29所示。打开【同步剪辑】窗口，将【同步点】改为【音频】，【轨道声道】选择最清晰的一条音轨，这里我们选择1，单击【确定】按钮，如图11-30所示。这样就可以按照音频将两段素材自动同步对齐。

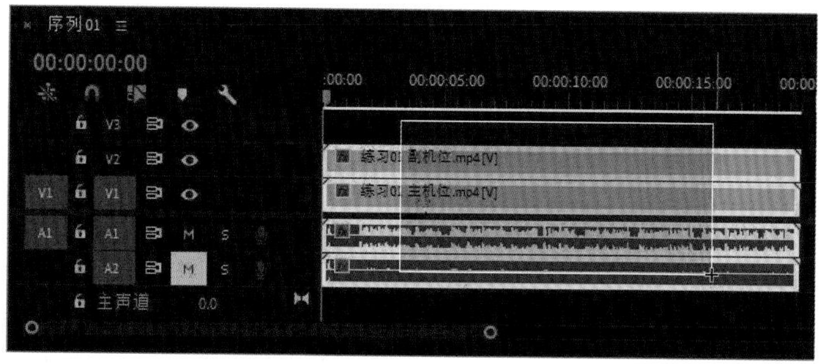

图 11-28

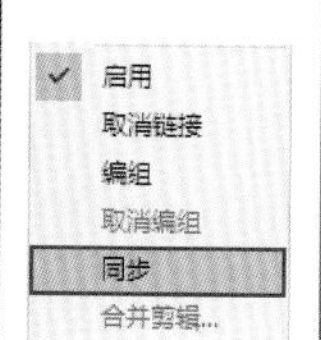

图 11-29

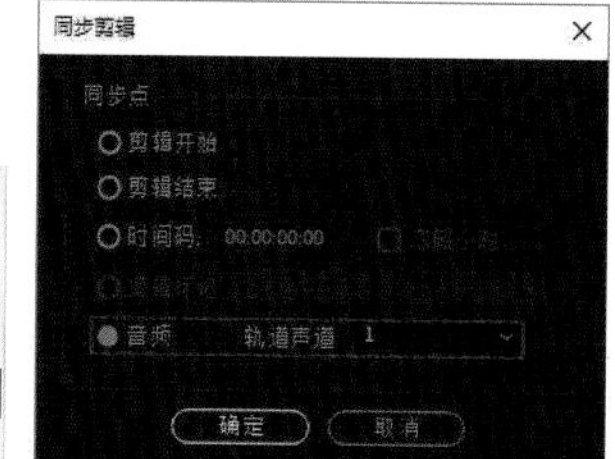

图 11-30

小贴士

选择【音频】进行同步的原因是，在多机位同时录制的情况下，采访对象的音频是被同时记录的，所以每条音轨的音波肯定是相同的。如果【同步点】选择【剪辑开始】，可能由于每个机位的开机时间不同，而导致音画无法同步，所以一般都会将【音频】作为同步点。

03 素材根据音轨同步对齐之后，接下来就比较好操作了。以【V1】轨道的主机位为主视频，单击【V2】轨道上的副机位素材，按Shift+E组合键不启用这段素材，可以看到【V2】轨道上的素材变成灰色，表示不显示的状态，如图11-31所示。

图 11-31

04 在需要切换副机位的地方，用【剃刀】工具将它裁出来，按住Alt键并单击视频部分，即可单独选中视频素材，然后再次按Shift+E组合键启用它，也就是被裁出来的视频部分可以单独显示出来，如图11-32所示。后面的视频以此类推，将需要用到那个画面裁开后重新启用它即可。

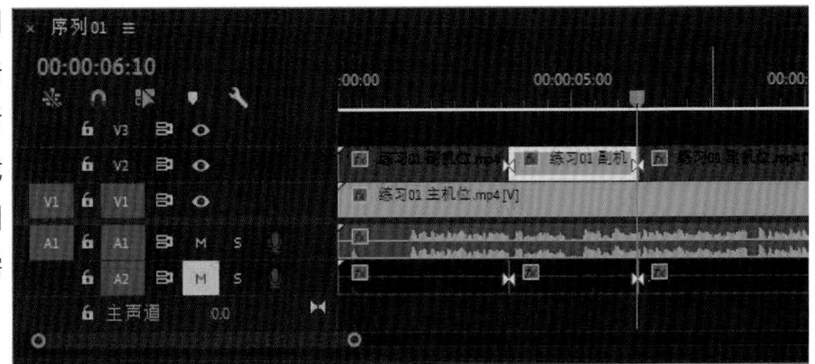

图 11-32

11.2 微电影短片创作

微电影即微型电影。顾名思义，它的时间比较短，一般在30分钟之内，适合在短时休闲状态下观看，具有完整的故事情节。

微电影流行起来是在互联网兴起的时候，但是它却是从电影诞生后就有了，如最初的代表《工厂大门》《园丁浇花》等，近些年的代表有筷子兄弟的《老男孩》。与电影的巨大投资相比，微电影在拍摄设备、资金、团队、流程等方面的要求都较低，实际操作难度也不大，适合小团队拍摄与制作。

11.2.1 剧本的创作要点

随着影视行业的蓬勃发展，很多人都想学习微电影短片的制作，将自己的生活拍成大片，那首先就要学习剧本的创作。什么是剧本呢？

剧本是电影的基础，是电影的指南和蓝图，也是文学视频化的依据。剧本和其他文学作品（如小说、散文）的区别在于，如果剧本不是为了拍摄的需要，它的可阅读性不如其他文学形式。创作剧本的最大目的就是拍摄，因为任何电影都是在诠释编剧用文字创作的世界。

要点一：具有画面感。因为剧本是操作蓝图和拍摄指南，要注意它的实操性和具体性，避免使用抽象化的语言来描述内容。

要点二：多关注人物塑造、故事情节和场面调度，因为影视作品是通过视听语言来完成修辞和创作的。

- 错误示范：一个普通人做了一件伟大的事。

这句话是典型的文学语言，不符合剧本的要求，因为它不能直接转化成画面，每个人看到这句话想象出来的故事都不一样。什么样的人算是普通人？拾荒者还是环卫工人？什么样的事情算是伟大的事情？拯救了落水者还是喂了流浪猫？每个人给出的答案都不一样。

- 正确示范1：一个衣着朴素的环卫工人，将自己仅有的皱巴巴10元钱递给了路边衣衫褴褛的乞丐。

这句话就是对上面那句空洞的话的具体描述，它给出了具体可拍摄的画面。普通人就这个环卫工人，他干了什么事儿让人觉得很伟大？这个事就是将自己仅有的10元钱给了乞丐。注意“皱巴巴”这个词，我们能感受到这张钱肯定是放了好久自己都舍不得花，而当他看到别人更需要的时候，便毫不犹豫地给了乞丐，这就是伟大之处。

- 正确示范2：一阵风吹过，小林走在结冰的小路上，搓了搓手放在嘴边哈了口气，顿时飘出来一缕白雾。

上面这个示范就具有很强的画面感，整句话没有一个“冷”字，却真实地让大家有了天寒地冻的感觉，甚至还有点阴森的感觉。

11.2.2 实例：微电影《父亲》

1. 剧情梗概

小刚是一个外刚内柔的人，母亲的早逝让他对父亲一直有误解。为彰显自己的叛逆性格，小刚去文了身。回家之后，父亲和小刚爆发了很大的争吵，小刚离家出走后，父亲一夜之间仿佛衰老了许多。没想到再次回来的小刚却意外开始理解父亲。原来，小刚在离家出走途中遇见了母亲曾经的好友，母亲的好友向他讲述了小刚父母年轻时的爱情故事。小刚最终和父亲打开心结，文身依然存在，不过已经成了亲情的象征。

2. 人物小传

小刚：18岁，叛逆少年，但内心善良，因为母亲的早逝和父亲关系不好，一直心存误解。

父亲：45岁，有军人气质，穿着质朴，妻子因病早逝，留下儿子和自己生活在一起，因为妻子的早逝，父子关系不和。

吴阿姨：45岁，小刚妈妈的好友，以经营一家小便利店为生。

3. 部分文学剧本实例

第五场 便利店门口 下午 室外

小刚坐在便利店外的台阶上，身边放着几罐啤酒，手中点着烟，旁边都是烟头。

吴阿姨从店里出来，手中拿着一碗泡面、一盒饼干。

吴阿姨：吃点吧。

小刚接过泡面大口吃起来，吃着吃着，小刚停了一下。

小刚：要是我妈还在，也不至于这样了。

吴阿姨：各人有各人的命，你妈走得早倒是不用受罪了，就剩你爸了，别老跟他吵架。

小刚：不是我要跟他吵架，我就文个身，怎么了？

吴阿姨（无奈地笑了笑）：这确实是你爸思想跟不上潮流。你也知道他以前当过兵，对什么事都是一板一眼的，抽烟、喝酒、文身，这些在他眼里都是坏习惯，你也理解下。

小刚：哼，他可不是什么好人，我妈生病那会儿，他天天跟那些所谓的女客户吃饭，扎在女人堆里，关系不清不楚的，我妈就是被他气死的。

吴阿姨：其实这事说起来，怪我。当年我那口子带着你爸投资工程，赔了，他承受不住走了，留下我自己。你妈又查出病来，当时真是一分钱都没有。

两人都不说话了。

吴阿姨：当时他借钱批发了一堆服装，你爸为了给你妈看病，就让我去帮忙。买衣服的可不都是女人吗。

小刚听着吴阿姨的话，顿了顿。

吴阿姨：这事你妈也知道，你这么多年是自己把自己困住了。

小刚：可是……

吴阿姨：没有可是，再多的可是他也是你亲爹，他不会害你妈，更不会害你！

小刚低下头，默不作声。

11.2.3 根据文学剧本创作分镜头脚本

什么是分镜头脚本？分镜头脚本又称摄制工作台本，是将文字转换成立体视听形象的中间媒介，主要任务是根据解说词和文学剧本来设计相应画面，配置音乐、音响，把握片子的节奏和风格等。

想象一下，你现在就是一个导演，要拍摄一部短片或电影，这是需要很多人参与的，那怎么能让每一个人都能了解你的想法和意图呢？不可能给每个人都讲一遍吧？那这个时候，分镜头脚本就起到作用了。

分镜头脚本的格式如下。

【标题】：在脚本的最上方标注清楚，是哪部微电影或宣传片的脚本。

【时长】：在标题下面写出成片预估的大概时长。

【镜号】：也叫机位号，通常用于多机位拍摄的情况，用01、02、03……来表示。

【景别】：表示该画面用什么景别去拍摄，有远、全、中、近、特5个大类别。

【拍摄手法】：也叫拍摄技法，分为推、拉、摇、移、跟、升、降、甩8个手法。

【画面内容】：将文学剧本的画面内容按照镜号写上去即可，注意画面描述要遵循少抽象、多具体的原则。

【声音】：包含台词、音乐、音响3部分。台词指的是剧中人物的对白，音乐指的是背景音乐，音响指的是同期声的环境音，或者后期要加的一些特殊音效等。

【备注】：标注对该画面的特殊要求，如升格拍摄等。

《父亲》分镜头脚本

导演版（15min）

镜号	景别	拍摄手法	画面内容	声音			备注
				台词	音乐	音响	
01	远景	推镜头	要点 1：少用抽象形容词	对白台词	音乐背景	音效等	其他
02	全景	拉镜头	要点 2：客观描述画面即可	……	……	……	
03	中景	摇镜头	……				
04	近景	移镜头					
05	特写	跟镜头					
06	……	……					

黑场 / 出片尾演职人员字幕

微电影《父亲》部分分镜头脚本

导演版（15 min）

镜号	景别	拍摄手法	画面内容	声音			备注
				台词	音乐	音响	
01	全景	移镜头	小刚坐在便利店外的台阶上，抽着烟，身边放着几罐啤酒	无	伤感纯音乐	无	音乐渐弱
02	近景	摇镜头	吴阿姨从店里出来，手中拿着一碗泡面、一盒饼干	吴阿姨：吃点吧		同期声环境音	
03	全景	固定	小刚吃了一口泡面	无	无		
04	特写	固定	小刚吃着吃着停了一下	小刚：要是我妈还在，也不至于这样了			
05	全景	固定侧拍	吴阿姨和小刚坐在便利店门口	吴阿姨：各人有各人的命……别老跟他吵架			
06	特写	固定	小刚手上端着泡面，手在不停地摆弄着叉子	小刚：不是我要和他吵架……文身怎么了？			
07	全景	固定	吴阿姨拿着面包，无奈地笑了笑	吴阿姨：这确实是你爸思想跟不上潮流……你也理解下			
08	特写	固定侧拍	小刚坐在门口一只手端着泡面	小刚：哼，他可不是什么好人……就是被他气死的			

续表

<table>
<tr><th rowspan="2">镜号</th><th rowspan="2">景别</th><th rowspan="2">拍摄手法</th><th rowspan="2">画面内容</th><th colspan="3">声音</th><th rowspan="2">备注</th></tr>
<tr><th>台词</th><th>音乐</th><th>音响</th></tr>
<tr><td>09</td><td>近景</td><td>固定正拍</td><td>小刚和吴阿姨坐在一起，小刚在一旁吃着泡面</td><td rowspan="5">吴阿姨：这事儿其实说起来，怪我。当年我那口子带着你爸投资工程，赔了，他承受不住走了，你妈又查出病来，当时真是一分钱都没有。当时他借钱批发了一堆服装，你爸为了给你妈看病，就让我去帮忙。买衣服的可不都是女人吗。这事你妈也知道，你这么多年是自己把自己困住了</td><td>音乐渐起</td><td>同期声环境音</td><td></td></tr>
<tr><td>10</td><td>全景</td><td>固定</td><td>下着雨的夜晚，一辆白色的汽车停在医院急诊室的门前，从车里出来一个男人，急急忙忙地跑进医院……</td><td rowspan="6">同上</td><td>下雨声</td><td>闪回镜头</td></tr>
<tr><td>11</td><td>近景</td><td>固定俯拍</td><td>一个女人闭着眼睛躺在白色的病床上，旁边的护士在给打点滴</td><td>滴答声</td><td>同上</td></tr>
<tr><td>12</td><td>近景</td><td>手持拍摄</td><td>一个男人的背影在批发市场整理着衣服</td><td></td><td></td></tr>
<tr><td>13</td><td>特写</td><td>固定</td><td>输液滴管</td><td></td><td></td></tr>
<tr><td>14</td><td>特写</td><td>固定</td><td>门口的风铃随风飘动</td><td>小刚：可是</td><td>风铃声</td><td></td></tr>
<tr><td>15</td><td>近景</td><td>固定</td><td>小刚和吴阿姨坐在一起，小刚在一旁吃着泡面。吴阿姨打断了小刚的话</td><td>吴阿姨：没有可是……他不会害你妈，更不会害你！</td><td></td><td>闪回镜头</td></tr>
<tr><td>16</td><td>近景</td><td>固定</td><td>小刚合起了泡面的盖子，低下头默不作声</td><td>无</td><td>音乐渐弱</td><td></td><td></td></tr>
</table>

小贴士

其他类型的分镜头脚本。

上面的文字版分镜头脚本，适合小团队，相对来说不是那么复杂，制作成本不高，主要作用是让大家看懂以便更好地配合。除了这样的文字版，其实还有另外两种形式的分镜头脚本，分别是图画版和视频版。

图画版是分镜设计师将文字描述的画面，用手绘的方式直接画出来，这样表现会更加直观一些，如图11-33所示。

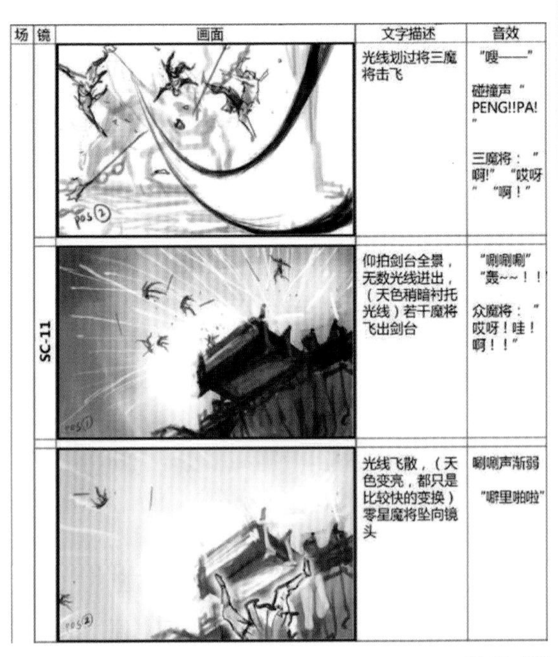

图11-33

视频版则直接将文字画面做成动态的视频，其中的特效等场景都会预先还原出来，相当于提前在真人出境之前做一版动画，成本和预算特别高。一般个人和工作室用文字版就已经足够了。

视频版分镜：左边为动画效果，右边为最终电影画面效果，如图 11-34 所示。

图 11-34

11.2.4 确定拍摄计划

在写完分镜头脚本之后，初步的故事就已经成型了，就可以把脚本发给摄像师了，让他们先提前熟悉一下要拍摄的画面，根据脚本要求去准备拍摄器材。然后按照列出的拍摄计划和物料清单，规划好时间和地点，在保证拍摄质量的前提下尽可能地节省时间。

- 场景

  场景一：文身店（一场戏——小刚和文身师）。

  场景二：便利店（两场戏——小刚和吴阿姨、吴阿姨和父亲）。

  场景三：家里（两场戏——小刚和父亲）。

- 第一天

  上午——文身店中小刚和文身师的戏份。

  下午——便利店中小刚和吴阿姨的戏份、父亲和吴阿姨的戏份。

  晚上——在家里布置场景并设计走位，准备第二天的戏。

- 第二天

  拍摄小刚和父亲的两场戏（分别为争吵前和和好之后的戏份）。

  核对物料清单。

- 拍摄场景

  文身店。

  具有年代感的普通房子。

  便利店或小商店。

- 演员

主角父亲——自备两套衣服，朴素家居装即可。

主角小刚——自备两套衣服，一套“痞”一点的，另一套普通家居衣服。

配角吴阿姨——自备一套衣服，普通日常穿着。

配角文身师——日常工作服装即可。

配角路人——男女均可，来往便利店的路人。

- 道具

第一天第二场：泡面、菜篮子或袋子、黄菊。

第二天第一场：遗像、黄菊、香、香炉、文身贴、一桌子菜。

第二天第二场：遗像、黄菊、香、香炉、文身贴、一桌子菜、一瓶酒、酒杯。

- 发布通告单

通告单的发放对象是全体剧组人员，目的是确保每个人都知道当天的流程，以便让大家更好地配合。所以通告单中最重要的时间、地点信息要有。时间包含集合、出发和每场戏的拍摄时间，地点包括集合出发地点和每场戏的拍摄地点。

微电影《父亲》4 月 3 日 通告单	日期：2019 年 4 月 3 日 星期三 拍摄：第 1 天 / 共 2 天

天气：晴　日出：07:00　日落：18:30　气温：5~17℃
片场：麻子文身店
地点：钟楼地铁站 A 出口新世界百货 B 座 7F
时间：08:00 导演组、摄影组、灯光组、录音组、设备车出发　08:30 演职人员全部就位
用餐：午餐 12:30 片场发放　晚餐 18:30 片场发放

场号	场景	演员	拍摄内容	日 / 夜	内 / 外	拍摄时间	拍摄地点	必要道具
1	文身店	李鑫（小刚）	见剧本	日	外	8:30	麻子文身店	无
3	商店	唐彩霞（吴阿姨） 景湛（父亲）	见剧本	日	外 + 内	14:30	师苑便利店	黄菊袋子
5	商店	唐彩霞（吴阿姨） 李鑫（小刚）	见剧本	日	外	16:30	师苑便利店	泡面

拍摄现场禁止大声喧哗，手机请调静音！

11.2.5 拍摄环境的注意事项

1. 避免穿帮镜头

穿帮镜头主要分为两大类。一类是机位、工作人员的穿帮。大多数微电影都是采用的多机位拍摄，所以要

避免镜头里出现其他机位和多余的工作人员。要避免这类问题在拍摄现场回看的时候多注意就好了，因为这是比较容易发现的问题。收音的麦克风入镜的穿帮镜头如图11-35所示。

图 11-35

另一类是剧情、道具的穿帮。由于是分镜头、分场景进行的拍摄，因此就会存在同一场景要拍好几场戏的情况，这个时候每场戏演员的衣服、妆容等道具一定要明确，一旦出错，剧情逻辑就有很大的问题，而且后期补救成本非常大。要避免这类问题，在制作分镜头脚本的时候，就要备注好每场戏所需要的服装、化妆、道具。

2. 注意同期声收音

在拍摄现场能同期声收音是最好的，一旦音频出现问题，后期要么找演员补录，要么找人配音，这是比较麻烦的；同时也要注意保持拍摄现场的安静，如果环境嘈杂则收音效果会大打折扣。

11.2.6 后期剪辑包装技巧

1. 重新整理、分类、命名素材

在拍摄完毕后，应该第一时间将素材导入计算机，并进行备份。接下来就是分门别类地整理素材。可以以时间给素材命名，如【第一天】【第二天】；也可以以场景给素材命名，如【便利店主机位】【便利店副机位】。如果素材少的话，可进行初步筛选留下有用的镜头，再详细命名每个镜头，如图11-36所示。

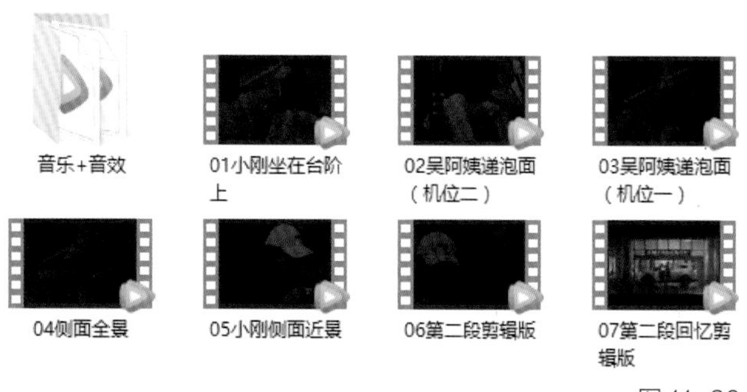

图 11-36

2. 根据文学剧本大纲梳理故事主线

我们还是以微电影《父亲》中的一段戏为例，这场戏是整个剧情的转折点，也是小刚和父亲消除误会的节点。

这一场戏可以分为两部分，第一部分就是小刚的和吴阿姨的对话，主要内容是小刚为什么对父亲不满意，讲述了他对父亲产生误会的原因；第二部分主要是通过吴阿姨的讲述来带入回忆，即向观众解释剧情的走向，也是向身边的小刚解释，最后达到化解误会的目的。

梳理完剧情走向，我们就知道这场戏的大致剪辑方向，以对话为主、叙述感较强，在剪辑时尽量避免过多地来回切换画面，只需在重要的节点或对话给相应的反应镜头。

3. 粗剪

粗剪只需要先将故事讲清楚、故事逻辑顺序排列下来即可，不用特别在意镜头语言和一些特效，粗剪的目的是让故事初步成型。

01 打开软件，新建项目和序列后，在【项目】面板的空白处双击，打开【导入】窗口，选中素材后单击【导入文件夹】按钮，将素材导入【项目】面板中。

02 在前面我们已经分析过了，这段戏主要分为两部分，我们先来处理前面对话的部分，将【项目】面板中本案例配套的01、02、04、06文件拖曳到时间轴上，如图11-37所示。

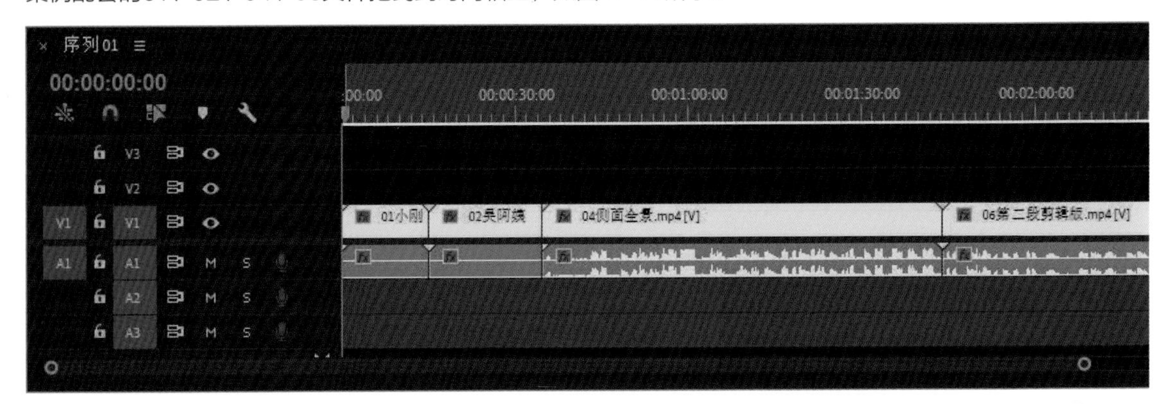

图 11-37

因为是做案例演示，这些镜头都是已经筛选过的，已经按故事发展编好了顺序，所以可以直接拖曳到时间轴上使用。但要注意的是，每个镜头在实拍的素材中可能不止拍了一条，需要大家在粗剪时挑选演员表现最好的一条使用。这样按照镜头顺序排好，粗剪就完成了。

4. 精剪

粗剪只需要初步构建起故事框架即可，但精剪需要根据逻辑和节奏去调整镜头的顺序和时长，一些音效和音乐也要添加上，也就是除了字幕外其他视频元素都要进行调整。

01 先来看第一个镜头，这个镜头的持续时间有点长，那么该裁去哪些多余的部分呢？观察素材会发现，素材前面有部分有点抖，而且有左右轻微的摇晃，需要把前面多余的部分裁掉，后面持续的时间也有点长。分别在第2秒和第6秒的位置，把前后的多余部分裁开并删除掉，此时【监视器】面板中的画面如图11-38所示。

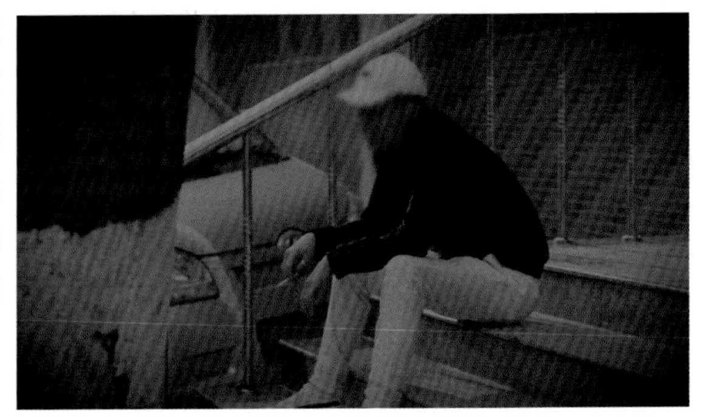

图 11-38

02 接着来看第二个镜头，同样在前面有一段多余的，大概在第5秒的位置，用【剃刀】工具将其裁开并删除，如图11-39所示。

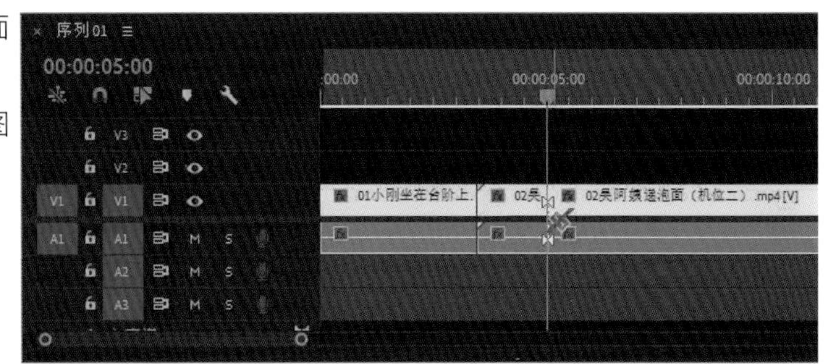

图 11-39

接下来需要给第二个镜头做多机位切换了。找到第10秒的位置，此时画面如图11-40所示。可以看到吴阿姨刚走下台阶将泡面递给小刚，这是一个近景，我们可以将这里作为一个剪切点，做一个全景的切换，如图11-41所示。

图 11-40

图 11-41

03 将【项目】面板中的03号素材拖曳到【时间轴】面板的【V2】轨道上，并将其开始的位置的画面裁剪至吴阿姨走下台阶将泡面递给小刚的那一刻，如图11-42所示。

图 11-42

04 全景的机位也不能保持得太久，需要寻找下一个剪切点，再从全景切回小刚的近景，此时寻找的剪辑点还是动作。在小刚接过泡面揭开盖子的一瞬间做一个景别的切换，将后面多余的部分删除掉，如图11-43所示。

此时两个镜头的衔接效果如图11-44所示。

图 11-43

图 11-44

制作微电影的工程量一般都很大，不可能每个镜头都这么详细地去介绍。通过以上两组镜头的衔接处理，学会两个基础的方法即可，这一场戏的其他镜头大家按照下面的方法去做就好了。

方法1：

学会掐头去尾地处理废片。确定废片的原则是无益于故事进展的部分全都算作废片，不要因为镜头画面很美，就不舍得删除，这样只会让视频显得冗长，在微电影的剪辑中所有的镜头都是为了辅助叙事。

方法2：

选择多机位的剪切点。在两个切换多角度时，尽量选择剧中人物动作节点，这样会让两个镜头无缝衔接。镜头的匹配会在附录A的“匹配剪辑”里专门去介绍。

5. 添加音乐和音效

做完基础的剪辑后，接下来需要给视频添加音乐和音效。音乐可以渲染整体的氛围，音效可以让整个视频更加生动丰富，也会增加画面的真实感，二者缺一不可。例如在本场戏中有一些回忆镜头，是伴随着吴阿姨的介绍，出现小刚父亲过去经历的画面，可以做一些闪白效果。

01 找到需要转到回忆的视频片段，在【效果】面板中搜索【白场过渡】，将其拖曳到两段素材之间，如图11-45所示。这样两段视频之间就会有闪白的效果，如图11-46所示。

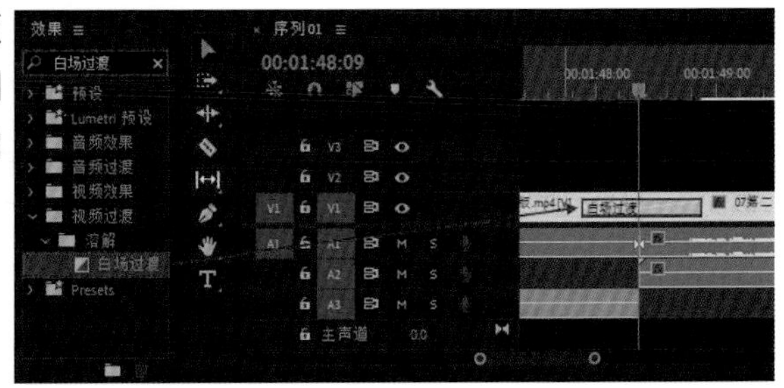

图 11-45

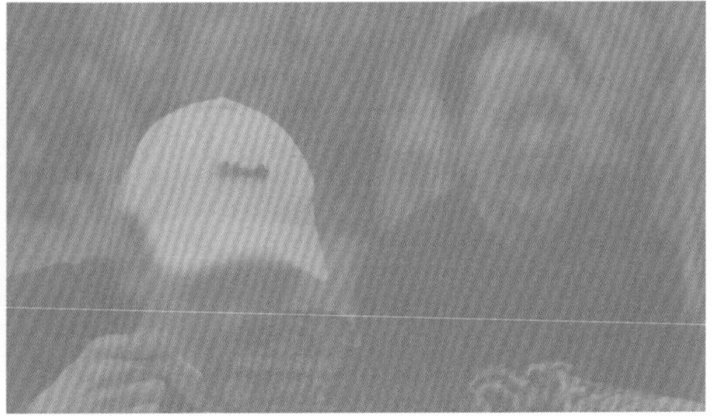

图 11-46

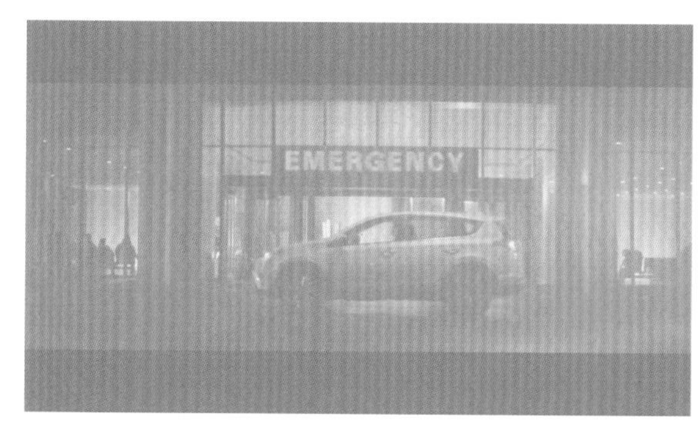

图 11-46（续）

02 在【项目】面板的空白处双击，打开【导入】窗口，选中素材后单击【导入文件夹】按钮。

03 将【闪回音效.mp3】拖曳到两段素材之间，如图11-47所示。这样制作的回忆效果会更加真实。

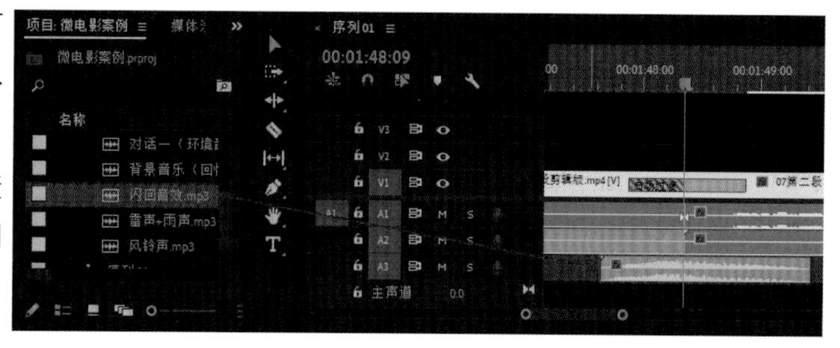

图 11-47

04 接下来要给这场戏除了回忆之外的整体对话部分添加环境音，如图11-48所示。一般我们在拍摄微电影时会去单独录制现场的环境音，让影片效果更加真实。

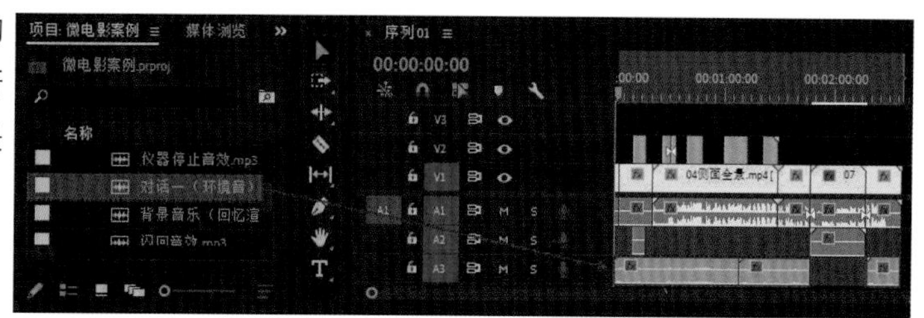

图 11-48

05 另外还要添加一些其他的特殊音效，如这场戏中有一个小刚妈妈打点滴的画面，可以配上水滴声，如图11-49所示。又如回忆的最后一个镜头画面是挂在门上的风铃，这个画面配上风铃晃动的声音，会增强视听感，如图11-50所示。

这场戏所需要的音效，都放在本节的【素材和大礼包】里面了，名称也都备注好了，大家可以按照画面去匹配音效。

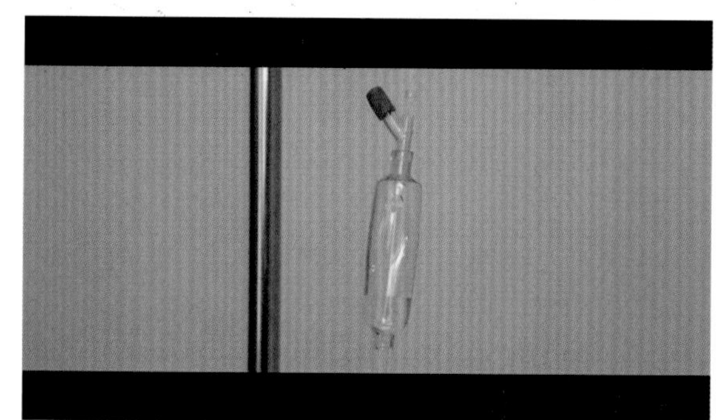

图 11-49

图 11-50

11.2.7 微电影片头、片尾的设计

1. 片头

先确定片名，片名一般根据文学剧本的名称而定，当然也可以根据微电影想表达的主题而定。片名的设计遵循简单易懂的原则即可，不要起过长和过于生僻的名称。例如案例中的微电影名称就叫《父亲》，因为讲的就是父亲和儿子之间的故事，并且片子也是想表达亲情这个主题。

其次片名的设计可以用黑底白字的方式进行呈现，也可以用Photoshop进行艺术性设计，主要还是以简洁美观为主。片名出现的位置可以是开头点题某一个地方，如某句能映射主题的台词，或者主角出场后。图11-51所示为一些比较好看的片名设计，大家可以借鉴学习这样的设计风格。

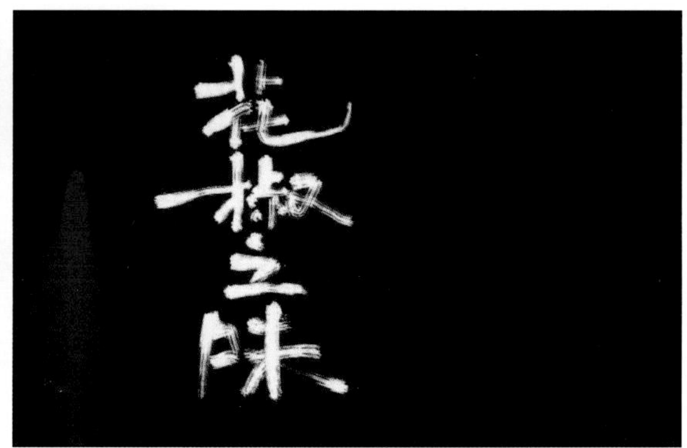

图 11-51

2. 片尾

微电影的片尾一般分为【演员表】和【职员表】两大项，如图11-52和图11-53所示。演员表用来显示剧中演员的名字，职员表则只显示工作人员的名字，如果工作人员少的话也可以合二为一。另外为了让片尾字幕更加专业、好看，有几项注意事项。

- 不能出现标点符号，需要停顿的语句之间可以用空格代替。
- 字体通常是黑体或宋体，这两种字体比较简约和方正，一般将黑体定为标准字体。
- 字幕的排版也是有要求的，那就是要以中间空格为中线排列，文字向两边排列，如果有对应的英文字幕，则也要按照上述要求对齐排列。

演员表
CAST
父亲 景湛
FATHER JING ZHAN
小刚 李鑫
XIAO GANG LI XIN
吴阿姨 唐彩霞
AUNT WUZ TANG CAIXIA
纹身师 麻子
THE TATTOOIST POCK
母亲 张兰心
MOTHER ZHANG LANXIN
护士 王甜
RICH WANG SWEET

图 11-52

图 11-53

11.2.8 项目的输出与备份

1. 视频导出

剪辑包装完成之后，还剩下最后一步：项目的输出与备份。关于视频导出，本书第10章已经介绍得非常详细了，有各个格式的导出参数，还有横版竖版的导出方法，大家可以去回顾一下。这里介绍最常用的导出格式。

格式：H.264　　尺寸：1080P（1920×1080逐行扫描）　720P（1280×720逐行扫描）

帧率：25帧　　码流：VBR

目标码流：10MB　　最大码流：20MB

2. 项目备份与打包

这一步是指将剪辑中使用的素材文件等，复制到一个新的位置进行备份，方便管理。在菜单栏执行【文件】-【项目管理】命名，打开【项目管理器】窗口，取消勾选【排除未使用剪辑】复选框，单击【浏览】按钮，选择好备份的保存路径后，单击【确定】按钮，如图11-54和图11-55所示。此时会弹出【项目管理器进度】窗口，如图11-56所示，等待进度条加载完即可。

图 11-54

图 11-55

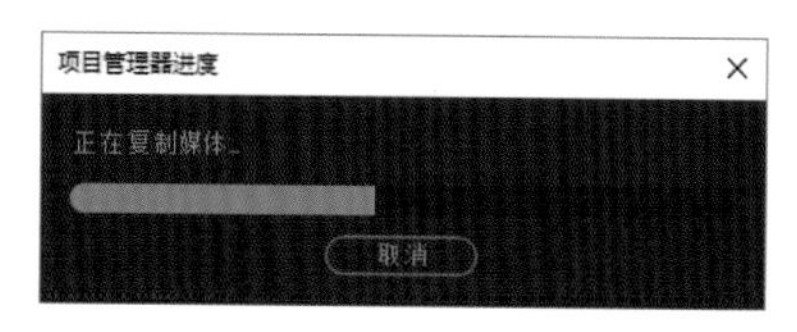

图 11-56

打开刚才选择的保存路径，就可以看到显示已复制的文件夹，如图11-57所示。打开后就可以看到里面的工程文件和项目所用到的素材，如图11-58所示。

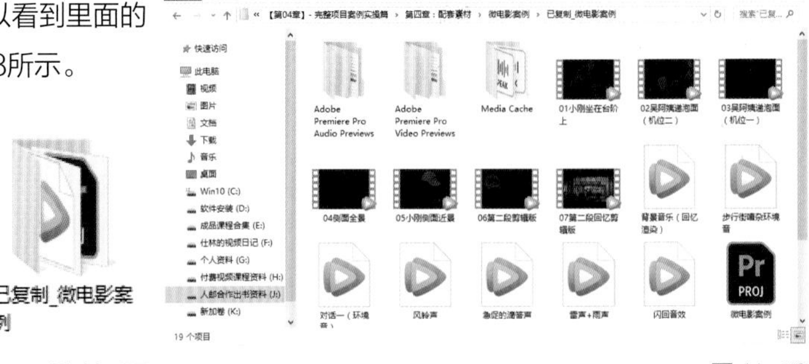

图 11-57 图 11-58

11.3 Vlog 制作实例

本节开始学习Vlog视频制作。Vlog的全称是Video Blog，是视频博客和视频日记的意思，主要就是以视频为载体记录日常生活，如图11-59所示。以影像代替文字或照片，上传后与网友分享。创作者通过拍摄视频记录日常生活，这类创作者被称为Vlogger。

随着互联网的不断发展，视频和Vlog流行是大势所趋，因为视频比文字更能展现风采，拉近与观众的距离。将一次旅行的过程或者周末的活动记录下来，甚至是一些生活经验的分享，都可以算作Vlog。

图 11-59

Vlog可以分为两大类：生活记录类Vlog和旅拍类Vlog。我们在刚开始学习的时候，建议大家先从生活记录类Vlog开始，毕竟旅拍类Vlog不是随时都能拍的。

先从身边的简单生活开始拍摄，积累一些经验，如果没有经验就想做旅拍视频，在旅游的时候就可能玩也玩不好，拍也拍不好，这就得不偿失了。

11.3.1 生活记录类Vlog

1. 确定主题和思路

其实生活中可供选择的主题和思路有很多，例如周末休假在家的一天生活，和朋友一块去逛公园，搬新家或者过节回家的经历。这些生活中的小事都可以记录下来，把它拍成具有仪式感的视频。

生活化的Vlog贵在真实，对画质没有过高的要求，就算画面抖一点、偏暗一点也没什么，最重要的是把生活中真实的一面和大家一起分享，用视频去交朋友。

2. 设计情节

虽然生活记录类Vlog贵在真实，那是不是只要真实地记录下来就可以了？当然不是，就跟写文章一样，不能像记流水账那样，我们还是要有一定取舍，要运用适当的技法，如倒叙、插叙、回忆等，把文章写得妙趣横生、引人入胜，拍摄Vlog也是如此。

互动练习：现在来做一个小小的练习，假设Vlog的主题是《我的一天》，来看看你会如何填写下面的表格？

Vlog：《我的一天》		
有什么内容？	有哪些亮点？	叙述方式？

可以按照普通人的一天作息时间，来捋一捋有哪些内容。听到闹钟声、起床穿衣、洗漱、做早餐、吃早餐、运动、学习、朋友聚餐、逛街、追剧、洗漱、睡觉等。如果按这个顺序全部写下来，会发现这就是记流水账，那么就需要想想这些事情哪些描写的笔墨要重一些，哪些可以省略掉，从中挑选出亮点来。

3. 亮点的设计

亮点的设计可以归纳为两个方面，分别是内容和技法。

- 从内容着手。

无论是写文章、拍电影、拍Vlog，内容都是最重要的。内容又可以分为两部分：去做一些有趣、有意义的事情；把平凡的生活拍得有趣。

例如第一次蹦极、第一次滑雪、环游世界、单人单车游中国或者徒步旅行等，如图11-60所示。这些事情光看文字就很有趣，如果有这些内容的话，Vlog视频必然会很吸引人。但问题是有趣的事情很少，我们遇到更多的还是平凡简单，例如案例《我的一天》，看起来不是那么有趣的事情，就需要用技法为它加分了。

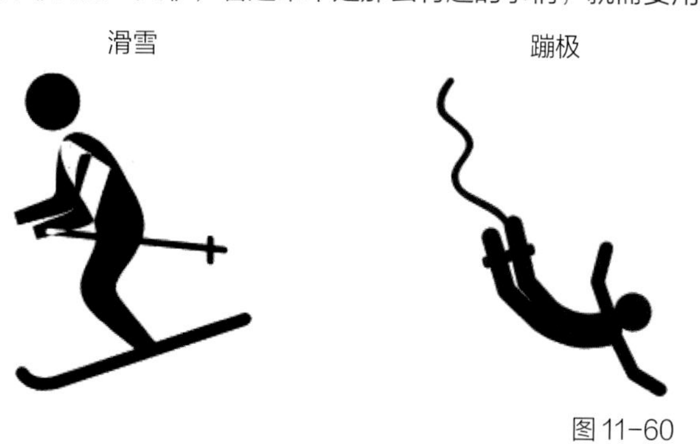

图 11-60

◆ 从技法着手。

剧情转折——使用插叙和倒叙等叙述方式。在剪辑素材或者写文案的时候，为了避免平淡的叙事方式，可以打乱叙事的顺序。

我们还是以《我的一天》为例，通过前面的互动练习，你已经列出了这一天的行程内容，如果按顺序记录一天的全部事件就像记流水账一样，我们可以用“倒叙”“插叙”等手法来打乱叙事顺序。如在Vlog的开头放上最吸引人的话和事情，在视频开头说“今天我用2小时学会了一道菜，看完这个视频你也可以”，然后放上成品。这个时候观众就知道视频大致内容是做菜，虽然菜还没有开始做，但观众能大致预想到要发生些什么，如做菜“翻车”的搞笑画面等，也就是可以将有趣的过程或结果前置。

创意开场——使用电影感开场、手写文字开场、打字机开场等一些小特效开场的方式。这个主要是技术方面的问题，本书在前面已经介绍过很多标题字幕特效了，如文字液化溶解效果、粒子消散效果等，大家可以灵活运用这些技法，如图11-61所示。

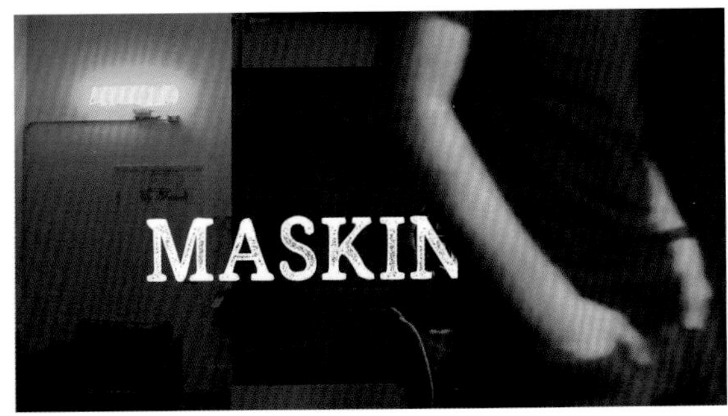

图11-61

特殊视角——使用区别于平时人眼所看到的正常视角，这更能提高观众的注意力。如冰箱视角、俯拍视角、水杯视角等，如图11-62所示。这类型的视角会更加有趣、更有互动感。

我们经常会在一些科技评测和手工制作类的Vog中见到俯拍视角，如图11-63所示。

杯子视角

图11-62

俯拍视角

图11-63

快节奏剪辑+运镜——每个镜头的时间都很短，运镜手法可以让每个镜头的衔接都显得无比流畅，快节奏的剪辑配上快节奏的音乐，就会让平淡的画面显得不枯燥。

关于快节奏的剪辑的运镜，推荐大家去关注短视频博主：燃烧的陀螺仪。他的大部分视频都很短，也都是记录生活中的小事，如上班、过节贴春联等。另外也推荐大家去学习《土耳其瞭望塔》里面的剪辑节奏和技法。至于运镜的方面，我们会在附录A“剪辑思维”中介绍到如何匹配两个画面并做到无缝衔接。

延时摄影+升格镜头——在Vlog中，可以拍一些延时摄影或者升格镜头作为转场镜头，镜头形式的多样化会极大地丰富视频内容。

问一问：什么是升格镜头？

升格镜头是拍摄中的一种技术手段，电影拍摄标准是每秒 24 帧，也就是每秒拍摄 24 张图像，这样在放映时才能播放出正常速度的连续性画面。但为了实现一些简单的效果，如慢镜头效果，就要改变正常的拍摄速度，高于每秒 60 帧拍摄出的就是升格，放映效果就是慢动作。降低拍摄速度如低于每秒 24 帧就是降格，放映效果就是快动作。

总的来说，生活类Vlog策划流程如图11-64所示。

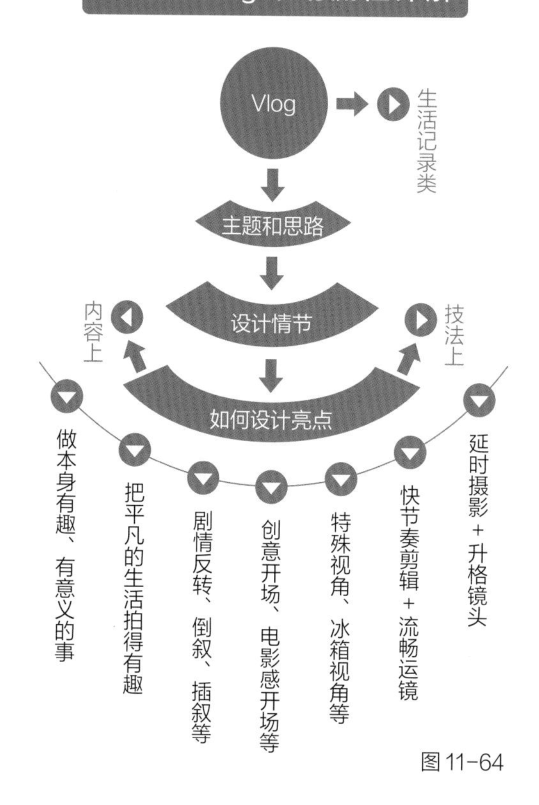

图 11-64

4. 拍摄要点

确定了主题，并设计了一些亮点后，接下来要进入拍摄环节了，那么就要确定一下叙述方式，哪些部分是手持拍摄带讲解的？哪些是需要后期配旁白的？哪些是纯空镜头用来做转场的？这些都要确定好，看到这里有没有觉得跟“分镜头脚本”有点类似，这个相当于是一个简易的拍摄计划。

区分A-roll和B-roll。我们经常会在Vlog教程中听到这两个名词，A-roll是叙事的主线，B-roll是用来辅助的镜头。例如两个人在咖啡馆里聊天。A-roll是两个人的对话镜头，B-roll是一些咖啡店的环境，辅助交代环境信息，如图11-65所示。

图 11-65

5. 剪辑要点

剪辑Vlog的流程和之前的微电影差不多，再重新梳理一下。

【整理素材+粗剪】：将素材导入计算机进行备份，并且分门别类地整理素材，去掉没用的废片，导入软件中进行粗剪。

【添加音乐】：音乐的类型要符合视频的风格和节奏。建议在策划的时候就想好音乐的风格。注意多使用纯音乐，尽量不要用带歌词的，会分散观众的注意力；尽量选择有节奏起伏的音乐。

【写文案和旁白】：如果在Vlog拍摄中就已经说了很多话了，后期就不需要补录旁白；但是如果只拍摄了很多素材而没有对应的介绍，后期就有需要用文案来补充说明，或重新补录，需根据实际情况而定。

【处理细节】：包括加音效、加字幕、加特效、给视频调色等，这些都做完就可以导出Vlog了。

11.3.2 旅拍类Vlog

学会了用视频记录生活，接下来就学习旅拍类Vlog。旅拍Vlog就是一边旅行一边拍摄，可以把它看作生活类Vlog的升级版，也是视频制作综合能力的体现。优秀的旅拍Vlog，能够让观众通过镜头感受到旅行目的地优美的自然风光和丰富的人文情怀，同时沉浸到创作者游玩时的喜悦情绪中。

这其中涉及前期策划、中期拍摄和后期剪辑三大部分。可能有朋友会说，我只想学剪辑不去旅行，那这些是不是就不用管了呢？其实不然，作为一个合格的后期制作人员，不仅要掌握专业的剪辑技术，还要了解拍摄的过程，拍摄和剪辑相辅相成，带着剪辑的思维去拍摄，后期剪辑起来就会更得心应手。

1. 策划

要一开始就拍出电影感的旅拍作品，就需要提高自己的审美，多看、多练、多学习一些其他创作者的优秀作品，强烈推荐旅拍Vlog创作者Sam kolder，这是一位国外的视频创作者，他的旅拍Vlog被很多人模仿，他将拍摄技术和剪辑技术发挥到了极致，算得上顶尖的水平了，如图11-66所示。可以先从模仿学习开始，只有看了好的作品才知道进步的方向和目标。

图 11-66

2. 提前规划旅游攻略

在一开始介绍Vlog的时候就说过，内容才是最重要的，要么去做一些有趣的事情，要么把普通的事情拍得有趣，很显然旅拍Vlog还是前者占得多一些。想要让旅拍Vlog精彩，先要让本次旅行有趣，到一个陌生的地方，要想知道当地特色景点等，必须提前规划旅游攻略。

首先就要确定旅游的行程，其次可以查一下特色景点和美食，还有交通工具和住宿等，必要的时候可以制作一个行程表，好好地规划一下本次旅程。

旅行行程安排表							
目的地:					旅行时期：2021.5.1~2021.5.3		
序号	日期	时间	行程安排				备注
			交通	景点	吃饭	住宿	
Day 1	2021.5.1	9:00		大雁塔			
		12:00	地铁	大明宫遗址	回民街		
				其他			
				……			
Day 2	2021.5.2	12:00		秦始皇陵兵马俑			
		18:00		华清池（长恨歌）	海鲜大排档		
				其他			
				……			
Day 3	2021.5.3	13:00		袁家村	三秦套餐		
		14:00		钟鼓楼			
				其他			
				……			

3. 旅拍 Vlog 的形式

- 形式一：纯视频画面+音乐。

这种形式的Vlog的典型代表就是之前介绍的旅拍作者Sam kolder的作品，例如他的一部作品《My Year 2016》，将旅行过程中的视频混剪在一起，展示了这一年丰富多彩的生活。虽然是2016年的作品，但依然很经典。这种形式的好处在于不用出镜讲解，也不用后期补录旁白，完全依靠音乐、画面和节奏，而这也是它的难点之一。

- 形式二：出镜/旁白+B-roll。

这种形式的Vlog也比较常见，例如短视频博主房琪KiKi，她的很多视频都是视频加文案的形式。这种形式就需要前期好好进行策划，根据行程景点等先构思文案，有了文案再去拍摄视频，就知道哪些文案需要哪些镜头了。如果粗剪完毕后，对文案不满意或者有更好的文案，也可以进行微调。

4. 案例分析

以两种形式结合得比较好的案例来做拆分讲解， 如博主Benn TK的欧洲旅拍《 Europe-12 countries in 24 days 》。该片节奏有缓有急，画面清晰，配乐舒服，而且涉及的转场效果也很全，非常值得我们借鉴学习。这个视频整体结构可以分为4个部分：片头、铺垫、高潮、结尾。

- 第1部分：片头部分。

片头是视频带给观众的第一印象，好的片头能够提升视频的品质和吸引观众目光，它不仅指旅拍Vlog的文字片头名称，还是整个视频的开端部分，建筑、人文、服饰、语言等都可以作为视频的片头元素，可以把观众瞬间带进旅行目的地。

视频刚开始是一把锁的几个镜头，在最后结尾的时候也是有一把锁，形成了首尾呼应的感觉，如图11-67所示。

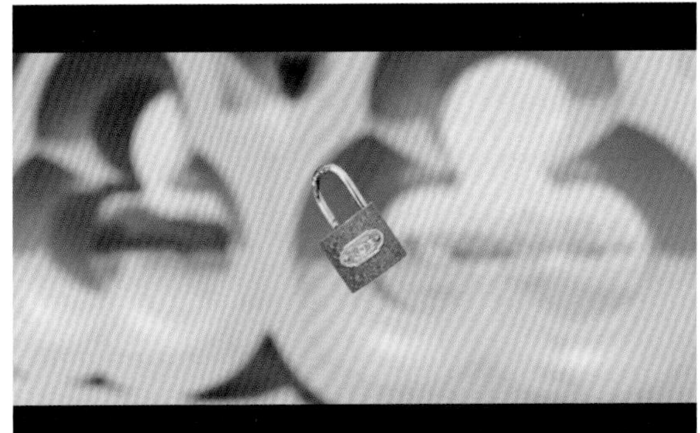

图 11-67

视频的标题是“Europe-12 countries in 24 days”，接下来视频就用了几组建筑和人物画面来展示地点，表明了此行的目的地；然后用来一个眼睛穿梭转场的特效，通过眼睛快速地展现了几组街道，似乎是在表明接下来的视频内容是自己眼睛看到的；最后打开一扇门以航拍镜头收尾，同时出现该旅拍视频的片头字幕，如图11-68所示。

图 11-68

图 11-68（续）

开头除了画面以外，在其他方面也很有讲究，如在声音方面，使用了两个节奏。第一个是为了配合锁的几组升格画面，用的是低沉缓慢的音乐；第二个是在创作者开始说话介绍的时候出现的音乐，同时每个画面配上了环境音，让整个画面更加真实。

另外还有一些特殊音效，如穿梭声、关门声等。片头字幕的出现形式上也做了特效字幕，如挂在标题左上角的黄色帽子和右下角的绿植，这样会让文字更生动、俏皮。

- 第2部分：铺垫部分。

作为初学者，在剪辑绝大部分旅拍Vlog时，都会根据音乐的节奏来创作。那么选择一段节奏有缓有急的音乐就变得重要，一般都会选择由愉悦轻缓的节奏慢慢进入动感快节奏，当到达一个高潮点后又迅速变得和缓的音乐。刚开始的音乐适合出片头字幕，可以为后面高潮部分做铺垫，高潮点音乐节奏感强，适合转场特效和卡点。

在该旅拍Vlog中，片头结束后的铺垫画面是一些空镜头和航拍，因为后面的高潮部分多以近景为主，所以要先用远景和全景展示环境。在视频中会看到一些瀑布、火车路等航拍镜头，如图11-69所示。

图 11-69

- 第3部分：高潮部分。

高潮部分音乐节奏已经变得非常快，作者运用了大量的运镜和转场特效，结合动感的音乐节拍，向观众展示了一个多姿多彩的欧洲。

该部分的特点就是无缝转场，如用到了本书在第7章介绍到的遮罩转场效果，画面中右侧的塔从天而降，实现方法就是使用软件中的遮罩功能将塔抠出来，然后做一个从上到下的关键帧动画。埃菲尔铁塔一节一节长出来的画面，用的也是遮罩效果，如图11-70所示。只要大家好好学习之前的特效转场，举一反三，也可以创作出这种非常优秀的作品。

图 11-70

- 第4部分：结尾部分。

随着高潮部分的结束，音乐也逐渐变得缓和起来，画面节奏也变得不那么快了，在结尾处采用了慢动作的升格画面，显得意味深长。视频开头出现了锁，视频结尾一个小女孩儿将锁挂在了铁链上，随着上锁一瞬间那一声“咔嚓”的音效，视频结束并出现创作者的名字，设计得十分巧妙，如图11-71所示。

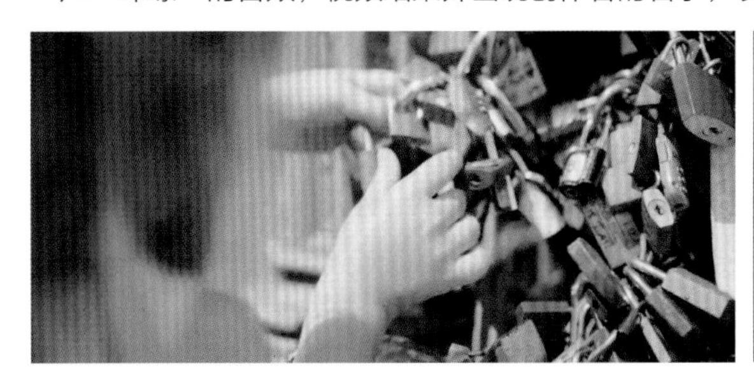

图 11-71

希望这个案例分析能够带给大家拍摄和剪辑上的创作灵感，从现在开始就可以开始尝试创作专属于你个人风格的旅拍作品。

附录A 剪辑思维

A.1 剪辑与蒙太奇

A.1.1 什么是蒙太奇?

蒙太奇（法语：Montage）是音译的外来语，原为建筑学术语，意为构成、装配，电影出现后又在法语中引申为“剪辑”。通俗点说，其实就是 “剪辑”的另一种叫法，将不同镜头画面进行组合来产生各个镜头单独存在时所不具有的含义。

蒙太奇又可以分为叙事蒙太奇和表现蒙太奇两大类。其中叙事蒙太奇又分为平行蒙太奇、交叉蒙太奇、颠倒蒙太奇等，表现蒙太奇又分为对比蒙太奇、象征蒙太奇、心理蒙太奇等。

下面就讲解几种常见的蒙太奇手法。

1. 平行蒙太奇

平行蒙太奇也叫并列蒙太奇，指的是两条以上的情节线并行表现，分别叙述，最后统一在一个完整的情节结构中，也就是在同一时间不同空间发生的事情。

这样解释可能不是特别清晰，平行蒙太奇如果用词语来解释就是“同时”“与此同时”，如果用句子解释就是“当你看这本书的时候，阿拉斯加的鳕鱼正跃出水面，梅里雪山的金丝猴刚好爬上树尖，西藏的山鹰正盘旋云端，尼泊尔的背包客们正一起端起酒杯坐在火堆旁。”

2. 颠倒蒙太奇

颠倒蒙太奇从字面上比较好理解，就是叙事顺序是错乱颠倒的，相当于写作中的插叙或倒叙。它能避免平铺直叙，便于设置悬念吸引观众。

主要特点是根据叙事需要，打破动作和情节发展的时间顺序，从现在转到过去，又从过去回到现在，在时间上做必要的颠倒；它常常通过人物的回忆展示事情的原委，加大叙述的容量，形成情节的跌宕起伏。

代表影片就是宁浩导演的《疯狂的石头》和《疯狂的赛车》，这种多线索叙事的方式很多是从某件事的中间开始讲述，或者从故事结尾开始讲述。

3. 对比蒙太奇

对比蒙太奇通过内容或形式上的强烈对比，产生相互强调和对比的作用，以表达创作者的某种寓意或强化所表现的内容、情绪和思想等。

如美与丑、生与死等，“朱门酒肉臭，路有冻死骨”这句话就是用了对比的手法，以强烈的反差对比来形容贫富悬殊。“亲贤臣，远小人，此先汉所以兴隆也；亲小人，远贤臣，此后汉所以倾颓也”，这两句话写出了造成汉朝前后期两种不同景象的原因。

拿影视作品来说，在影片《泰坦尼克号》中，将泰坦尼克号的首航与其他船只放在一起，在巨大的游轮下，其他船只显得格外小，表现出了这艘巨轮的气势与地位，如图A-1所示。

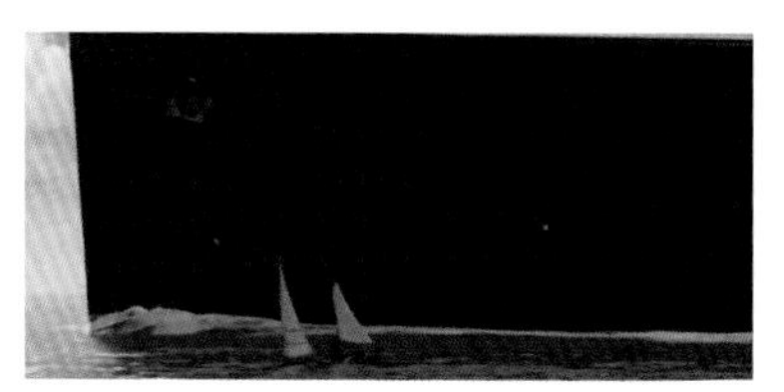

图A-1

4. 象征蒙太奇

顾名思义，就是通过象征的画面来表现某种含义，如鲜花象征美好，绿色象征希望，破茧成蝶象征重生等。这些都比较明显，能够直接看出其中的象征意义，而有的则需要我们自己去理解。

在电影《我不是药神》中，吕受益喜欢吃橘子，如图A-2所示。为什么吕受益总拿着橘子呢？从浅层的表现来说，因为橘子能补充维生素；从侧面表现出白血病人的病痛，处在生死边缘，总要抓住所有可能与死神一搏。

图A-2

但更深层次的原因是在吕受益去世后，黄毛彭浩坐在楼梯上哭着吃橘子。在之前橘子是吕受益的“专属”，我们看到橘子就能联想到他，这个时候彭浩吃橘子，不仅表达了对吕受益的怀念，还承接了他对程勇的鼓励和帮助，为后续彭浩回来继续帮助程勇做了个隐形的铺垫。

A.1.2 剪辑是如何改变时间的？

1. 自然时间和心理时间

在了解剪辑是如何改变时间的这个问题之前，先要了解两个概念，分别是自然时间和心理时间，如图A-3所示。

图A-3

自然时间：即客观存在的时间，如地球自转一圈为一天，一天又分为24个小时，1小时是60分钟等，这些时间的长短是固定的。

心理时间：心理时间取决于我们的心理感受，也叫作“心理时长”。举一个简单的例子，如果特别喜欢打游戏，不知不觉玩了一下午，但是感觉好像才玩了一个小时，这一个小时就是心理时间。和喜欢的人逛街从下午走到了晚上，还舍不得分开，就会感叹“时间过得怎么这么快”，但其实可能已经走了四五个小时了。在这种心理下，会觉得时间过得特别快，就像常说的那句话一样：“美好的时光总是短暂的”。

心理时长可以缩短，也可以延长。例如，晚上7点要和朋友去约会，在快下班的时候突然被要求去开会，在会议室待的这段时间就会觉得过得特别慢，用一个词来形容就是“度日如年”。

虽然时间本身是客观的，但是我们对时间的感受就像弹簧一样，是有弹性的。正因如此，我们就可以通过剪辑来控制观众对影片中某件事的心理时长，从而引导观众对整个事件或场景的感受，这就是剪辑的魅力。

2. 剪辑是如何延长时间的

可以想象这样一个画面：一个篮球馆内正进行着一场球赛，时间只剩最后的5秒了，现在两队的比分是平的，此时有一个球员投出了最后一个球，如图A-4所示。

从球出手到球碰到篮筐的时间是客观绝对的，但是剪辑师在处理这些镜头时，会通过增加分镜头的数量来延长时间。如观众、队友、对手、教练的反应镜头和球在空中的镜头等，将这些镜头做交叉组合，并在进球之前将这些镜头都做慢动作处理，直到球进了才变回正常速度。这样实际投球的过程只有5秒，却被延长到了30秒甚至更长，增加了戏剧张力。

图 A-4

3. 剪辑是如何缩短时间的

想象这样一个画面：一个男人下班后去地下车库开车回家。如果要进行拍摄和剪辑，不可能每个细节都拍到，否则就成了记流水账，这样是在浪费观众的时间。因此要有取舍，从办公室出发坐电梯到地下车库可能需要2分钟的时间，但实际我们只需要3个镜头就够了，部分镜头画面如图A-5所示。

第一个镜头：打开办公室的门走出去。

第二个镜头：男人来到车库的车前，车灯亮起。

第三个镜头：车伴着发动机声驶出车库。

减少和提炼镜头可以压缩事件发生的时间，展现时间的流逝，但在剪辑时也要注意事件的连贯性。

图A-5

A.1.3 180度轴线原则

之前在学习多机位剪辑时，只知道无论是拍电影还是短片都会用到多机位，拍摄现场通常会有主机位和次机位之分。这样除了可以多角度、多镜头地记录影像，还可以建立完整的空间关系。在进行此类影像的剪辑时，需要注意轴线原则。

轴线原则是指摄像师进行拍摄时始终保持在轴线的一侧进行调度，只有遵循轴线原则，才能保证不同机位拍摄的两组画面相连时，被拍摄对象运动的方向和人物目光的方向一致。

摄像师只能在轴线的一侧进行180度调度，如图A-6所示。

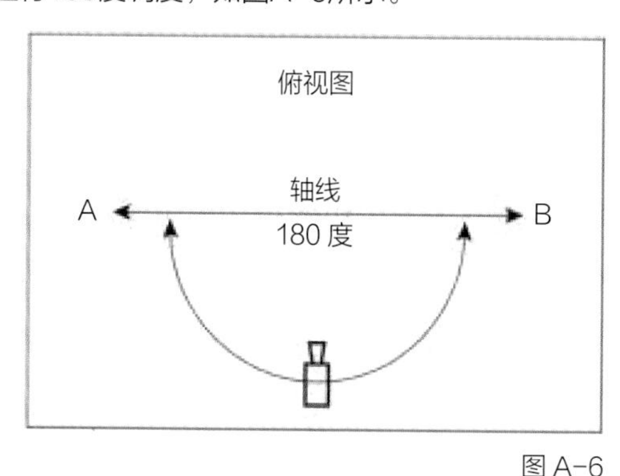

图A-6

A.1.4 什么是“最后一分钟营救”？

“最后一分钟营救”源于电影《一个国家的诞生》。它把一分钟的真实时间，通过两个场景的交替剪辑延长为十几分钟，摆脱了实际时间的束缚，打破传统戏剧叙述原则。它作为加强节奏与悬念的电影表现模式，给电影的时间和空间带来了最大的营救效果。

之所以要把“最后一分钟营救”的效果放在这里来说，是因为要做到叙事上的“最后一分钟营救”，还要借助之前学习的蒙太奇技巧。该效果采用了交叉剪辑的手法，将发生在不同地点的交叉动作交替切入，通过剪辑延长了时间，既是对重要时刻的造型，也是对经历这一刻的人物、动作、戏剧冲突的强调。

电影《战舰波将金号》中著名的片段“敖德萨阶梯”，实际几分钟的场景也被延长为充满张力的十几分钟的场景，如图A-7所示。

图 A-7

“最后一分钟营救”效果主要用于两个方面：一是延长戏剧性场面的时间，用来表现强调与震惊；二是延迟重要时刻的发生时间，主要用来设置悬念、渲染氛围。

A.2 匹配剪辑

匹配剪辑是指利用镜头中的逻辑、景别、动作、运动方向的元素相互匹配的场景，来进行画面切换的剪辑手法。

它最大的优点就在于通过前后两个画面中相匹配的元素，来让画面无缝衔接，隐去剪辑的痕迹，让画面之间没有跳跃感。流畅的剪辑能够让故事更加流畅地进行，带动观众情绪的起伏。

匹配剪辑最重要的是元素的匹配，其中元素又包含动作、视点、方向、逻辑、相似物体等。下面举一个例子，让大家更好地理解什么是匹配剪辑。

电影《泰坦尼克号》中有一个片段：上一个画面是海底的沉船，下一个画面就切换到了多年前的游轮，这样的场景转换连通了现实与数十年前的时空，如图A-8所示。

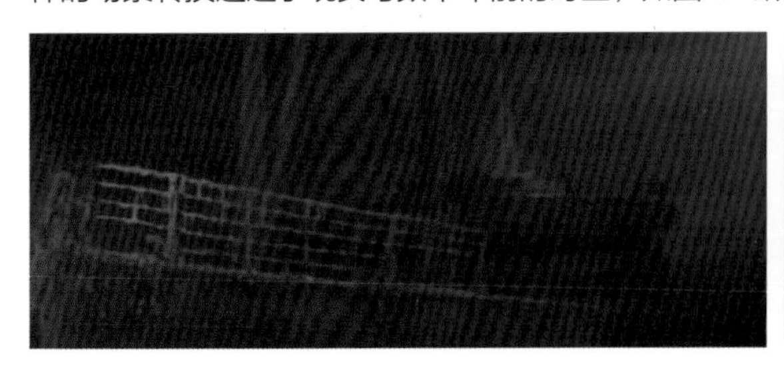

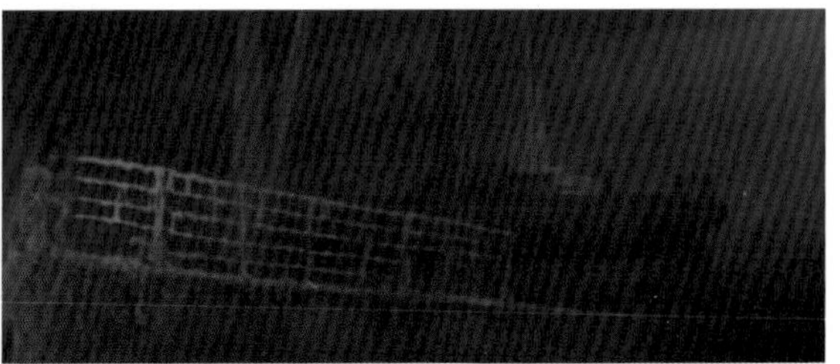

图 A-8

A.2.1 匹配剪辑的应用

匹配剪辑一般会应用在电影混剪、旅拍视频中。好的视频的转场都是很讲究的。

电影混剪：一个3分钟的混剪视频可以包含几十部电影，这不仅需要很大的阅片量，更需要挑选相似的镜头形式或者相似的主题镜头进行衔接，其中最重要的技法就是匹配剪辑。

旅拍视频：相比电影混剪，旅拍视频的素材会相对少一点，但如何让画面更具观赏性呢？最著名的旅拍视频就是《土耳其瞭望塔》，里面运用了大量的匹配剪辑，如海浪翻滚的画面、翻书的画面、站立的小鸟和人等，如图A-9所示。

海浪翻涌

翻书

站立的小鸟

站立的人

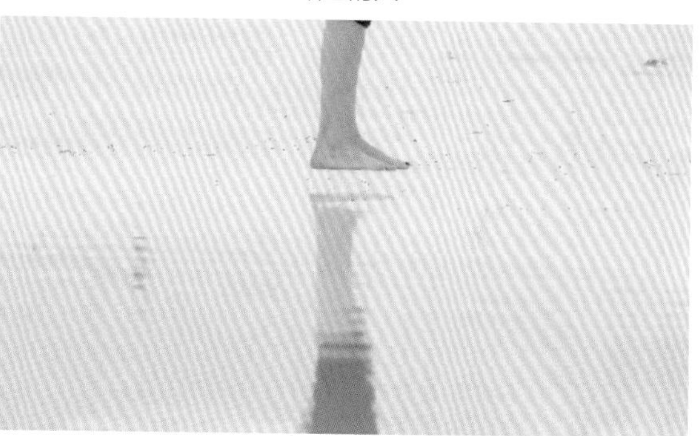

图A-9

A.2.2 与动作匹配

在了解动作匹配之前，先思考一个问题：把大象放进冰箱需要几步？

一共需要3步：把冰箱门打开，把大象放进去，把冰箱门关上。问这个问题是想让大家明白，我们所看到的镜头都不是由一个长镜头完成的，而是要在不同的节点进行分割的。与动作匹配就是利用剪辑把这些片段连接在一起，让观众觉得是一个连贯的镜头。

动作匹配的常见剪辑技法：在上一个镜头找一个动作的预备开始状态，下一个画面还是这个动作，只不过换一个角度和景别。我们可以用全景拍摄，在打开的一瞬间切换到手部的特写，这样的镜头剪切也是连贯的，如图A-10所示。

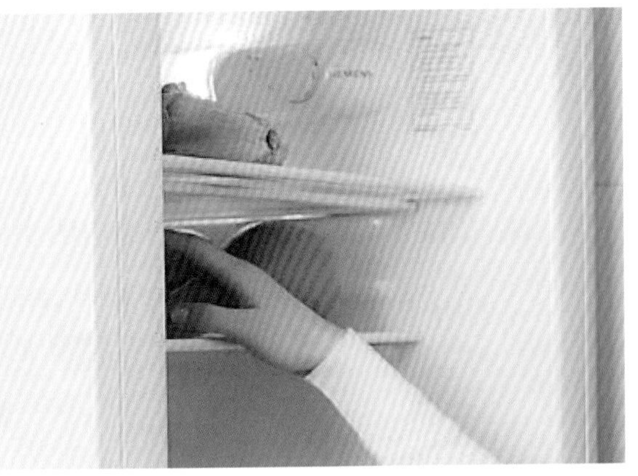

图 A-10

以正常的逻辑来衔接动作，例如下面这个旅拍视频中的两个镜头，上一个镜头是挥刀的动作，下一个镜头就切换到了小摊贩老板挥动汤勺的动作，如图A-11所示。能够这样剪切的原因是：首先两个物体具有一定的相似性，其次两者挥动的方向和动作基本一致，这样将两个画面连接在一起就不会显得突兀。

图 A-11

既然可以通过正常的动作逻辑来衔接动作，那么我们有时候也可以反其道而行之，利用连贯动作让观众产生错位的感觉。在周星驰的电影《功夫》中，最后的决战中有这样一个镜头，屋外的人都严阵以待，给人一种星仔要从屋内出来的感觉，下面的镜头切到了他开门的近景，看到这两个镜头时我们就会觉得出门的一定是星仔，没想到打出来的却是火云邪神，是不是感觉很意外？

下一个镜头就交代了这个“意外感”是如何产生的，一个过肩镜头完整地展现了整个场景的空间关系，画面中星仔站在了门口，就说明刚才的开门动作是有效的，那为什么开门出来的不是他呢？因为他和火云邪神不在同一个楼层，如图A-12所示。

图 A-12

图 A-12（续）

A.2.3 相似物体匹配

匹配剪辑中的相似物体匹配如果运用得当，视频衔接起来会有一种无缝转场的感觉，但是对前期拍摄也是有要求的，在拍摄时要注意构图、角度尽量保持一致。

案例分析 1：《功夫》

在电影《功夫》的一个片段中，上一个场景是星仔受了很严重的伤，包租婆问他有什么愿望，星仔伸出手画了一个棒棒糖，此时镜头缓缓推上去，通过相似物体转到了下一个场景，即芳儿拼凑的破碎棒棒糖，如图A-13所示。

这个棒棒糖不仅起到了场景转换的作用，还包含了一些内容。此时破碎的棒棒糖象征着星仔破碎的身体，那个在不停拼凑棒棒糖的女孩，就是他小时候帮助过的女孩，多年后星仔一心想做个坏人。后来芳儿唤醒他内心的善。在星仔蜕变之前他在地上画出的棒棒糖，算是他心境的一个转折点。

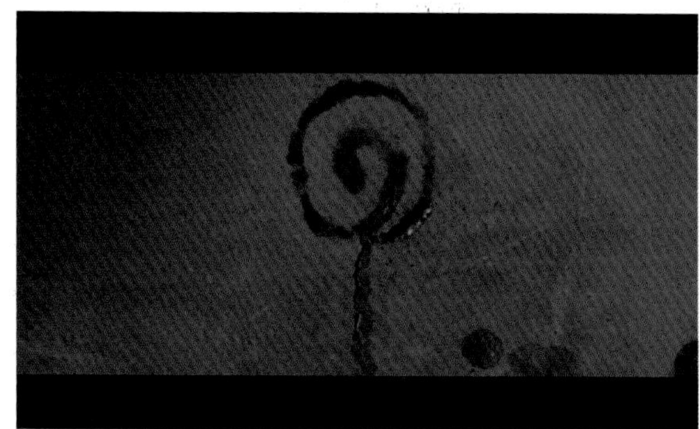

图 A-13

案例分析 2：《2001 太空漫游》

在电影《2001太空漫游》的开场镜头中，这个扔骨头变飞船的镜头称得上经典中的经典。从手法上来说就是相似物体匹配转场，但更厉害的是镜头的含义。电影是一门时间与空间的艺术，这个镜头就用最简单的方式完美地诠释了“时空流转，一眼千年”。猿人开启智慧的标志是学会使用工具，这个骨头在被它扔上天后变成了太空飞船，从骨头跨越到飞船，这个镜头跨越了整个人类文明的发展，时间上一眼千年，空间上由地到天，如图A-14所示。

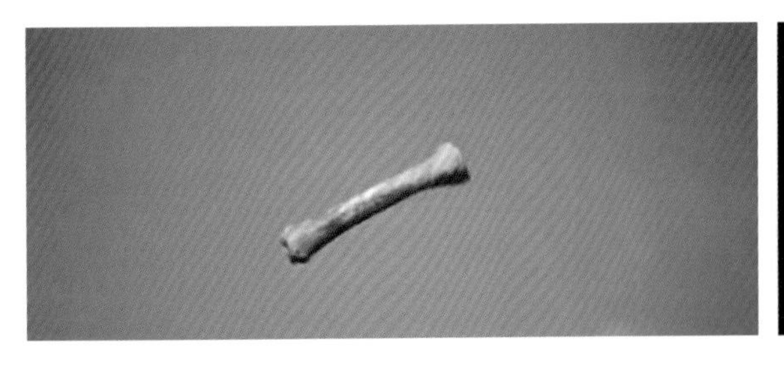

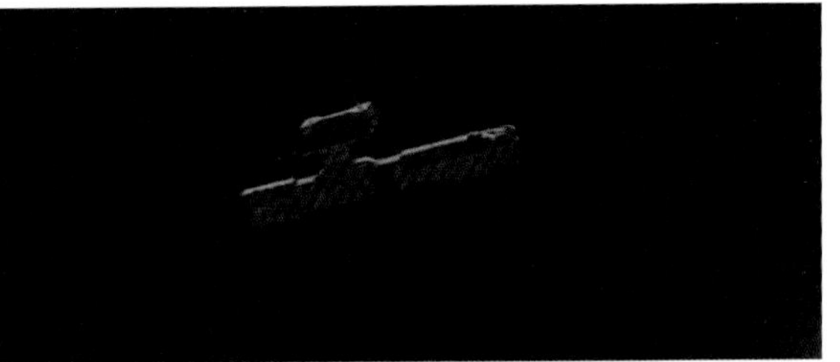

图 A-14

好的转场不仅表现在形式上的设计上，还表现在其背后的含义上，如果能把两者很好地结合起来，一定会让视频更加有意义。

A.2.4 与视线匹配

视频中一旦出现人物视线关系，就会有看的镜头与被看的镜头。

这两个镜头是从属关系，由观看者的镜头来决定被看者的角度和位置。举个很简单的例子，如果观看者是从二楼看向一楼的，那观看者的角度就是俯拍，被看者的角度则是仰拍，如图A-15和图A-16所示。如果角度不对，则视线就不对，那么关系就不成立了。

仰拍示意图　　示例

图 A-15

俯拍示意图　　示例

图 A-16

继续以电影《功夫》为例，星仔受了很重的伤，包租婆为他裹满了纱布，他重生的那一刻，镜头切到了屋外的火云邪神。镜头推向火云邪神的脸，随着他的视点，推镜头延续到了破茧成蝶的这一幕，这也是火云邪神的主观镜头，如图A-17所示。

图A-17

A.3 视听语言的修辞功能

"修辞"是一种传达创作者意图的手段，导演的表达意图体现在视听层面，就是一种修辞。一个好的视频不仅要讲一个完整的故事，还要把故事讲得曲折有趣，更要激起观众的情感共鸣。这就需要我们调用视听语言的手段去帮助观众理解剧情。下面我们就一起来了解几种常见的视听语言的修辞功能。

A.3.1 隐喻和象征

隐喻是视听语言常用的一种手法，如果拿写作来举例，它就像比喻或者文学作品中的意象。

例如宣传片中常见的画面，小草破土而出象征着希望和生机，冰雪消融象征着万物复苏等。颜色也具有象征意义，如蓝色象征着安静、恬淡、忧郁，红色象征着欲望、喜庆、血腥等。可以说隐喻和象征无处不在，如果运用得当会让视频更有内涵。

短片《花木兰》讲的是木兰替父从军的故事，最后的一场戏是木兰解甲归田。这场戏原本计划是让木兰在河里洗澡，寓意洗去这么多年的伪装和疲惫，终于可以做回自己了。但是最后由于天气原因，改变了拍摄方案，反而升华了整个片子。

最后这个场景的背景声是童声的《木兰辞》，她牵着马走在回家的路上，抬头看了看悬在空中的一轮皎洁的明月，低头的瞬间音乐起来，画面和音乐渲染了氛围，如图A-18所示。这个场景能够让人想到什么？"举头望明月，低头思故乡"，这句诗一下就出现在了脑海里，木兰此时的感受一切尽在不言中。用画面和镜头来讲好故事，用隐喻来表达导演或剧中人物的意图，和那些不方便说出口的话。

图A-18

A.3.2 强调和渲染

强调和渲染是视听语言中重要的技法，通过一定的剪辑技法可以引导观众去关注那些重要的情节、动作和事件，具体可以通过以下方法来实现强调和渲染的目的。

1. 特写镜头

景别可以控制观众所看到的画面内容的多少，当我们要强调画面中某一事物时可以限制观众只看到这个事物的局部，如图A-19所示。这种手法常见于悬疑片或者警匪片中，在一些案件的关键部分，通常会给特写镜头来强调和暗示。

图 A-19

课外拓展

景别的定义：景别是指摄像机与被拍摄体的距离不同造成的被拍摄体在画面中所呈现出的范围大小的区别。

景别的划分有两种标准：一是以被拍摄主体在画面中所占的面积大小来划分，二是以成年人在画面中所占的位置大小来划分。一般我们采用第二种划分标准，将景别分为：远、全、中、近、特，如图 A-20 所示。

图A-20

远景：远景是以空间景物为拍摄对象，用于展示大的空间、环境，并交代地点，如图 A-21 所示。在我们拍 Vlog 或者短片时经常用在开头或者结尾，因为开头需要交代大环境和地点。例如你去哪儿玩了，开头可以来一段航拍展示一下环境。而结尾的时候因为故事结束，需要将观众带出，给故事画上了一个句号，既是视觉上的远离，也是情绪上的抽离。

图 A-21

全景：全景可以看到被拍摄主体的形态在画面中完全被呈现出来，所以又称“人物全景”。这个景别既能展示出人物的全貌、动作，又能交代人物所处的环境，画面中的信息比较丰富，如图 A-22 所示。

图A-22

中景：中景和全景不同，中景取景只取人物膝盖以上部分，其功能类似全景，只是取景范围相对小一点，如图 A-23 所示。中景是叙事功能很强的景别，常用在远景之后的递进剪辑，或者建立关系的镜头。

图A-23

近景：近景对画面主体人物取景在胸部以上，人物占据画面的一半及以上，近景中人物的情感就能被观众看得见了。近景可以展现人物的内心情感，能够非常细腻的刻画人物的心理，具有浓烈的情感色彩和视觉冲击力，如图 A-24 所示。

图A-24

特写：用来表达人物的内心世界，画面上方通常到人物头顶，底部刚好到人物脖子或肩部。特写和大特写经常用来拍摄重要物件的细节或人物的神态特征，捕捉细微表情变化，在视觉上具有强制性，强调某些细节和异常情况。尤其是我们在看悬疑类电影时，导演会把特写给到某些关键性线索，如图 A-25 所示。

图A-25

2. 重复出现

将一些需要强调的画面重复出现多次，就能使这个镜头的含义放大很多倍，从而起到强调、渲染的目的，例如电影《这个杀手不太冷》中重复出现的那盆花，如图A-26所示。

图A-26

3. 焦点的虚实

焦点可以控制画面中前景和背景的虚实关系，例如我们常说的前虚后实等。它的具体用法就是画面中需要强调的内容给到实焦，其他不重要的全部虚化掉。这样可以使重点的人或物脱离背景环境，更好地凸显出来，如图A-27所示。

图A-27

附录B

让剪辑事半功倍

我们来学习剪辑时常用的快捷键和技巧。在之前学习的案例中，我们或多或少都有介绍过一些快捷键和技巧，大家应该体会到了这些快捷键和技巧给我们剪辑带来的便利。本章我们就来做一个汇总，如果大家能够全部掌握，就相当于拥有了十八般兵器，随便拿出来一两个，都能让剪辑工作更有效率。

B.1 自定义快捷键

如果默认的快捷键有些不太符合自己的操作习惯，可以进行自定义快捷键。

01 在菜单栏中执行【编辑】-【快捷键】命令，如图B-1所示。此时系统会打开【键盘快捷键】窗口，如图B-2所示。

图B-1

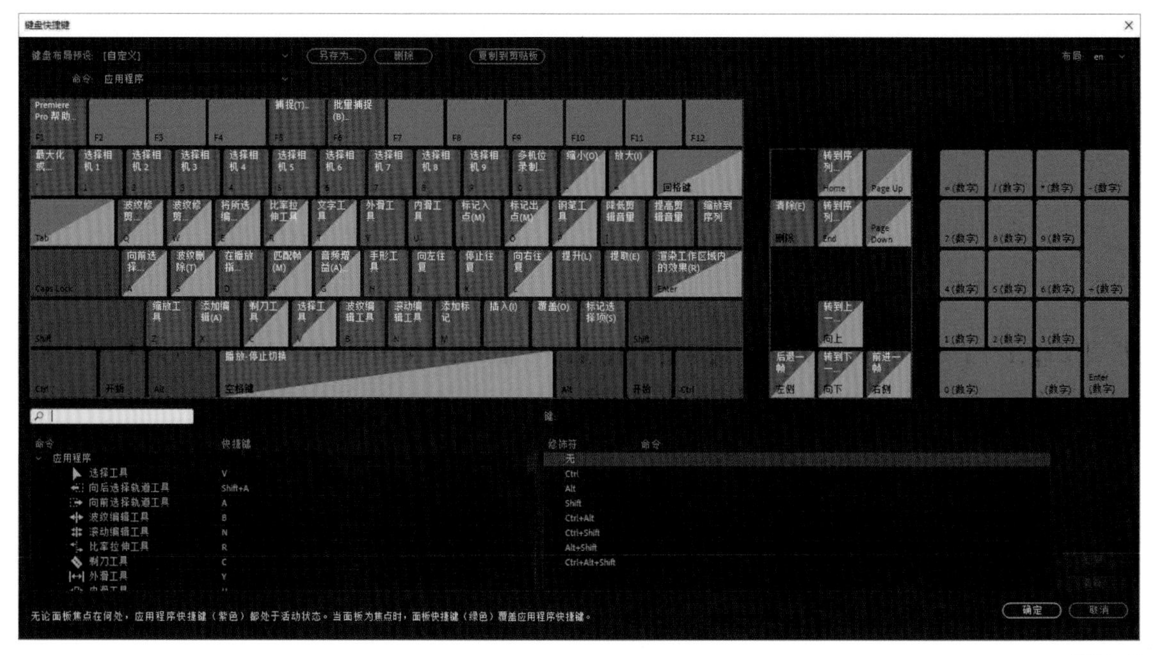

图B-2

02 在搜索框搜索想要更改的快捷键，如【剃刀工具】，此时可以看到在【命令】下面它默认的快捷键为C，如图B-3所示。如果觉得该快捷键不方便的话，我们可以在C的右侧单击，此时会出现一个新的本文框，在输入法为英文状态下按另一个键，如V键，如图B-4所示，单击【确定】按钮即可生效，如图B-5所示。此时，在剪辑时按V键，就可以使用【剃刀工具】。

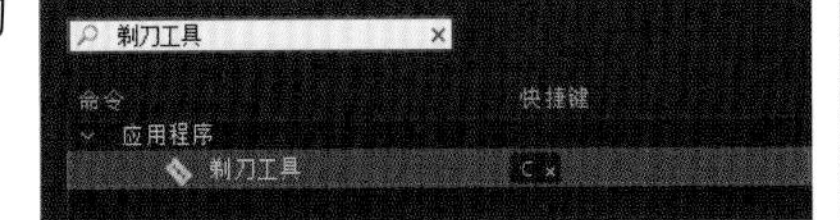

图 B-3

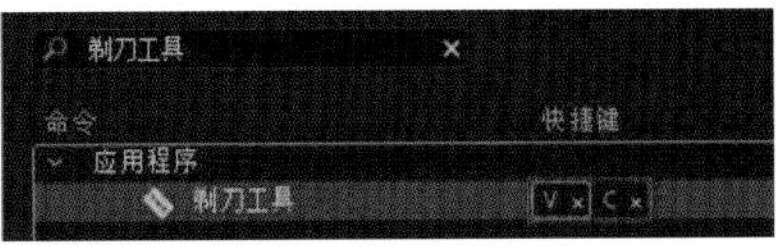

图 B-4

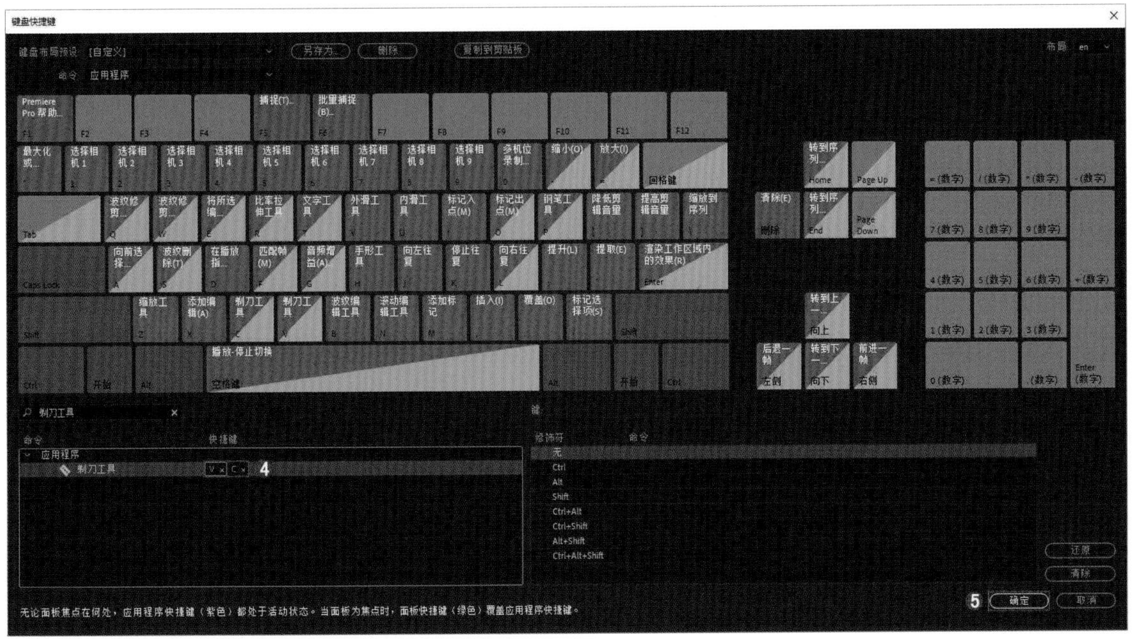

图 B-5

利用这样的方法，任何一项快捷键都可以去自定义设置，根据自己的操作习惯去设置适合自己的按键。

B.2 快速找到项目中的某一帧画面

通常我们在做完一个项目后，会把初始的样片发给甲方进行审核，甲方会给我们修改意见，如把2分32秒~2分36秒的画面去掉，把5分15秒~5分23秒的画面换一个镜头等。一般宣传片、微电影等需要用到的视频、图片、音效等素材会非常多，这就会导致修改的工程量特别大，如图B-6所示。

图 B-6

在这种项目非常复杂的情况下，再拖曳时间线去找修改片段就会比较麻烦，下面介绍两种方法，可以快速找到某一秒或者某一帧的画面。

B.2.1 方法一

以跳转到“2分5秒3帧”为例。

直接单击【播放指示器位置】，就可以将它激活到编辑状态，如图B-7所示。此时可以直接更改数值为“00:02:05:03”，如图B-8所示。

这样就可以直接跳转到需要修改的2分5秒3帧的位置了。

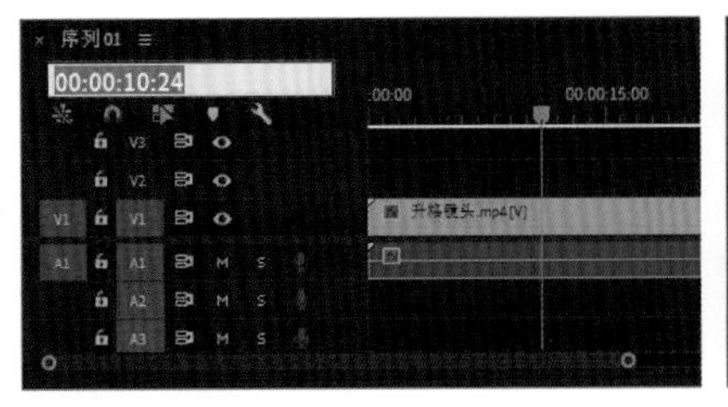

图 B-7

图 B-8

B.2.2 方法二

直接在【播放指示器位置】中输入。例如要跳转到“2分5秒3帧”，此时只需要输入“020503”即可，如图B-9所示。

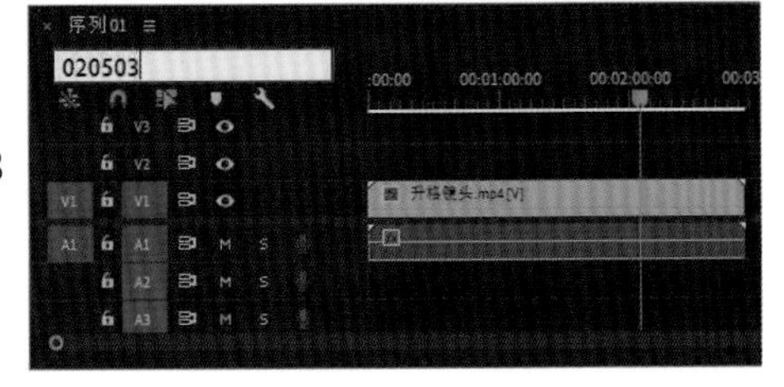

图 B-9

> **小贴士**
>
> 【播放指示器位置】也叫时间码，从左往右每部分分别由两位数组成，中间用“：”隔开，从左往右分别代表时、分、秒、帧，如00:02:43:24表示的是2分43秒24帧。

B.3 快速插入或替换素材

在Premiere中打开一个项目，此时可以看到【监视器】面板中显示的是一只鸟，如图B-10所示。如果要在小鸟素材前插入一段其他的素材，该怎么做呢？

图 B-10

通常的做法是这样的：选中轨道上的所有素材，按Ctrl+A组合键，将它们往右拖曳，让左边空出一部分，如图B-11所示。在【项目】面板中把需要插入的素材拖曳到时间轴上，如图B-12所示。

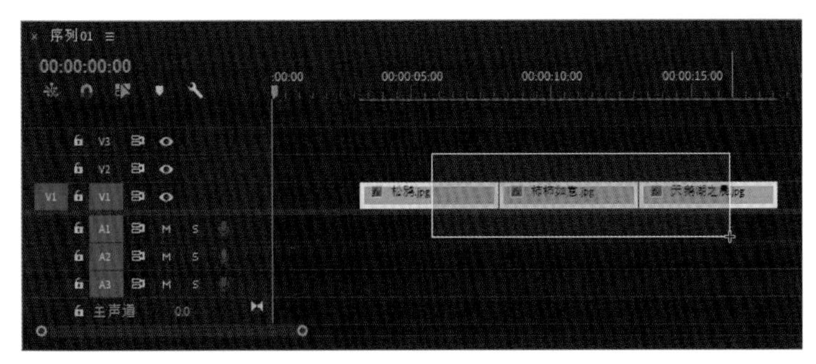

图B-11

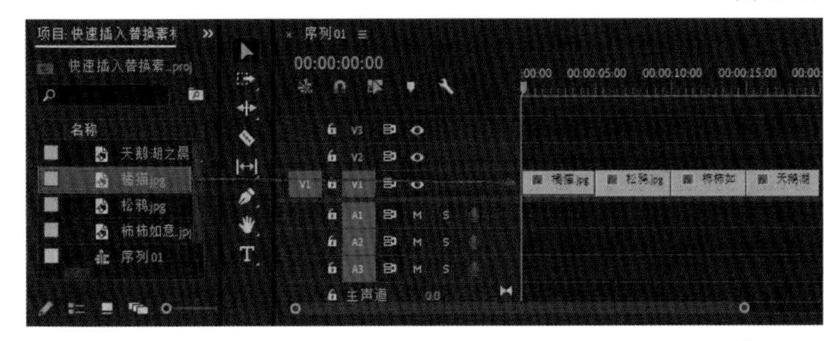

图B-12

以上的方法是比较常用的，但是效率不高，接下介绍效率更高的方法。

一般在导入素材的时候，都是将素材拖曳到时间轴上，但是我们有没有想过也可以把它拖入【监视器】面板呢？将【项目】面板中的素材拖入【监视器】面板时，可以看到出现了不同的板块，不同板块上面写了将素材放置上去的效果，如图B-13所示。如【此项前插入】就是在当前素材的前一项插入即将放置的素材。

图B-13

B.4 时间轴页面滚动与平滑滚动

一般在播放预览素材的时候，【时间轴】面板上的时间线都是在游动的，Premiere默认采用的是【页面滚动】方式，也就是时间线动但素材不动，等到本页的素材播放完自动切换到下一页，如图B-14所示。这种状态下，时间线是可以移动到本页的最后的。

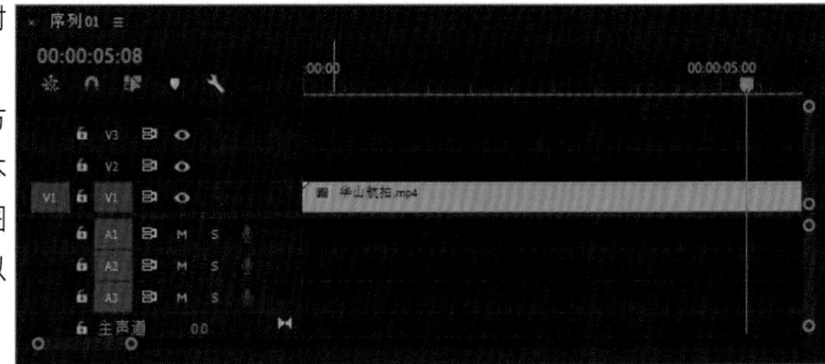

图 B-14

这里建议大家采用【平滑滚动】方式，【平滑滚动】方式在本页下的时间线最多只会移动到中间的位置，这样设置的优势在于随时可以观察时间线后面的素材，更利于预览素材。

具体设置方法如下。

在菜单栏执行【编辑】-【首选项】-【时间轴】命令，如图B-15所示。

接着，在【首选项】窗口中将【时间轴播放自动滚屏】设置为【平滑滚动】，然后单击【确定】按钮即可，如图B-16所示。

此时，播放时间轴上的素材，就可以看到时间线和轨道上的素材是同步进行滚动的，如图B-17所示。

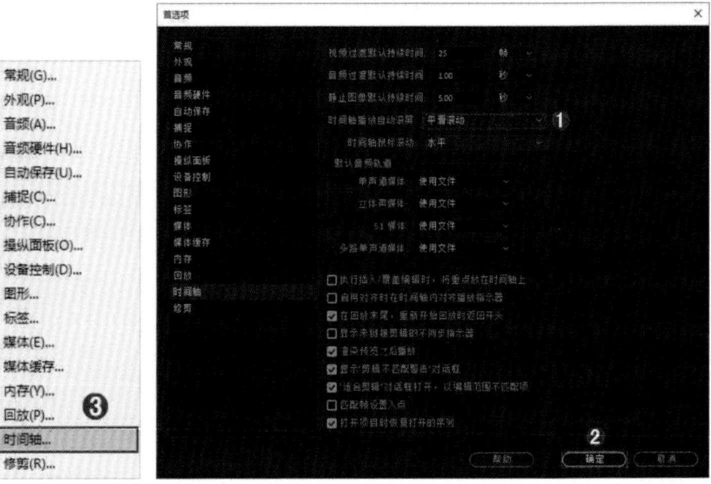

图 B-15

图B-16

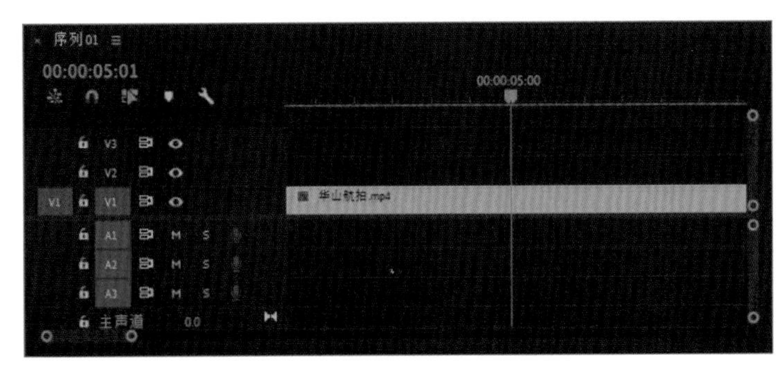

图B-17

B.5 素材标记和序列标记

Premiere软件中还有一些很强大的小众功能，其中一个就是标记功能。调用标记功能的快捷键为M。标记又分为素材标记和序列标记，分别用于给素材和整个序列做标记。

B.5.1 素材标记

1. 给素材添加标记

首先单击素材将其选中，然后将时间线移动到需要添加标记的地方，按M键即可，如图B-18所示。

图B-18

2. 应用素材标记

在做一些卡点视频的时候，可以在一些音乐的鼓点，或者情绪起伏比较大的地方添加上标记，这样在切换画面的时候就有了参考，可以让音乐和画面更好地匹配，如图B-19所示。

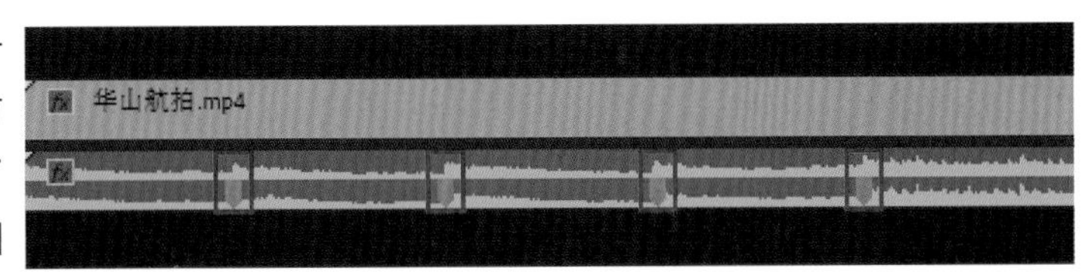

图B-19

B.5.2 序列标记

1. 给序列打标记

在给素材添加标记时，如果要给整个序列添加标记，就不要选中时间轴上的任何素材，只需要将时间线移动到需要添加标记的地方，按M键即可，如图B-20所示。

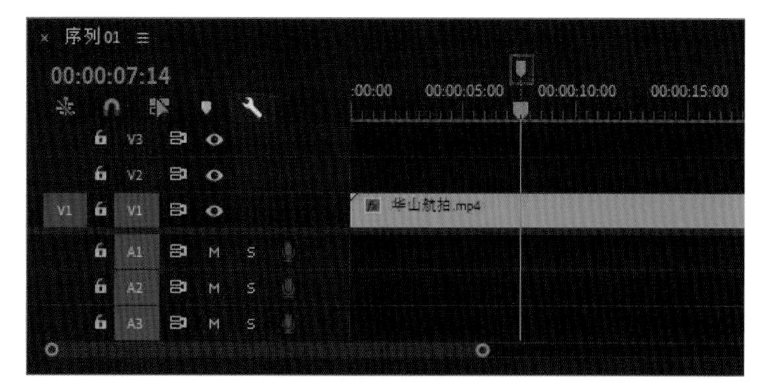

图 B-20

可以看到给序列添加上标记后，标记的位置就在序列上而不是素材上。另外，序列上的标记是可以拖曳分开的。将时间线放在标记点上，然后按住Alt键进行左右拖曳，就可以将标记分开，如图B-21所示。

图B-21

2. 如何应用序列标记

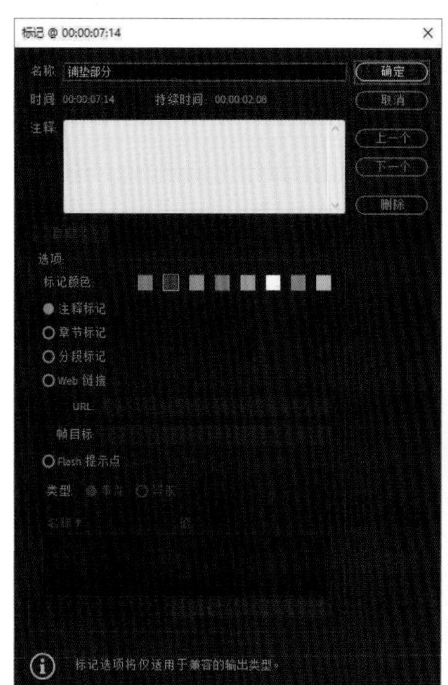

图 B-22

双击标记就会打开【标记】窗口，在这里可以更改标记的名称，如改成【铺垫部分】，还可以给它添加注释，假设这段素材并不是特别好，需要替换掉，但是一时找不到好的素材，我们就可以对其进行注释说明。当然还可以改变标记的颜色，如选择红色，就可以发现【时间轴】面板上的标记发生了相应的变化，如图B-22和图B-23所示。

图 B-23

给序列添加标记，就可以将序列分成好几段，给时间轴上的某一段素材进行备注，来辅助剪辑。

B.6 在轨道上显示素材缩略图

在将【项目】面板的素材拖曳到时间轴上时，如果时间轴上的素材能够出现预览缩略图，就可以让我们更好地知道素材每一段的内容，尤其在素材量特别大的情况下，这个功能还是比较实用的。

一般将素材拖曳到轨道上时，并不会显示缩略图，如图B-24所示。那么该怎么做呢？将时间线放在【V1】和【V2】轨道之间，然后按住鼠标左键，此时两条轨道中间就会出现一条白线，将这条白线往上拖曳，就可以将【V1】轨道放大，此时就可以看到素材的缩略图了，如图B-25和图B-26所示。

图B-24

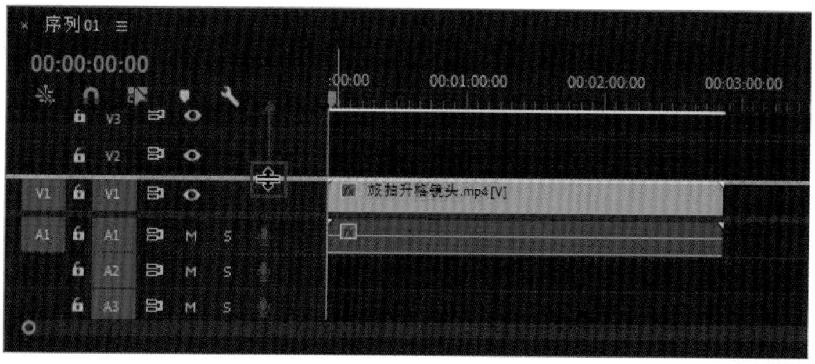

图B-25

图B-26

单击序列名称右侧的按钮，在弹出的下拉菜单中，执行【视频头和视频尾缩览图】命令，如图B-27所示，此时时间轴上的素材如图B-28所示。这样只显示出了视频头和视频尾的缩略图。

再次单击序列名称右侧的按钮，在弹出的下拉菜单中，执行【连续视频缩览图】命令，如图B-29所示。此时时间轴上的素材如图B-30所示。该素材的每一小段的缩略图都显示出来了。

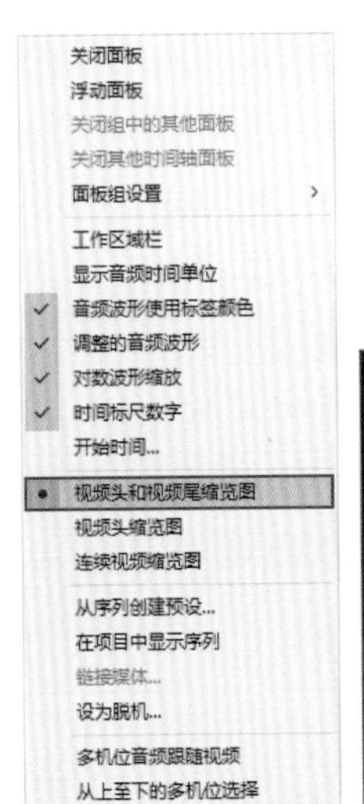

图 B-27

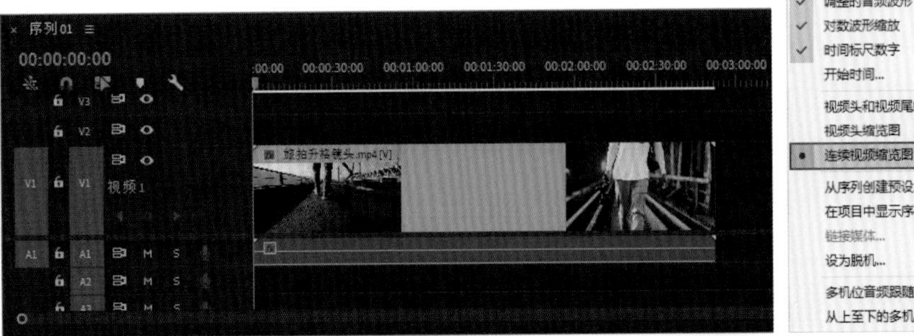

图 B-28

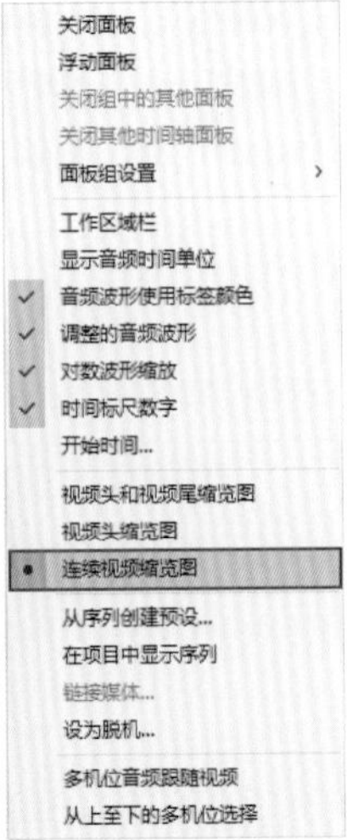

图 B-29

图 B-30

B.7 显示素材的直通编辑点

编辑点是我们使用【剃刀工具】将素材裁开的剪切点，也叫剪辑点。

直通编辑点就是把一段完整的素材裁开的剪切点。如果没有进行设置的话，一般使用【剃刀工具】将素材一分为二是不会显示编辑点的，如图B-31所示。

单击【时间轴】面板中的【时间轴显示设置】按钮，在弹出来的下拉菜单中执行【显示直通编辑点】命令就可以将它选中，如图B-32所示。

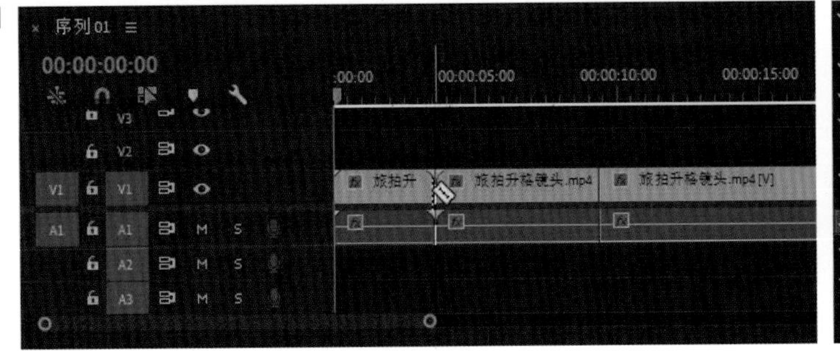

图 B-31

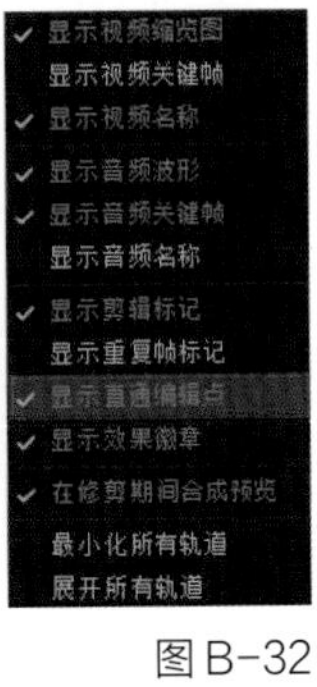

图 B-32

此时时间轴上刚才被分开的素材中间就会出现一个连通的标志。有了这个标志，就能知道哪些视频片段原本就是一条完整的视频，方便和其他素材进行区分，如图B-33所示。

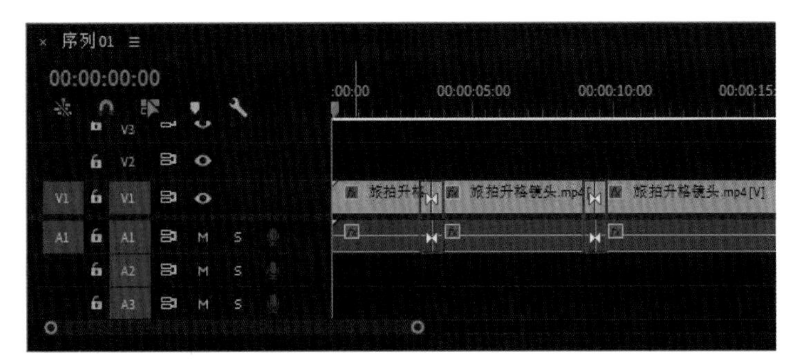

图 B-33

B.8 去掉预览播放时的杂音

在剪辑时，视频素材带有原声或者配乐的话，在拖曳的过程中会产生杂音，该如何解决呢?

在菜单栏执行【编辑】-【首选项】-【音频】命令，如图B-34所示。打开【首选项】窗口，取消勾选【搜索时播放音频】复选框，单击【确定】按钮，如图B-35所示。此时再拖曳时间轴上的时间线预览素材时，就不会有杂音了。

图B-34　　图 B-35

B.9 使用 QW 法快速处理废片

将素材导入时间轴后，要先对素材做一个初步的处理，才能开始正式的剪辑。例如采访视频和电影等素材，在开始前导演会喊“321开始”，摄像师为了确保不错过画面会提前开机，这样一些准备的画面就会被录进去，这些就算作是废片。

图B-36所示素材的音频波形也显示了素材前面是有声音的，其实这个声音就是导演喊的“321开始！”，喊完之后演员才开始表演，如图B-37所示。

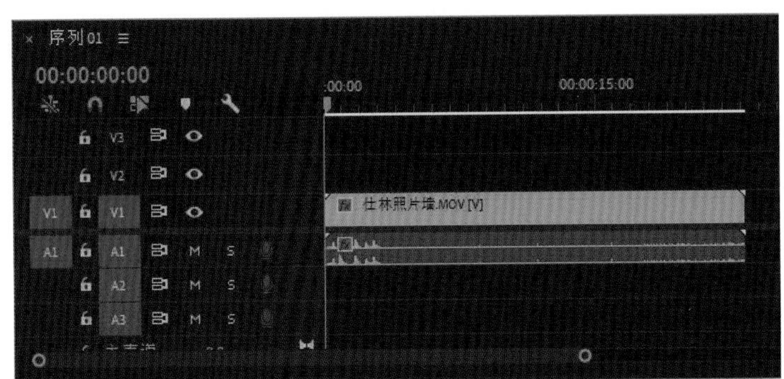

图 B-36

图 B-37

将时间线移动到需要的画面的开始位置，然后按Q键，如图B-38所示。按下之后多余的素材部分就会被裁掉，同时后面的画面会自动跟进，顶到最前面的位置，如图B-39所示。这样该素材前面多余的部分就处理好了。

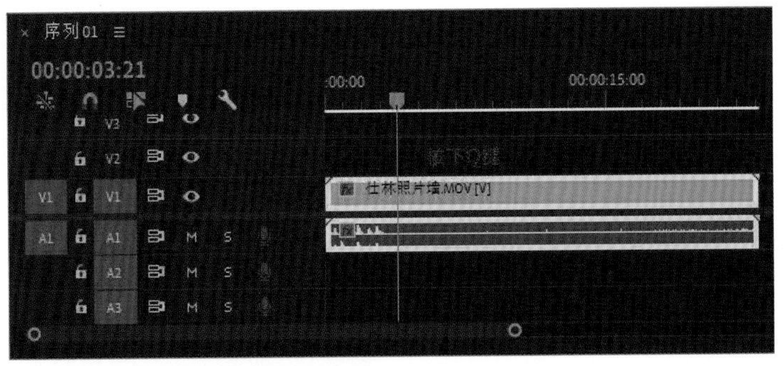

图 B-38

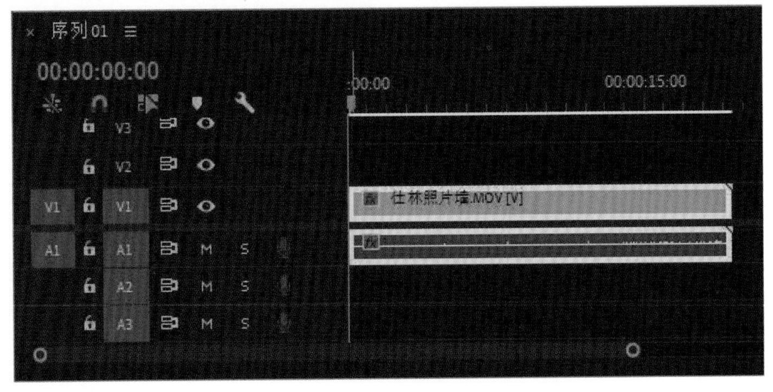

图 B-39

同理，将时间线移动到最后需要出画的位置，然后按W键，该素材后面多余的部分就消失了，如图B-40和图B-41所示。

图B-40

图B-41

通过QW法，可以快速去除不要的片段，保留我们想要的画面。

B.10 自定义“添加编辑”快捷键

添加编辑是指在某段素材上，添加一个编辑点（剪切点）。在Primiere软件中它的默认快捷键是Ctrl+K，但是这两个按键离得比较远，在使用的时候会很不方便。可以自定义这个快捷键。在菜单栏中执行【编辑】-【快捷键】命令。接着在【键盘快捷键】窗口内搜索【添加编辑】，可以看到其默认设置为Ctrl+K，在它右侧单击，会出现一个新的文本框，输入X，然后单击【确定】按钮，如图B-42和图B-43所示。这样添加编辑点的快捷键就多了一个，使用起来会更加高效。

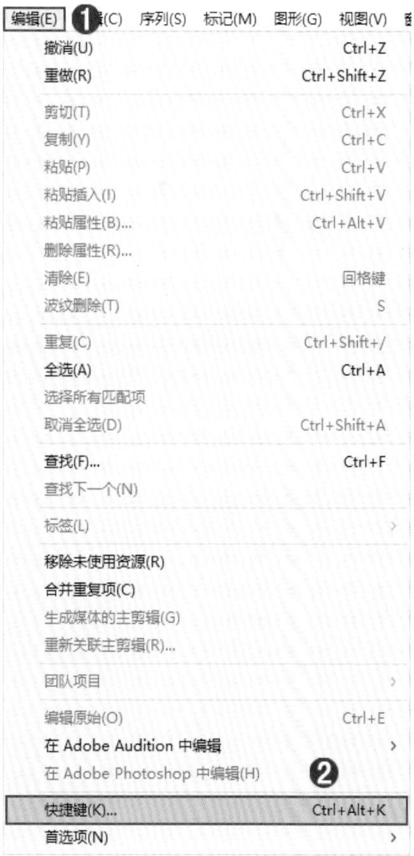

编辑(E) ❶ 辑(C) 序列(S) 标记(M) 图形(G) 视图(V)
撤消(U) Ctrl+Z
重做(R) Ctrl+Shift+Z
剪切(T) Ctrl+X
复制(Y) Ctrl+C
粘贴(P) Ctrl+V
粘贴插入(I) Ctrl+Shift+V
粘贴属性(B)... Ctrl+Alt+V
删除属性(R)...
清除(E) 回格键
波纹删除(T) S
重复(C) Ctrl+Shift+/
全选(A) Ctrl+A
选择所有匹配项
取消全选(D) Ctrl+Shift+A
查找(F)... Ctrl+F
查找下一个(N)
标签(L)
移除未使用资源(R)
合并重复项(C)
生成媒体的主剪辑(G)
重新关联主剪辑(R)...
团队项目
编辑原始(O) Ctrl+E
在 Adobe Audition 中编辑
在 Adobe Photoshop 中编辑(H) ❷
快捷键(K)... Ctrl+Alt+K
首选项(N)

图B-42

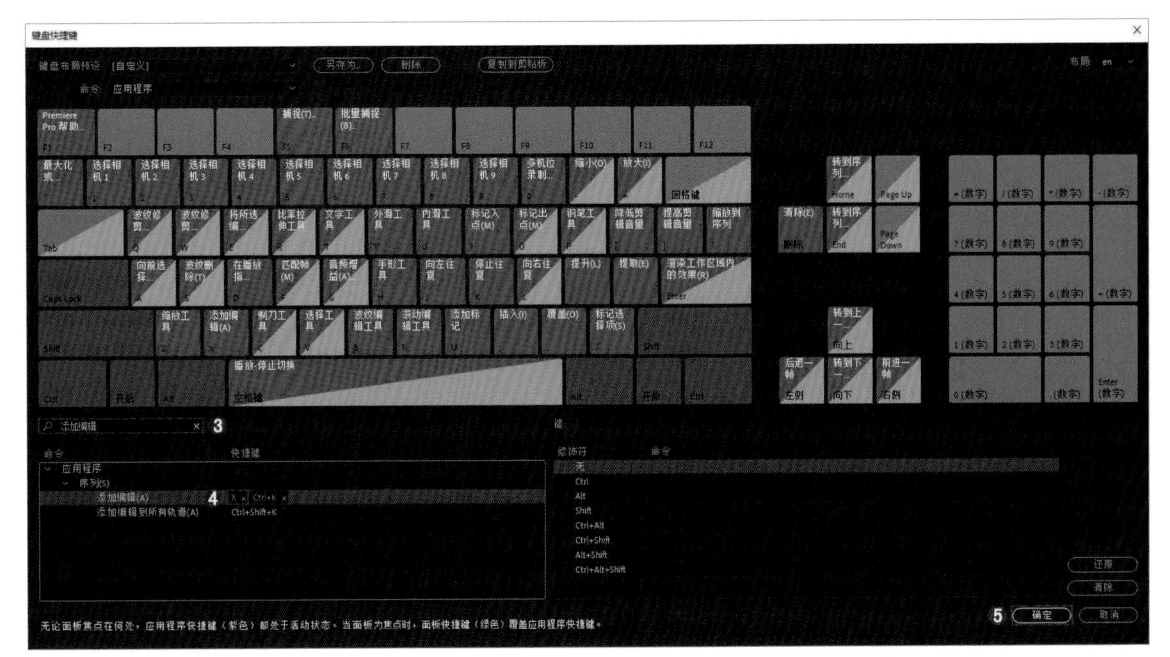

图 B-43

如果想把某一段素材裁开，将时间线移动到剪切点后，按X键就可以了。如果不设置这个快捷键，把某一段素材裁开的做法是先按C键，调出【剃刀工具】，在剪切点处单击后，再按V键调出【选择工具】，这样的流程会比较麻烦。

附录C

常见问题答疑解惑

C.1 MOV等格式无法导入该怎么办?

◆ 问题

在导入视频素材时，软件显示【文件导入失败】，错误信息显示文件没有音频或视频流，如图C-1所示。遇到这种问题，该如何解决呢?

图C-1

◆ 解答

方法1：安装最新版的Quick Time软件

关于这个问题，本书在第1章就已经介绍过了，在剪辑前需要大家提前准备好4款辅助软件，Quick Time就是其中之一，如图C-2所示。出现这个错误的提示是因为计算机缺少软件支持，只需要安装该软件就可以导入MOV等其他格式了。

QuickTime

图C-2

方法2：格式转换

使用视频转换软件（如格式工厂等），将MOV格式的视频素材转换为MP4格式，就可以导入Primiere软件中进行剪辑了。

C.2 剪辑时不小心删掉了序列怎么办?

◆ 问题

当一个项目剪到一半或者剪完时，可能由于误操作不小心单击了序列名称左侧的“叉号” × 序列01 ≡，此时整个时间轴就什么素材都没有了，中间只有一句话“在此处放下媒体以创建序列”，如图C-3所示。

看到这句话可能会想，还要导入素材来创建序列？那之前已经剪好的素材去哪儿了？难道要从头开始剪吗？序列是永久删除了吗？该怎么找回呢？

图C-3

◆ 解答

遇到这个问题不要着急，序列并没有被永久删除，也不需要从头开始再剪一遍，如果不小心误点了序列名称左侧的“叉号”，它只是暂时关闭了序列，这时候只需要在【项目】面板中找到序列并双击即可，如图C-4所示。

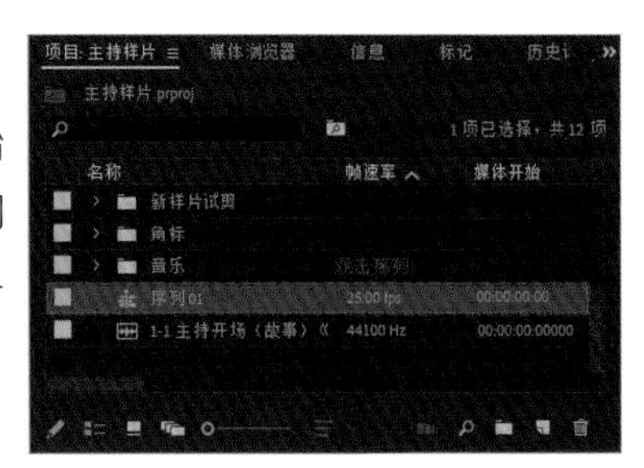

图C-4

一般【项目】面板中导入的素材类型众多，有图片、音乐、视频等，不同类型的素材显示图标不一样，序列的图标为▦。

C.3 项目素材失效或显示脱机文件怎么办？

◆ 问题

在进行剪辑时，打开之前的工程文件或者其他的Primiere模板，有时候会弹出报错窗口，显示【缺少这些剪辑的媒体】，并且【监视器】面板和【时间轴】面板上脱机的素材都会变成红色，如图C-5和图C-6所示。这是什么原因？又该怎么办呢？

图C-5

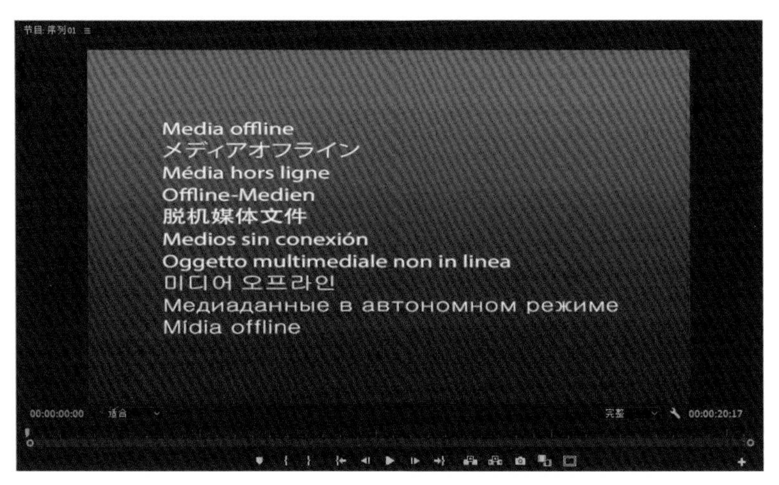

图C-6

先来分析一下，素材文件为什么会显示脱机？

原因1：源素材文件被删除。素材被删除了，Primiere自然就识别不到序列上的素材，就会显示文件脱机。

原因2：源素材文件路径改变。如原来图片素材放置在D盘的某个文件夹，之后把它移动到了E盘或其他地方，Primiere软件只会在D盘去找，自然找不到该文件了。

原因3：源素材文件名称被更改了。如原素材文件名称为“love”，但是后面把名称改成了“爱”，虽然在我们看来这两个意思是一样，但软件不会那么智能，它只会识别字符名称。

◆ 解答

如果是由原因1造成的素材文件脱机，那是没有办法解决的。如果只是把文件放在了回收站，我们还可以通过还原文件的方式找回素材；但如果是永久删除了，那就没有办法找回了。

如果是原因2和原因3，只需要在【时间轴】面板选中脱机素材后，单击鼠标右键并在弹出的下拉菜单中执行【链接媒体】命令，就会打开【链接媒体】的窗口，然后单击【确定】按钮；接着通过文件路径就可以找到原来更改过名称，或者移动过位置的素材，找到后单击【确定】按钮即可，如图C-7和图C-8所示。

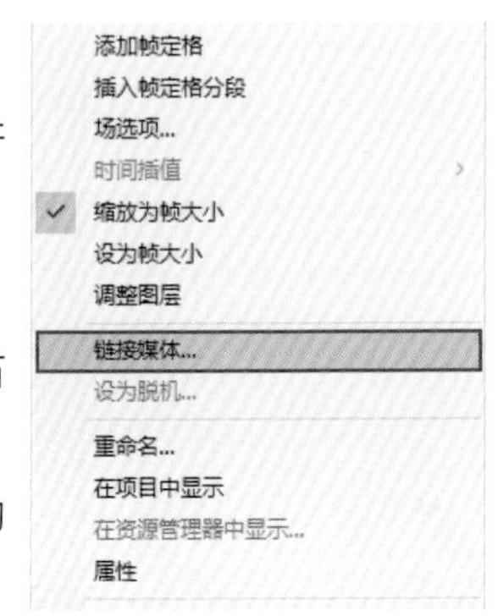

图 C-7

图 C-8

【链接媒体】可以帮助我们找回原来的素材。

C.4 操作失误删除了序列中的音频或视频怎么办？

◆ 问题

在剪辑时由于素材较多，不小心删除了某段素材对应的音频或者视频，如图C-9所示，被红色方框框出来的部分，可以看到只有视频轨道上有素材，而它对应的音频轨道却没有素材，那么该如何快速地找回视频所缺少的那一段音频呢？

图 C-9

◆ 解答

首先需要单击选中缺少音频的素材，然后在输入法为英文的状态下按F键，此时就会打开【源】面板，如图C-10所示。然后将鼠标指针放在【仅拖曳音频】图标上，按住鼠标左键将其拖曳到视频对应的音频轨道上，如图C-11所示。

图 C-10

这样音频素材就被找回来了，如果是丢失了视频的话，同理只需要将鼠标指针放在【仅拖曳视频】图标上，按住鼠标左键将其拖曳到对应的视频轨道上即可。

图 C-11

C.5 高版本的项目如何在低版本软件中打开？

◆ 问题

安装不同版本的Premiere软件就会遇到这样的问题，高版本的软件可以打开低版本软件保存的项目，但低版本的软件却不能打开高版本软件保存的项目。

例如用2020版本的Premiere保存了一个项目，现在用2019的低版本打开它，此时软件是打不开该项目的，会弹出一个报错窗口显示【此项目使用较新版本的Adobe Premiere Pro保存，无法在此版本中打开】，如图C-12所示。

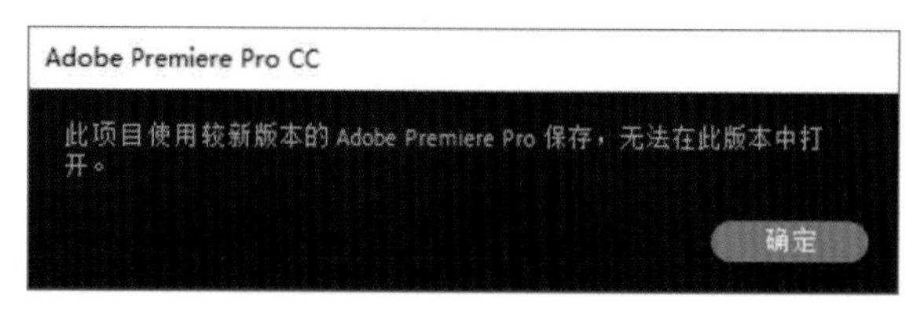

图C-12

- 解答

这时需要用到一个版本转换器，如图C-13所示。

图C-13

01 打开PR版本转换器，在打开的窗口内单击【Open File】按钮，如图C-14所示。然后在弹出的窗口中选择【测试项目2020版】，单击【确定】按钮，如图C-15所示。

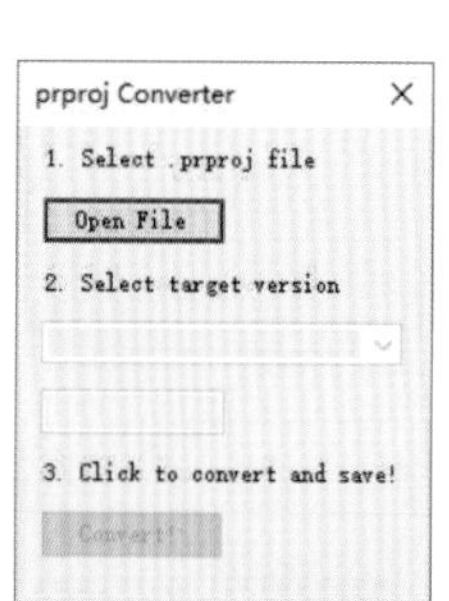

图C-14

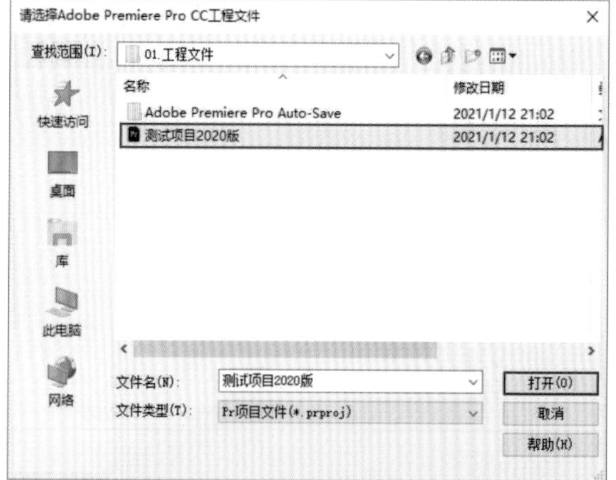

图C-15

02 选择需要转换的版本，如选择2018的版本，最后单击【Convert!】按钮，然后就会在刚才的高版本项目下，自动生成一个低版本的项目文件，如图C-16和图C-17所示。

03 右击【测试项目2020版_v35】，执行【打开方式】-【Adobe Premiere Pro CC 2019】命令，这样就可以用低版本软件来打开高版本的项目了，如图C-18所示。

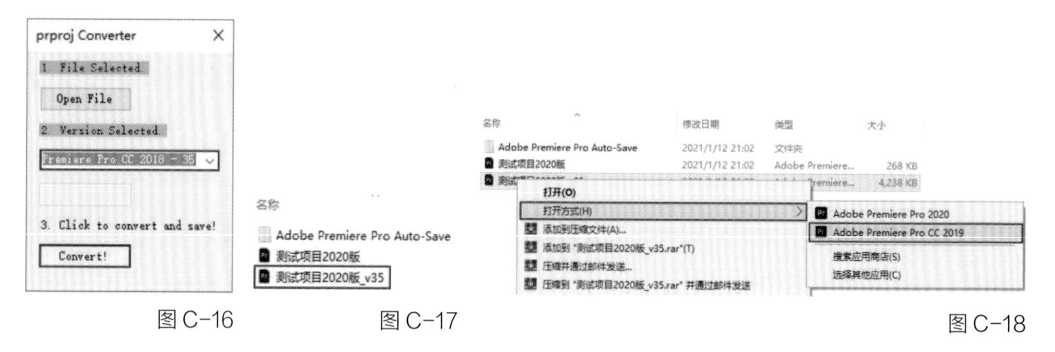

图C-16 图C-17 图C-18

C.6 为什么将素材拖入时间轴后没有声音或者画面？

◆ 问题

将素材导入【项目】面板后，接下来就需要将适合的素材拖入【时间轴】面板进行剪辑了，但是有时候会遇到这样的问题：素材是有声音和画面的，但是拖入时间轴后却只显示画面，没有声音，如图C-19所示；或者与之相反，只能导入声音却导入不了画面，如图C-20所示。

图 C-19

图C-20

◆ 解答

出现这个问题的原因就在于将轨道前面的【主视频开关】和【主音频开关】给关闭了，如图C-21所示。如果不激活【V1】那就只能导入音频，如果不激活【A1】那就只能导入视频。

所以解决方法就是必须保证【A1】和【V1】同时处于激活状态，这样才能导入音频和视频，如图C-22所示。

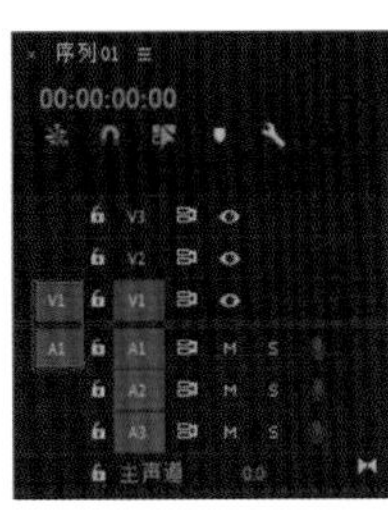

图 C-21

图C-22

C.7 素材的时间码为什么不是从0开始的？

◆ 问题

将素材拖入【时间轴】面板时，会发现即使时间线已经放在素材的最前面了，但是【时间码】却不是从0开始的，如图C-23所示。

这个问题就会影响到我们对整个视频时长的把握，那么该如何解决呢？

图C-23

◆ 解答

01 在菜单栏执行【编辑】-【首选项】-【媒体】命令，如图C-24所示。

图C-24

02 打开【首选项】窗口，将【时间码】改为【从00:00:00:00开始】，最后单击【确定】按钮，如图C-25所示。此时将时间线放在素材开始位置时会发现时间码是从0开始的，如图C-26所示。

图C-25

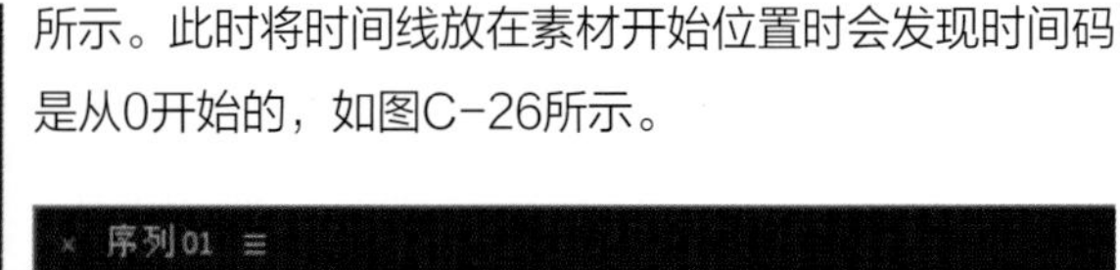

图C-26

C.8 如何添加和删除音视频轨道?

◆ 问题

在剪辑的时候，由于素材众多需要添加的特殊效果，音效、视频素材等也会特别多，需要用到多条轨道，那么该如何添加和删除音视频轨道呢?

◆ 解答

如果想添加或删除视频轨道，只需要在视频轨道上右击，此时会弹出下拉菜单，就可以选择执行【添加单个轨道】【添加轨道】或【删除轨道】等命令，如图C-27所示。

例如单击【添加单个轨道】，此时【时间轴】面板就会多出一个【V2】轨道，如图C-28所示。要想添加或删除音频轨道也是一样的做法。

图C-27　　图C-28

C.9 添加效果后画面播放卡顿怎么办?

◆ 问题

在剪辑的时候，【时间轴】面板上的显示条会呈现3种颜色状态，如图C-29~图C-31所示。

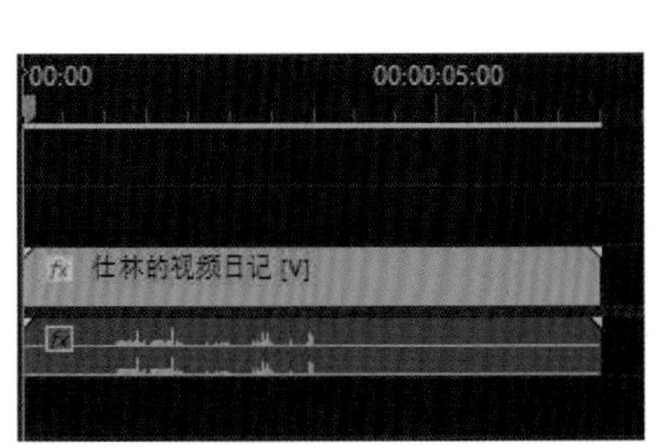

图C-29

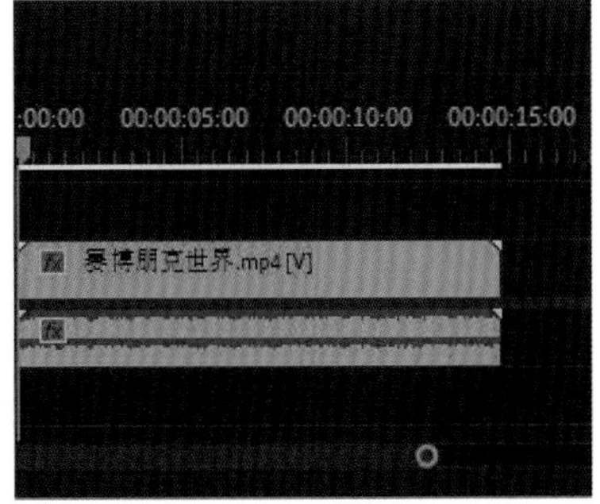

图C-30

图C-31

绿色：说明该素材没有添加效果，软件运行压力小，可以流畅地进行预览。

黄色：添加了部分效果，软件运行压力变大，不需要经过渲染，也可以较流畅预览。

红色：添加了复制的特效或插件，此时预览会出现卡顿现象。

- 解答

方法1：

在【监视器】面板将预览的分辨率改为1/2或者1/4，如图C-32所示。这个原理就是通过降低预览时的画质，来减小软件的运行压力，所以在预览的时候画面会变得模糊一些。

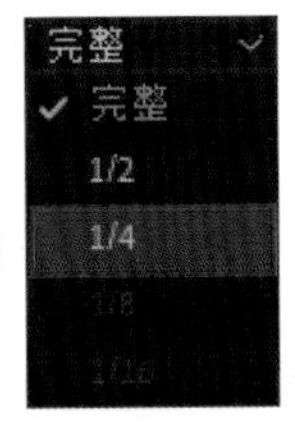

图C-32

方法2：

给卡顿的片段标记一下入点和出点（快捷键I和O），然后在菜单栏执行【序列】-【渲染入点到出点的效果】命令，如图C-33所示。此时就会弹出渲染的进度条，如图C-34所示。

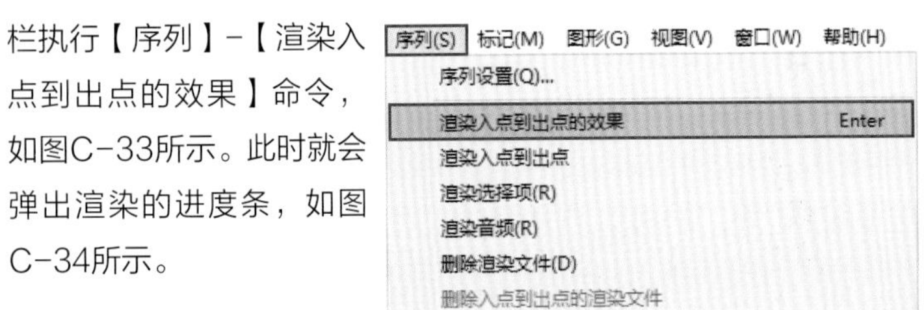

图C-33

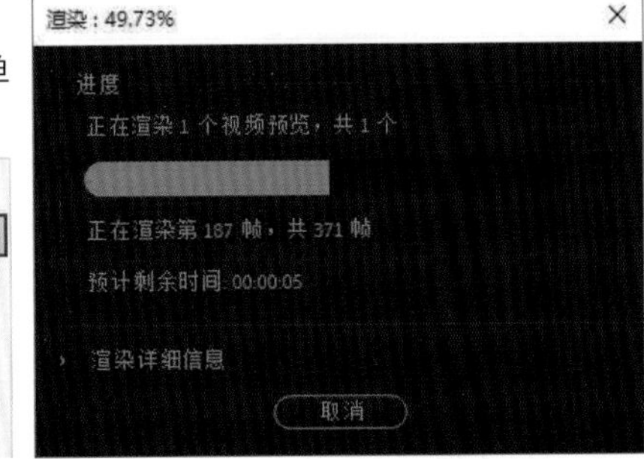

图C-34

待软件渲染完毕，就可以发现此时时间轴上的红色显示条变成了绿色，如图C-35所示。现在就可以正常地预览，不会卡顿了。

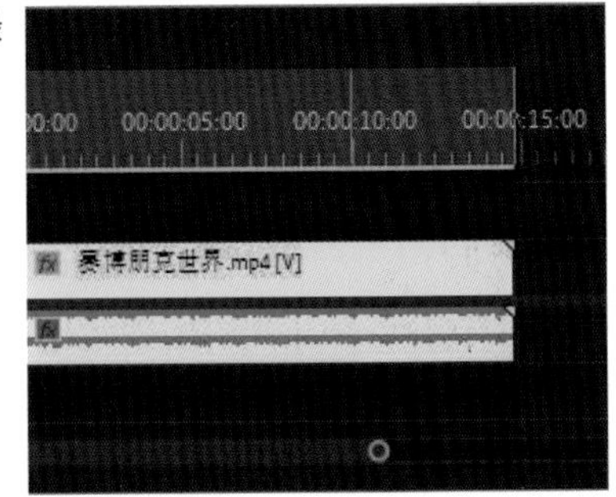

图C-35